博学谷
V2.0

博学谷课程
6.0 全链路+UI/UE设计
新课程体系
Android基础案例教程第1~12章视频
第1章 Android基础入门
第2章 Android 常见界面布局
第3章 Android常见界面控件
第4章 程序活动单元Activity
课程
习题
我

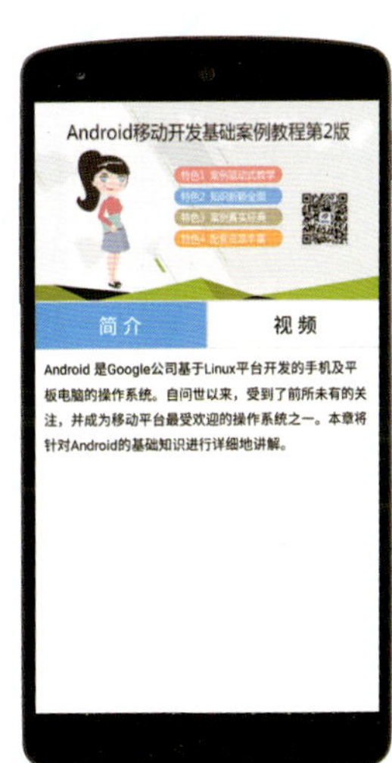
Android移动开发基础案例教程第2版
简 介
视 频
Android 是Google公司基于Linux平台开发的手机及平板电脑的操作系统。自问世以来，受到了前所未有的关注，并成为移动平台最受欢迎的操作系统之一。本章将针对Android的基础知识进行详细地讲解。

Android移动开发基础案例教程第2版
简 介
视 频
Android简介
Android开发环境搭建
开发第一个Android程序
Android程序结构

第1章 Android基础入门
《Android移动开发基础案例教程（第2版）》
00:28
18:44

博学谷习题
第1章 Android基础入门
第2章 Android常见界面布局
第3章 Android常见界面控件
第4章 程序活动单元Activity
第5章 数据存储
第6章 使用内容提供者共享数据
第7章 广播机制
课程
习题
我

第1章 Android基础入门
一、选择题
1.Android安装包文件简称APK，其后缀名是（）。
.exe
B .txt
.apk
D .app
2.下列选项中不属于ADT Bundle的是（）。
A Eclipse
B SDK
C SDK Manager.exe
D JDK
3.应用程序层是一个核心应用程序的集合，主要包括

点击登录
播放记录
设置
课程
习题
我

Android项目实战——博学谷

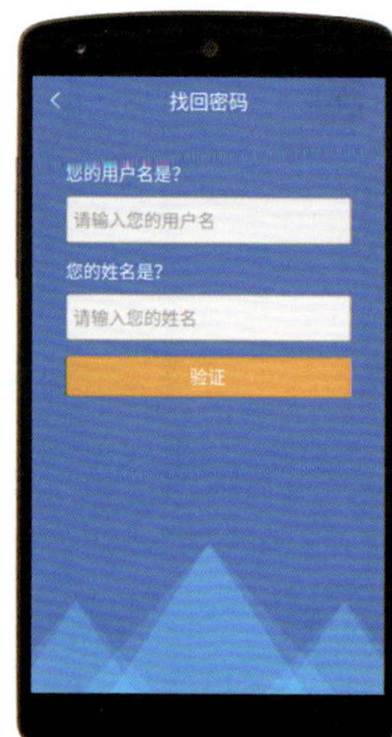

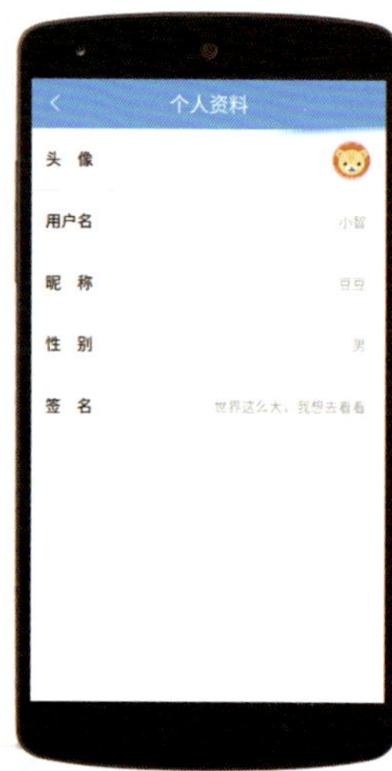

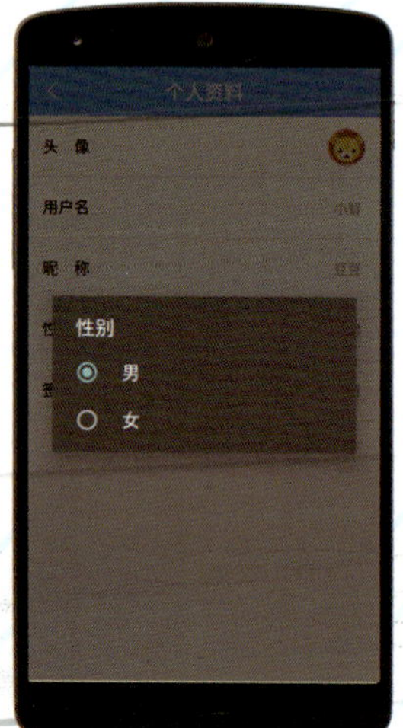

"十四五"职业教育国家规划教材

"十三五"职业教育国家规划教材

Android项目实战——博学谷

黑马程序员◎编著

中国铁道出版社有限公司
CHINA RAILWAY PUBLISHING HOUSE CO., LTD.

内 容 简 介

本书是《Android 项目实战——博学谷》一书的升级版，适合有一定 Android 基础知识的读者使用。本书中使用 Android Studio 3.2.0 作为开发工具，Android 系统版本使用的是 9.0。本书内容涵盖了 Android 基础的大部分知识，不仅可以帮助读者了解 Android 基础，还可以积累读者的项目经验。本书以博学谷项目为主线，从项目的需求分析、产品设计、产品开发一直到项目上线，讲解了项目开发的全过程。

本书共 8 章，第 1 章针对博学谷项目进行整体介绍，第 2 章针对界面设计进行讲解，第 3~7 章针对项目功能模块进行具体的实现和讲解，其中包括注册与登录模块、“我”的模块、个人资料模块、习题模块和课程模块，第 8 章针对项目上线的内容进行讲解。

本书附有配套视频、教学大纲、教学 PPT、教学设计、测试题、源代码等资源，而且为了帮助初学者更好地学习本书中的内容，还提供在线答疑，希望得到更多读者的关注。

本书既可作为高等院校本、专科计算机相关的程序设计课程教材，也可作为培训教材。

图书在版编目（CIP）数据

Android 项目实战：博学谷 / 黑马程序员编著 .—2 版 .— 北京：中国铁道出版社有限公司，2021.10（2024.7 重印）
“十三五”职业教育国家规划教材
ISBN 978-7-113-28355-1

Ⅰ. ① A… Ⅱ. ①黑… Ⅲ. ①移动终端 - 应用程序 - 程序设计 - 高等职业教育 - 教材 Ⅳ. ① TN929.53

中国版本图书馆 CIP 数据核字（2021）第 184103 号

书　　名：Android 项目实战——博学谷
作　　者：黑马程序员

策　　划：翟玉峰　　　　编辑部电话：（010）51873135
责任编辑：翟玉峰　李学敏
封面设计：王　哲
封面制作：刘　颖
责任校对：孙　玫
责任印制：樊启鹏

出版发行：中国铁道出版社有限公司（100054，北京市西城区右安门西街 8 号）
网　　址：https://www.tdpress.com/51eds/
印　　刷：北京联兴盛业印刷股份有限公司
版　　次：2017 年 7 月第 1 版　2021 年 10 月第 2 版　2024 年 7 月第 5 次印刷
开　　本：787 mm×1 092 mm　1/16　插页：1　印张：14.75　字数：378 千
书　　号：ISBN 978-7-113-28355-1
定　　价：47.00 元

序　言

本书的创作公司——江苏传智播客教育科技股份有限公司（简称“传智教育”）作为我国第一个实现A股IPO上市的教育企业，是一家培养高精尖数字化专业人才的公司，主要培养人工智能、大数据、智能制造、软件开发、区块链、数据分析、网络营销、新媒体等领域的人才。传智教育自成立以来贯彻国家科技发展战略，讲授的内容涵盖了各种前沿技术，已向我国高科技企业输送数十万名技术人员，为企业数字化转型、升级提供了强有力的人才支撑。

传智教育的教师团队由一批来自互联网企业或研究机构，且拥有10年以上开发经验的IT从业人员组成，他们负责研究、开发教学模式和课程内容。传智教育具有完善的课程研发体系，一直走在整个行业的前列，在行业内树立了良好的口碑。传智教育在教育领域有两个子品牌：黑马程序员和院校邦。

一、黑马程序员——高端IT教育品牌

黑马程序员的学员多为大学毕业后想从事IT行业，但各方面的条件还达不到岗位要求的年轻人。黑马程序员的学员筛选制度非常严格，包括了严格的品德测试、技术测试、自学能力测试、性格测试、压力测试等。严格的筛选制度确保了学员质量，可在一定程度上降低企业的用人风险。

自黑马程序员成立以来，教学研发团队一直致力于打造精品课程资源，不断在产、学、研三个层面创新自己的执教理念与教学方针，并集中黑马程序员的优势力量，有针对性地出版了计算机系列教材百余种，制作教学视频数百套，发表各类技术文章数千篇。

二、院校邦——院校服务品牌

院校邦以“协万千院校育人、助天下英才圆梦”为核心理念，立足于中国职业教育改革，为高校提供健全的校企合作解决方案，通过原创教材、高校教辅平台、师资培训、院校公开课、实习实训、协同育人、专业共建、“传智杯”大赛等，形成了系统的高校合作模式。院校邦旨在帮助高校深化教学改革，实现高校人才培养与企业发展的合作共赢。

1．为学生提供的配套服务

（1）请同学们登录“传智高校学习平台”，免费获取海量学习资源。该平台可以

帮助同学们解决各类学习问题。

（2）针对学习过程中存在的压力过大等问题，院校邦为同学们量身打造了IT学习小助手——邦小苑，可为同学们提供教材配套学习资源。同学们快来关注"邦小苑"微信公众号。

2. 为教师提供的配套服务

（1）院校邦为其所有教材精心设计了"教案+授课资源+考试系统+题库+教学辅助案例"的系列教学资源。教师可登录"传智高校教辅平台"免费使用。

（2）针对教学过程中存在的授课压力过大等问题，教师可添加"码大牛"QQ（2770814393），或者添加"码大牛"微信（18910502673），获取最新的教学辅助资源。

黑马程序员

目 录

第1章 项目概述

学习目标

- ◎ 了解博学谷项目的概述，能够说出项目展示的内容与意义
- ◎ 了解博学谷项目的开发环境，能够说出项目的开发工具与操作系统
- ◎ 了解博学谷项目的模块说明，能够说出项目的功能模块
- ◎ 了解博学谷项目的界面交互效果，能够说出界面之间的交互关系

博学谷项目源于博学谷教学辅助平台，该平台是一个集IT学习资源为一体的教学平台。博学谷项目主要为了巩固Android基础知识所设计，项目中包含了丰富的学习视频和习题内容。本书主要展示了博学谷项目从需求到上线的整个过程，本章将针对博学谷项目的整体功能进行简单介绍。

1.1 项目简介

扩展阅读

打造中国人奔腾的“芯”

1.1.1 项目模块

博学谷项目是一个学生端自学助手，每个学生都可以注册账号学习《Android移动开发基础案例教程（第2版）》第1~12章的教学视频，并在学习完成后通过章节习题自我测验学习效果，达到课前预习与课后复习的效果。

博学谷项目主要分为三大功能模块，分别为课程模块、习题模块和“我”的模块，项目结构如图1-1所示。

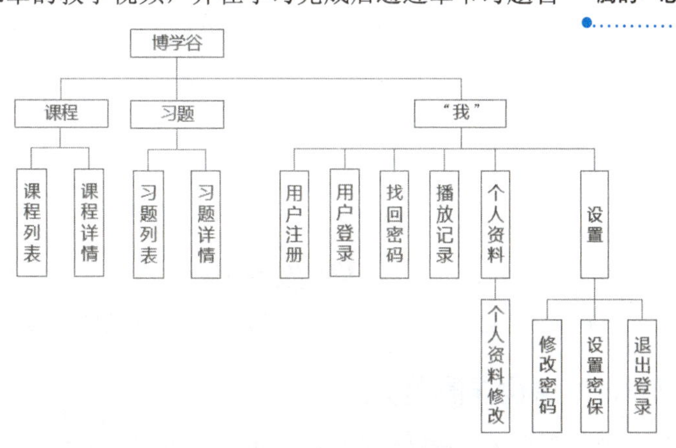

图1-1 项目结构

从图1-1可以看出，课程模块包含课程列表和课程详情，习题模块包含习题列表和习题详情，“我”的模块包含用户注册、用户登录、找回密码、播放记录、个人资料、

设置等六个功能，其中个人资料功能包含了个人资料修改功能，设置功能又包含了修改密码、设置密保和退出登录功能。

1.1.2 开发环境

操作系统：

- Windows 7系统。

开发工具：

- JDK8。
- Android Studio 3.2.0 + 天天模拟器（第三方模拟器）。
- apache-tomcat-8.5.59。

数据库：

- SQLite。

1.2 界面交互效果

1.2.1 欢迎模块与课程模块

程序启动后，首先会在欢迎界面等待3秒，然后进入课程界面。点击课程界面底部导航栏中的“习题”按钮或“我”的按钮时，程序会分别进入习题界面或“我”的界面。点击课程界面中课程列表条目中的任意一个图片时，程序会进入课程详情界面，欢迎模块与课程模块如图1-2所示。

图1-2 欢迎模块与课程模块

1.2.2 课程详情模块

当程序进入课程详情界面时，界面中的“简介”选项卡默认是被点击的状态，选项卡下方显示的是章节简介内容。点击课程详情界面中的“视频”选项卡时，选项卡下方会显示章节的视频列表信息。当点击视频列表中的某个条目时，程序会进入视频播放界面播放相应的视频，课程详情模块如图1-3所示。

图1-3　课程详情模块

1.2.3　习题模块

点击习题列表界面中的某个条目时，程序会进入习题详情界面展示当前章节的所有习题。点击习题详情界面中的每个选择题的选项图片时，如果选择正确，则选项图片会替换为绿色对号图片；如果选择错误，选项图片会替换为红色叉号图片，并且正确选项的选项图片替换为绿色对号图片。图1-4展示的是点击习题列表界面中的第1个条目进入习题详情界面的效果。

图1-4　习题模块

1.2.4　“我”的模块

当用户处于未登录状态时，点击“我”的界面中的默认头像，程序会进入登录界面。如果未注册过账号，则可以在登录界面点击“立即注册”文本进行注册。如果已经有注册账号，则在登录界面输入正确的用户名和密码即可登录。若忘记密码，则可以点击登录界面的“找回密码？”文本，程序会进入找回密码界面，在该界面实现找回密码的功能，如图1-5所示。

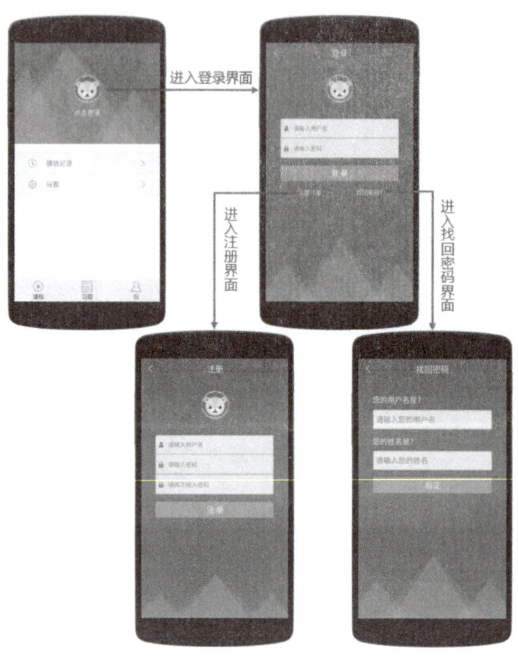

图1-5　登录与注册

当用户登录成功时，点击“我”的界面中的播放记录条目或设置条目，程序会进入播放记录界面或设置界面，在设置界面中可以实现修改密码与设置密保的功能，如图1-6所示。

图1-6　播放记录与设置

当用户登录成功时，点击“我”的界面中的头像，程序会进入个人资料界面，在该界面中可以修改用户的昵称、性别和签名信息，如图1-7所示。

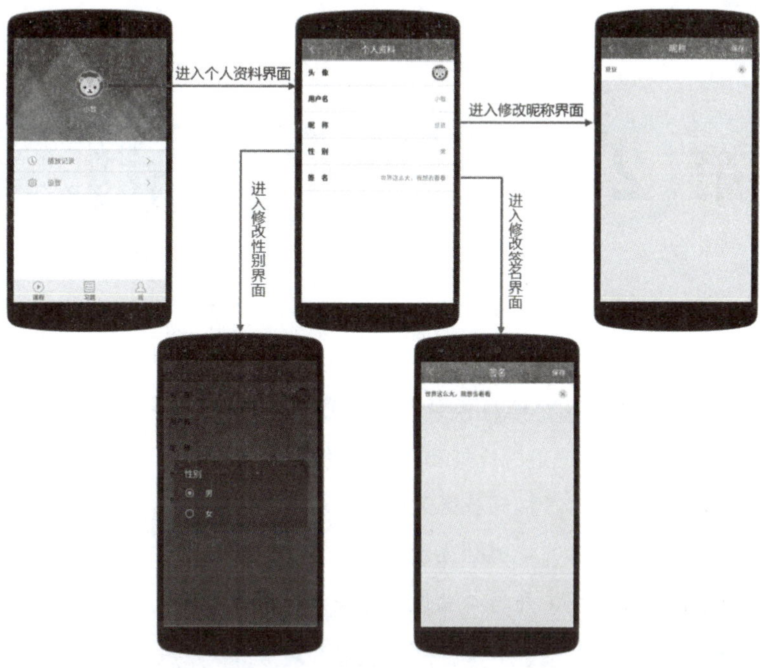

图1-7 个人资料修改

本章小结

本章主要是整体介绍了博学谷项目模块、开发环境和项目的界面交互效果，读者只需了解本章内容即可，在接下来的章节中，会对博学谷项目中的功能模块与界面设计进行一一实现。

习 题

1. 请说出博学谷项目有几个主要模块？
2. 请说出在博学谷项目中如何进入登录界面和注册界面？

第2章 界面设计

学习目标

◎ 掌握Axure RP 9.0工具的使用，能够独立设计项目界面

◎ 掌握欢迎界面的设计思路，能够独立设计欢迎界面

◎ 掌握课程界面的设计思路，能够独立设计课程界面

◎ 掌握动态面板的组合使用，能够独立设计广告轮播图效果

◎ 掌握习题界面的设计思路，能够独立设计习题界面

博学谷界面设计是整个项目的开端，界面的美观与舒适是用户体验的重要因素。在开发项目之前，通常先制作项目的原型图来模拟项目的交互过程，体验项目在使用过程中是否符合用户的需求。由于博学谷项目中的界面比较多，为了不使本章内容过多，所以我们将以欢迎界面、课程界面和习题界面为例来讲解界面的原型图设计内容，并且这几个界面也包含了博学谷项目中大部分界面的设计思路。

2.1 欢迎界面

扩展阅读

中国传统色彩

一般情况下，我们在制作原型图时，会使用Axure RP工具，该工具是设计界面原型图常用的工具之一。由于当前使用的是Windows 7系统，最高可安装Axure RP 9，所以本案例将会使用Axure RP 9工具。

在应用程序启动时，会首先进入欢迎界面，欢迎界面包括手机外框、系统状态栏、欢迎界面背景图片、版本号信息。为了使用相对美观一些的手机外壳，我们使用了mobilephoneshell.rplib元件库，在该库中还会有文本标签、图片元件、矩形元件、圆形元件等。在网上还有很多开源的元件库，初学者可自行下载并导入元件库到Axure RP 9工具中使用。接下来将对欢迎界面的制作进行详细讲解。

步骤1：打开Axure RP 9工具后，默认有一个创建好的页面，将该页面命名为“Splash”，也就是欢迎页面（界面）。单击工具左下角元件选项卡下的“＋”按钮，将元件库mobilephoneshell.rplib导入到工具中，接着在元件库中将手机竖版外框元件拖入工作区域中，如图2-1所示。

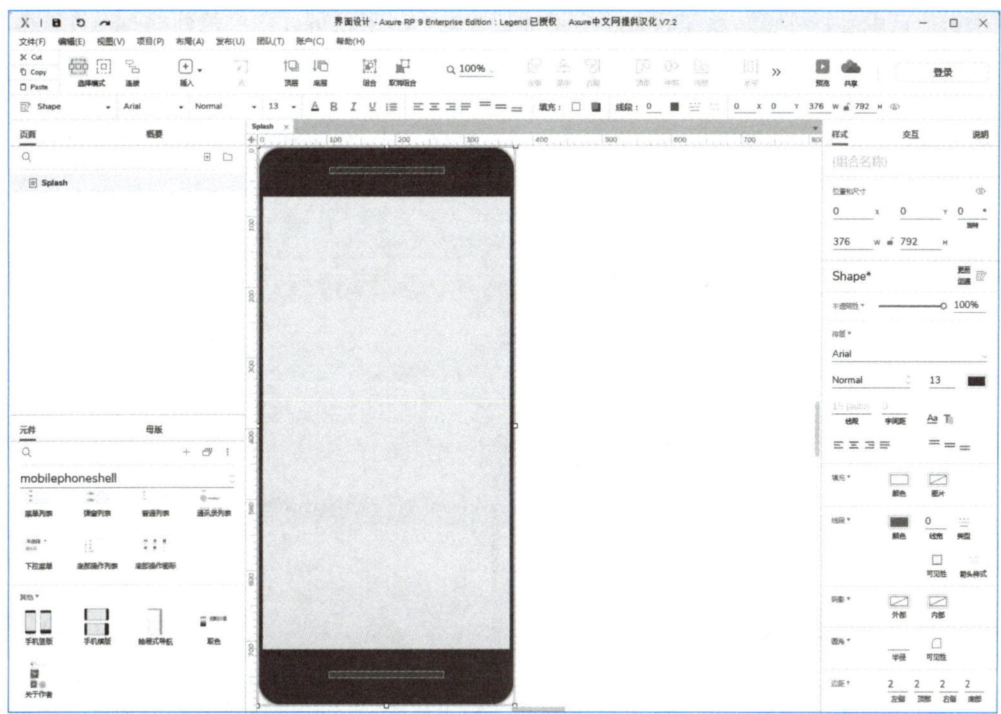

图2-1　放置手机外框

步骤2：从工具的左下角元件库中将“系统状态栏”拖入工作区域中，如图2-2所示。

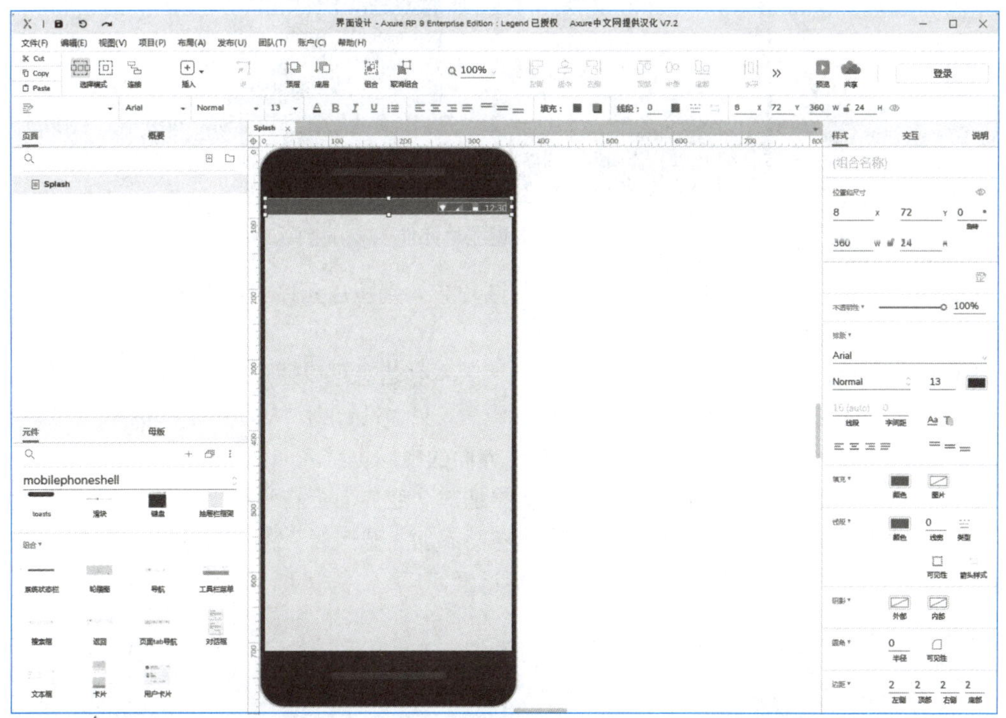

图2-2　放置系统状态栏

由于项目中手机外框与系统状态栏应用的地方很多，所以可以将手机外框与系统状态栏制作成母版，方便后期修改维护，本书不做详细讲解。

步骤3： 拖入图片元件用于设置欢迎界面背景图片，设置图片元件宽高。图片元件的宽度与手机屏幕的宽度一致，而高度为“手机屏幕高度-系统状态栏高度”，其中系统状态栏的高度为24 px，因此图片元件的高度为640-24=616（640为手机屏幕的高度）px，即图片元件的宽高分别设置为360 px与616 px，如图2-3所示。

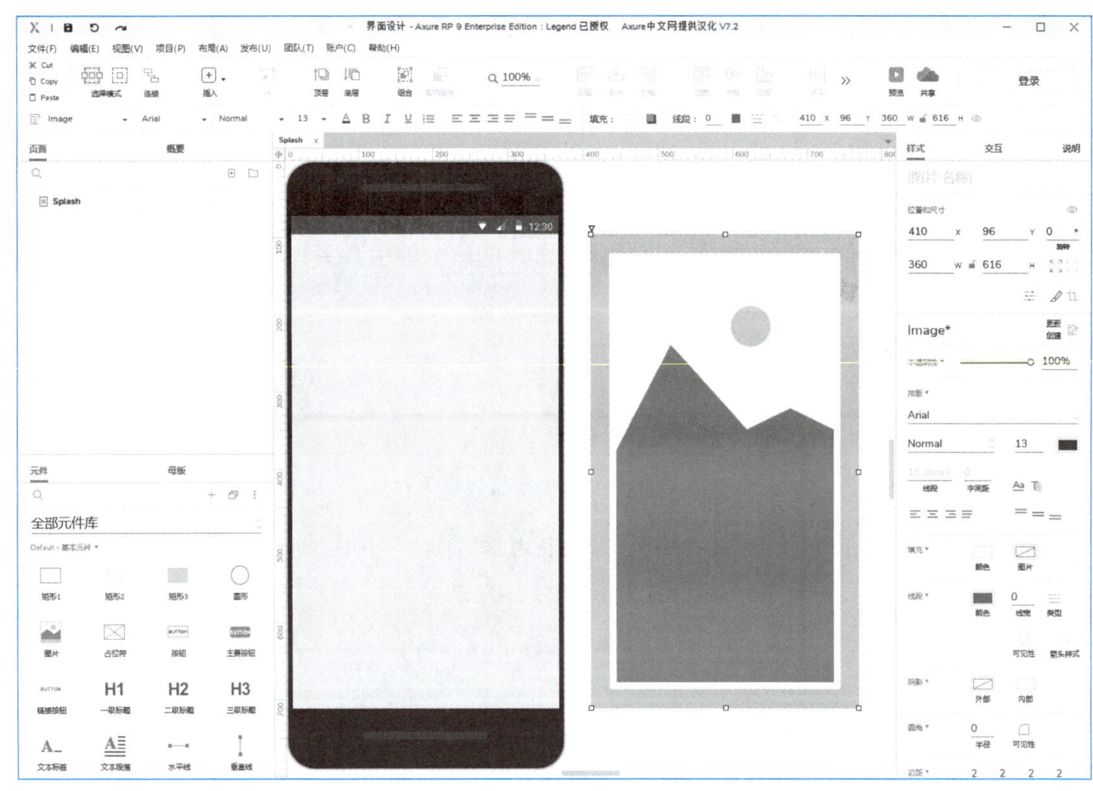

图2-3 放置图片元件

步骤4： 双击图片元件，将欢迎界面的背景图片导入到图片元件中，然后将图片元件移入手机边框中，如图2-4所示。

步骤5： 在欢迎界面中需要展示版本号信息，版本号信息可以通过文本标签实现，将文本标签元件拖入工作区域中，双击文本标签编辑文本，将文本设置为“V2.0”，并将文本颜色设置为白色，设置完成后将文本标签元件放置在欢迎界面的中间位置，如图2-5所示。

至此，欢迎界面便制作完成了。需要注意的是，欢迎界面会在程序开启后展示3秒，3秒后程序便会自动进入课程界面，因此需要为欢迎界面添加“载入时”的交互事件，但是由于课程界面还未创建，该步骤将放在制作完课程界面后讲解。

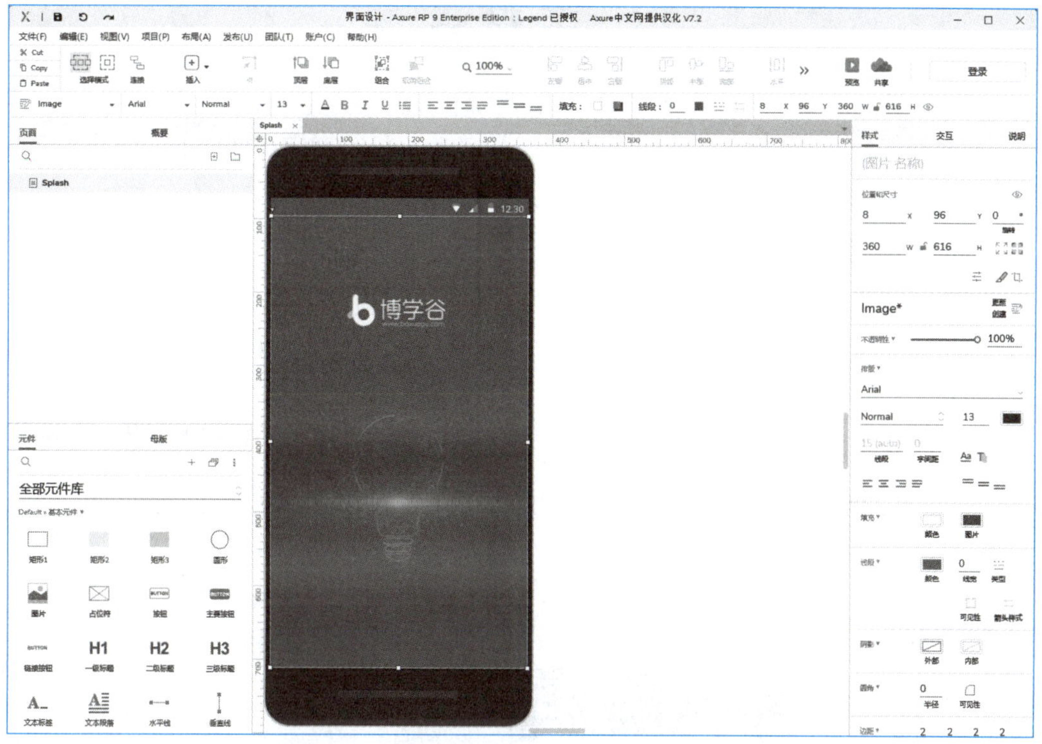

图2-4　导入欢迎图片

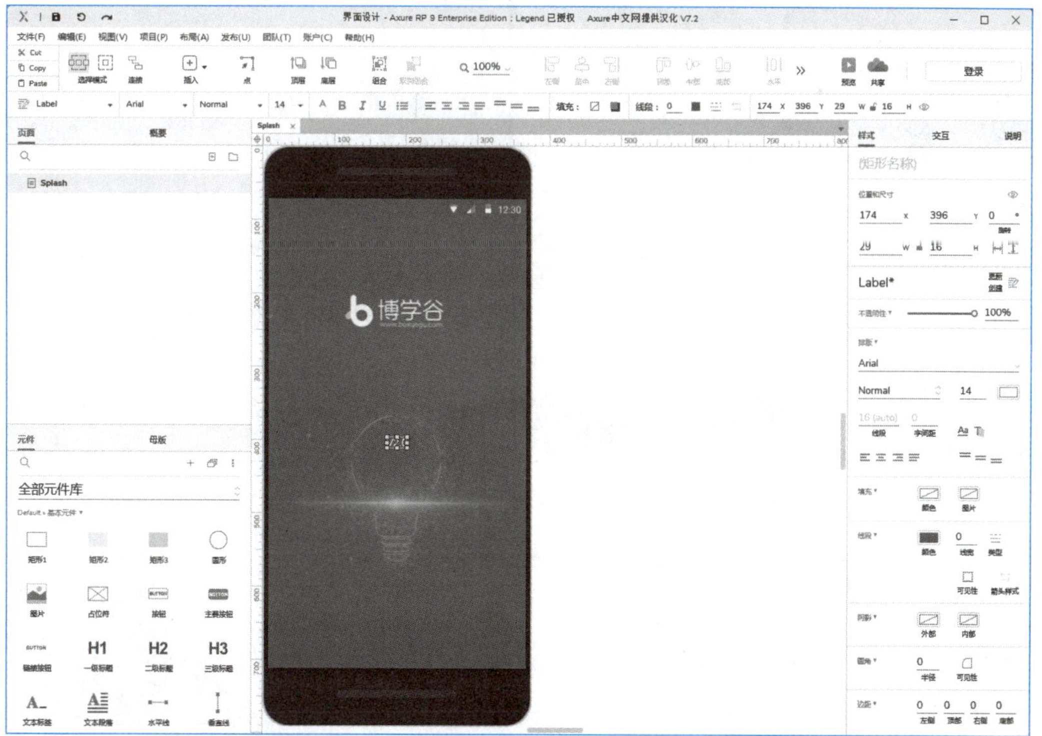

图2-5　设置版本号

2.2 课 程 界 面

由第1章中显示的课程界面的效果图可知，课程界面主要包含4部分内容，分别是标题栏部分、广告栏部分、视频列表部分和导航栏部分。接下来本节将针对课程界面的制作进行详细讲解。

2.2.1 制作标题栏

步骤1：在Axure RP工具中的“页面”选项卡中选中Splash页面，右击并在弹出的快捷菜单中选择“添加(A)”→“下方添加页面（A）”命令，创建一个名为Course的页面，该页面就是课程界面。在课程界面中首先放入手机外框与系统状态栏，将屏幕的填充颜色设置为白色，然后将文本标签拖入工作区，用于制作标题栏部分，设置其宽高分别为360 px与50 px，如图2-6所示。

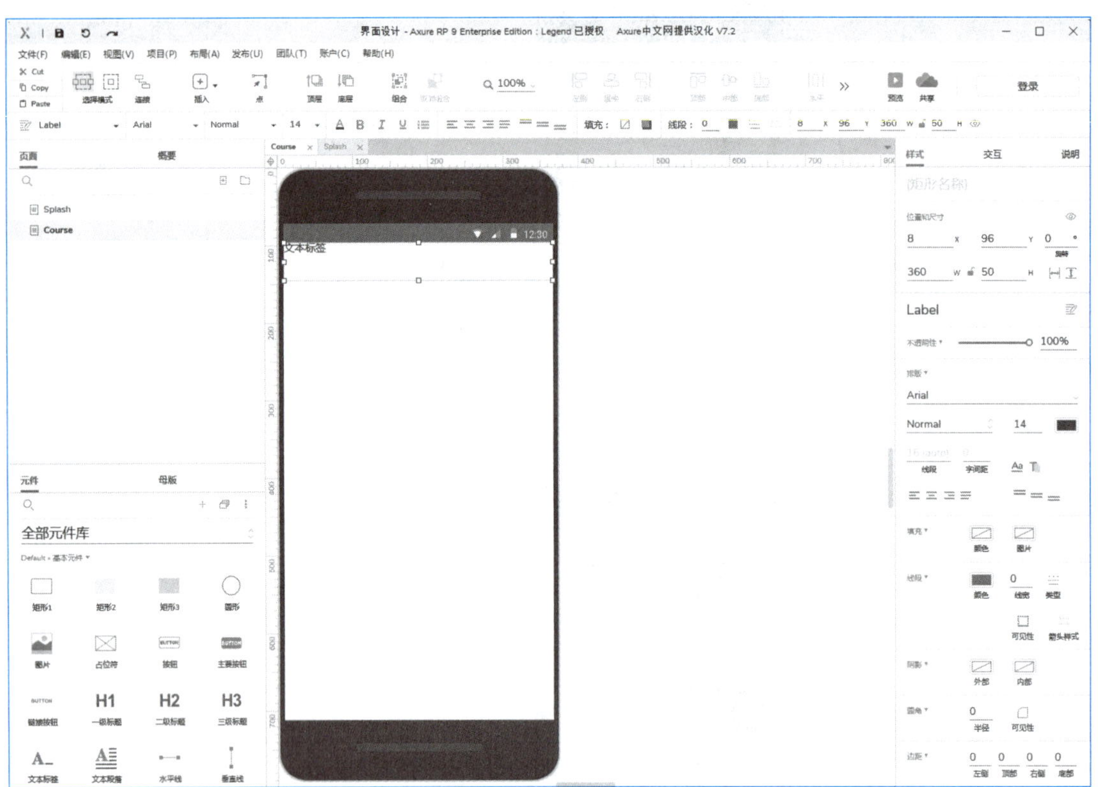

图2-6 放入标题栏文本标签

步骤2：将标题栏文本标签的背景颜色设为蓝色，文本内容设置为“博学谷课程”，字号设置为20 px，文本颜色设置为白色，文本的位置在水平方向和垂直方向居中，如图2-7所示。

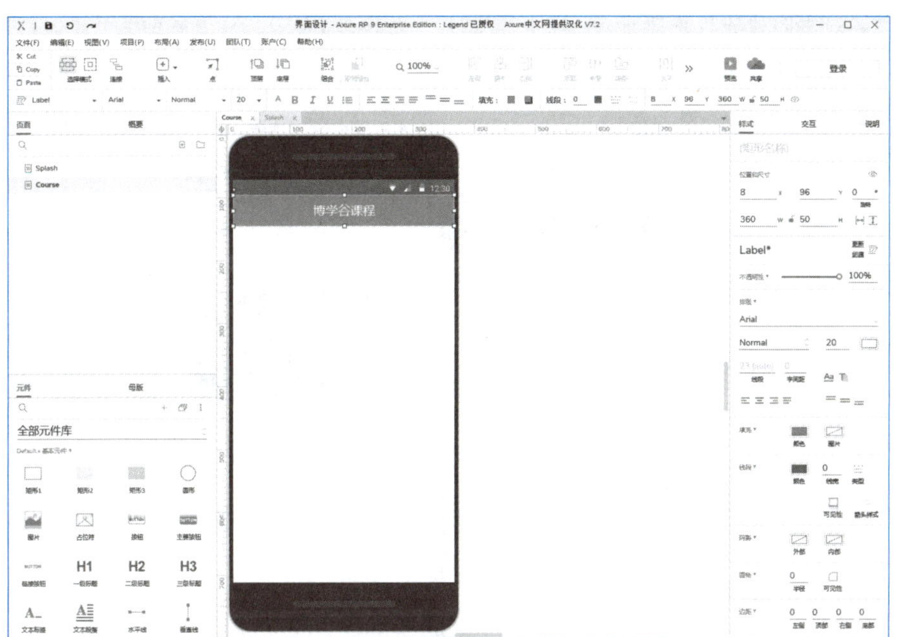

图2-7 设置课程界面的标题栏

2.2.2 制作广告栏

广告栏主要用于展示广告图片，并且能够每隔几秒自动切换到下一张图片，这种效果需要通过动态面板来实现。接下来在Axure RP工具中制作广告栏，具体步骤如下所示。

步骤1： 首先拖入一个图片元件，用于显示广告图片，并将图片元件的宽高分别设置为360 px与180 px，如图2-8所示。

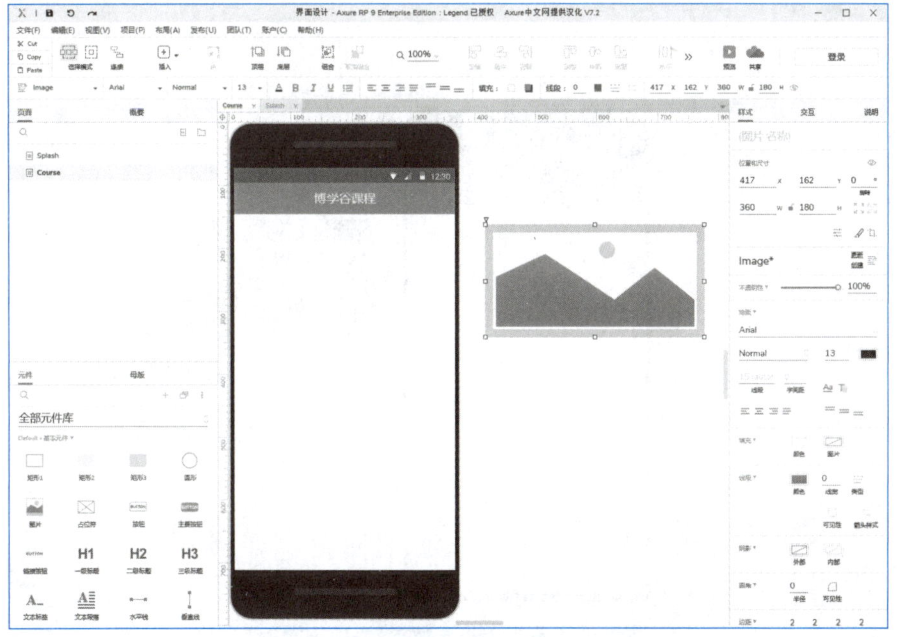

图2-8 拖入图片元件

步骤2： 双击图片元件，添加第一张广告图片，如图2-9所示。

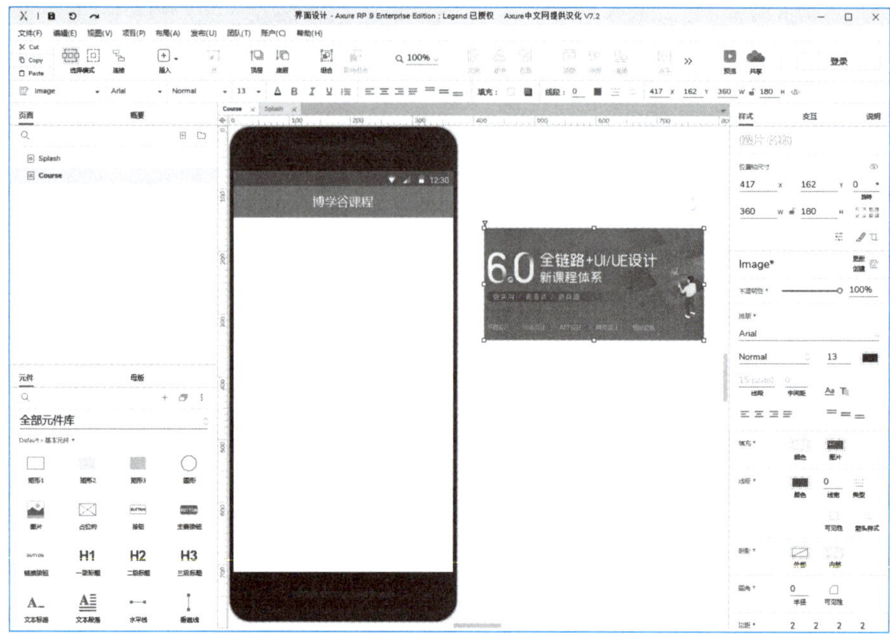

图2-9 添加第一张广告图片

步骤3： 从元件库中拖入3个圆形元件，为广告栏底部添加3个小圆点，并设置这些圆形元件的宽和高分别为8 px，将第一个圆形元件的填充色与线段色设置为蓝色，其他圆形元件的填充色与线段色设置为灰色。将工具中左侧的页面选项卡切换到概要选项卡，在该选项卡下方会显示拖入的3个圆形元件和1个图片元件，如图2-10所示。

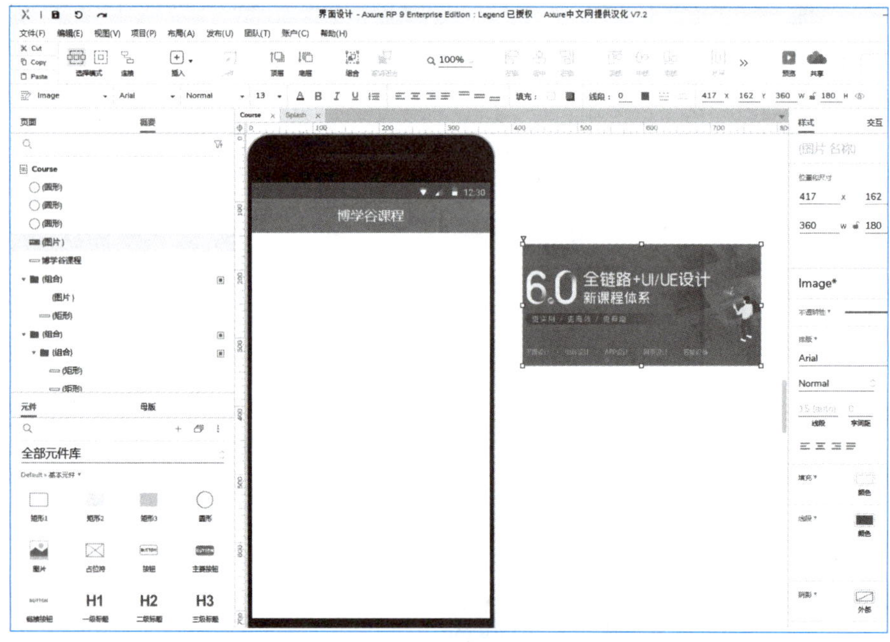

图2-10 为广告栏底部添加3个小圆点

步骤4：首先选中图片元件与3个圆形元件，右击选择“组合（G）”命令将所有元件进行组合，然后选中组合后的所有元件，右击选择“转换为动态面板（D）”命令，将组合后的元件转换为动态面板。工具中左侧的概要选项卡下方会显示动态面板的名称、状态名称和组合信息，将动态面板的名称设置为广告栏动态面板，面板中默认当前的状态效果为动态面板中的State1（状态1）效果，如图2-11所示。

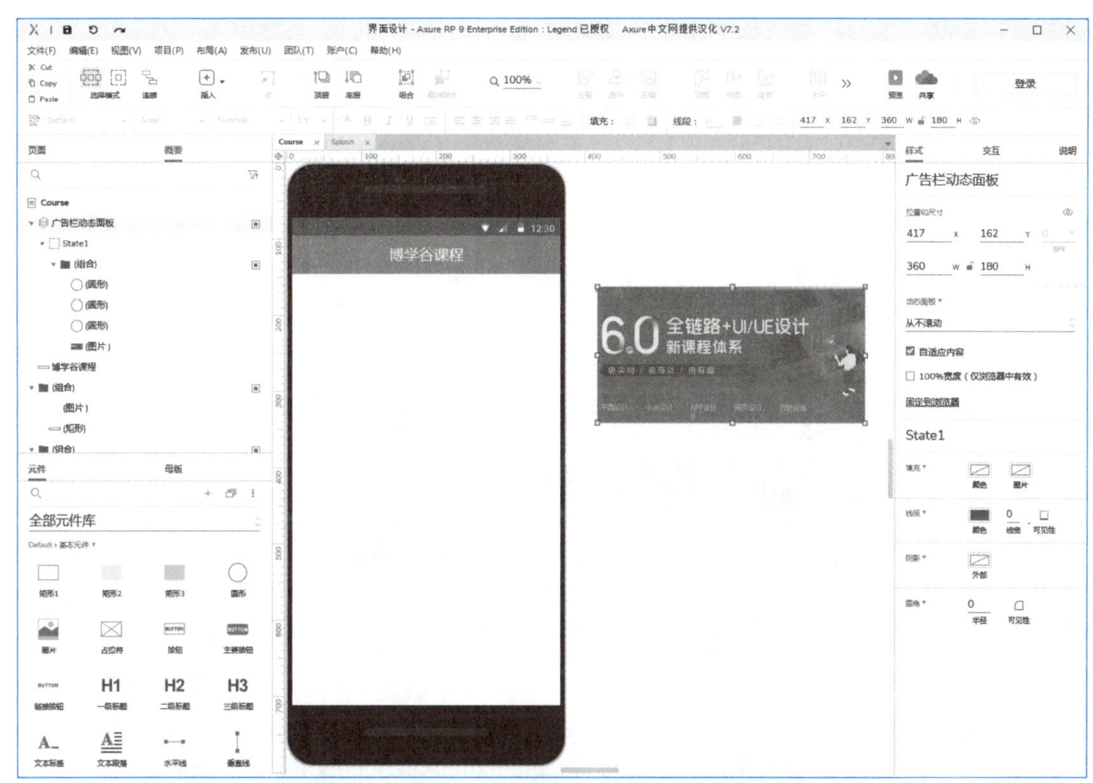

图2-11　广告栏动态面板中的State1效果

步骤5：由于广告栏中需要轮播3张广告图片，所以广告栏动态面板中需要显示3个状态。接下来首先选中广告栏动态面板中的State1，然后右击选择“重复状态”命令，复制一个State1，复制后的状态名称默认为State2（状态2），最后通过同样的方式复制一个名称为State3（状态3）的状态。双击State2中的图片元件，将第2张广告图片导入到图片元件中，并将第2个圆形元件的填充色与线段色设置为蓝色，将第1个圆形元件的填充色与线段色设置为灰色，如图2-12所示。

步骤6：在广告栏动态面板的State3中，双击图片元件，将第3张广告图片导入到图片元件中，并将第3个圆形元件的填充色与线段色设置为蓝色，其余圆形元件的填充色与线段色设置为灰色，如图2-13所示。

步骤7：关闭广告栏动态面板State3，然后将制作好的广告栏动态面板拖入课程界面中，如图2-14所示。

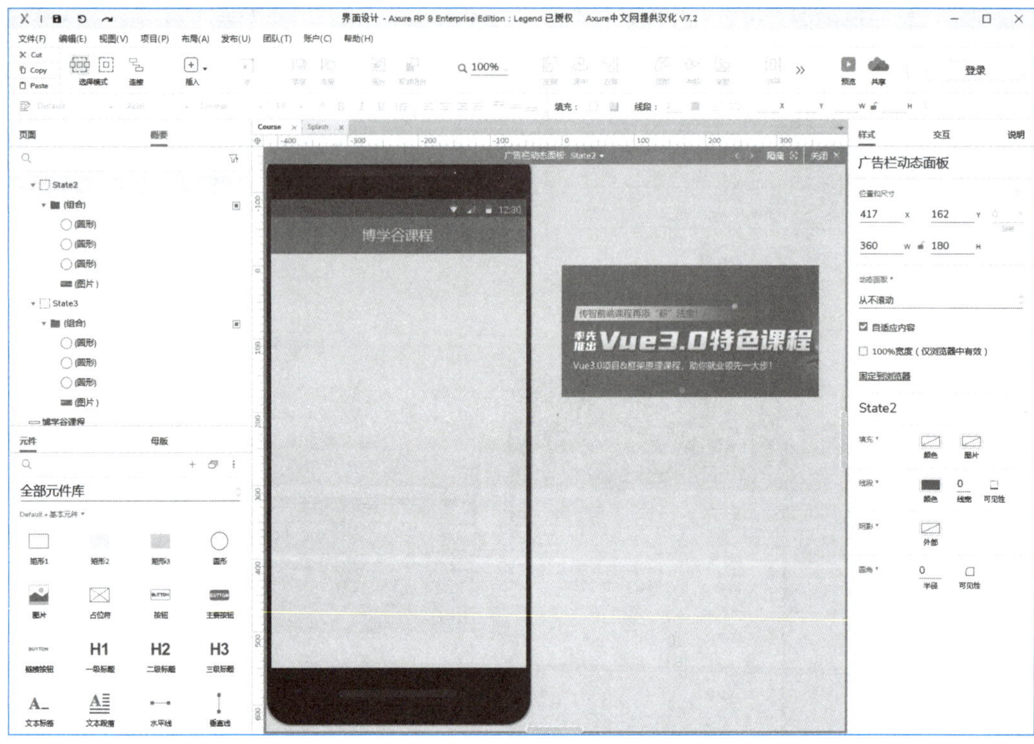

图2-12 广告栏动态面板中的State2效果

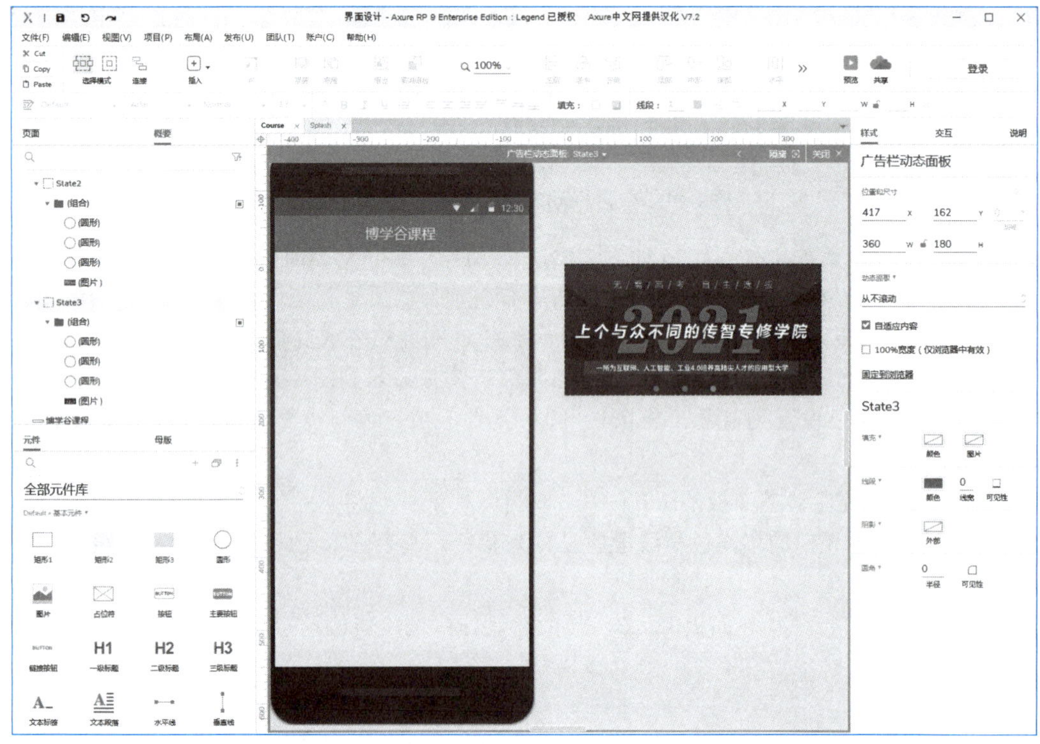

图2-13 广告栏动态面板中的State3效果

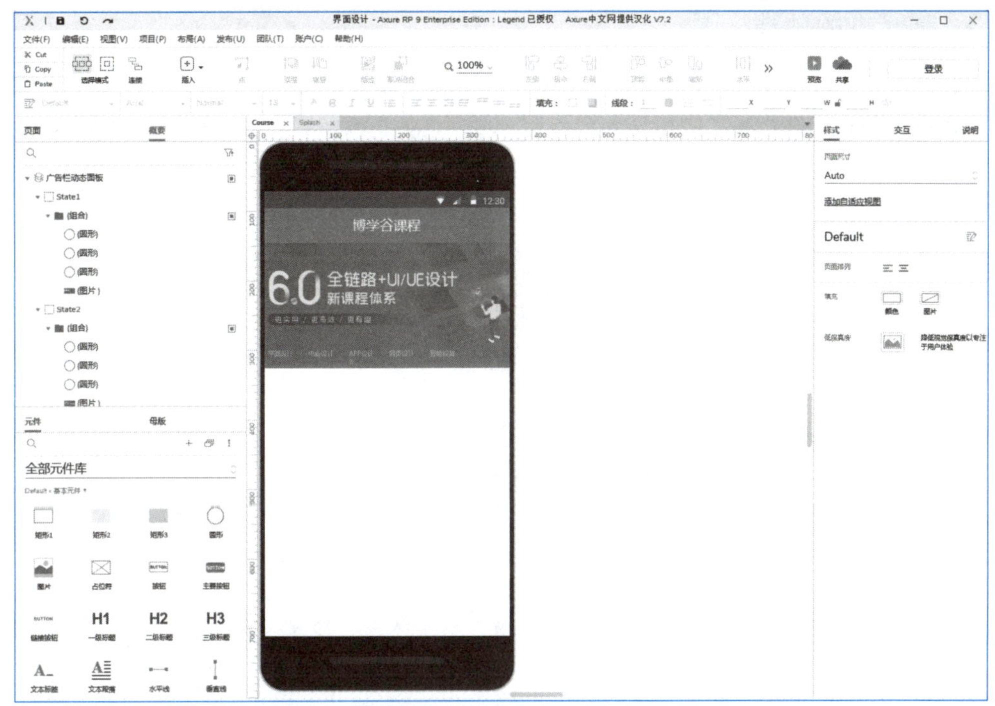

图2-14　将广告栏动态面板拖入课程界面中

步骤8：添加广告栏动态面板交互事件，实现广告图片的轮播效果。首先选中工具右侧的“交互”选项卡，然后单击“新建交互”按钮，选择“页面载入时”选项，创建一个页面载入时交互事件。双击“页面载入时”文本，会弹出一个交互编辑器窗口，在该窗口中的“添加动作”选项卡下方，单击“设置面板状态”动作，然后选择“广告栏动态面板”选项，将“广告栏动态面板到State1”添加到设置面板状态下方。

单击“广告栏动态面板到State1”，在对话框的右侧设置动态面板的状态（STATE）为“下一项”，勾选“向后循环”复选框，设置进入动画与退出动画为slide left（向左滑动），动画时间为500 ms，循环间隔设置为2 000 ms，单击对话框中的“确定”按钮添加广告栏的交互事件。广告栏动态面板的“交互编辑器”对话框如图2-15所示。

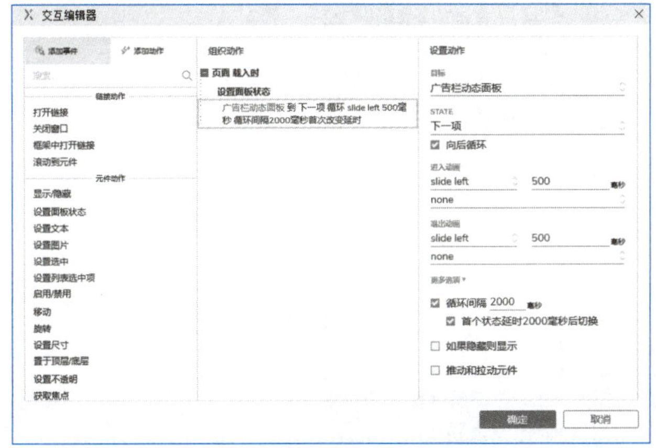

图2-15　广告栏动态面板的“交互编辑器”对话框

2.2.3 制作视频列表标题

步骤1： 向工作区域中拖入一个图片元件，用于放置视频图标。将图片元件的宽高分别设置为30 px，双击图片元件将视频图标导入到图片元件中，如图2-16所示。

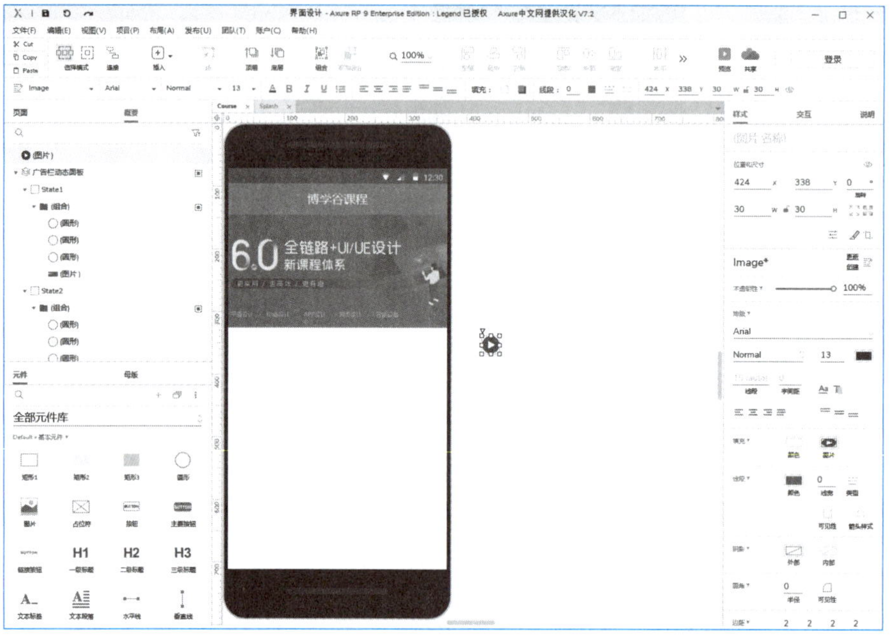

图2-16 视频图标

步骤2： 将视频图标拖入课程界面中，距屏幕左边与广告栏底部的距离为8 px，且坐标为x=15，y=334，如图2-17所示。

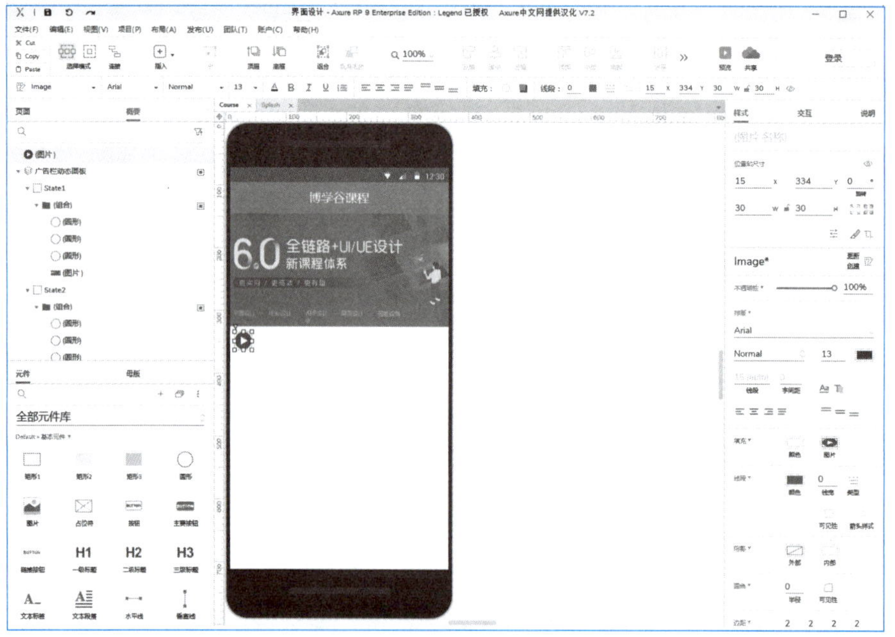

图2-17 将视频图标拖入课程界面中

步骤3：在工作区域中，拖入一个文本标签，用于展示视频列表标题，将文本标签的宽高分别设置为300 px与30 px，文本大小设置为16 px，文本颜色设置为黑色，文本的对齐方式设置为左对齐，文本在垂直方向上居中，文本内容设置为“Android基础案例教程第1~12章视频”，如图2-18所示。

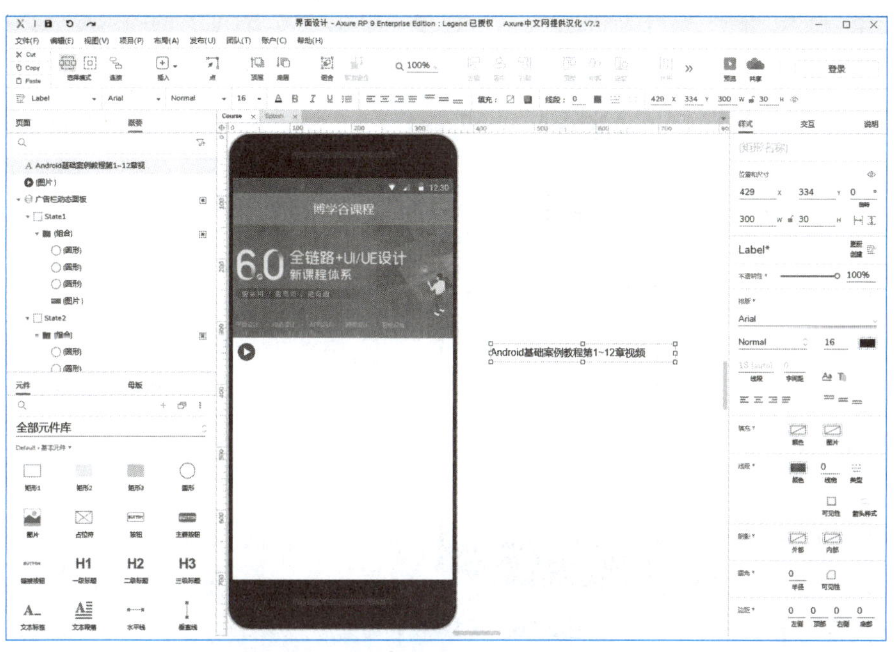

图2-18　视频列表标题

步骤4：将视频列表标题拖入到课程界面中，使视频列表标题的文本标签与视频图标的中心线在同一水平线上，同时视频列表标题距视频图标右边的距离为8 px，如图2-19所示。

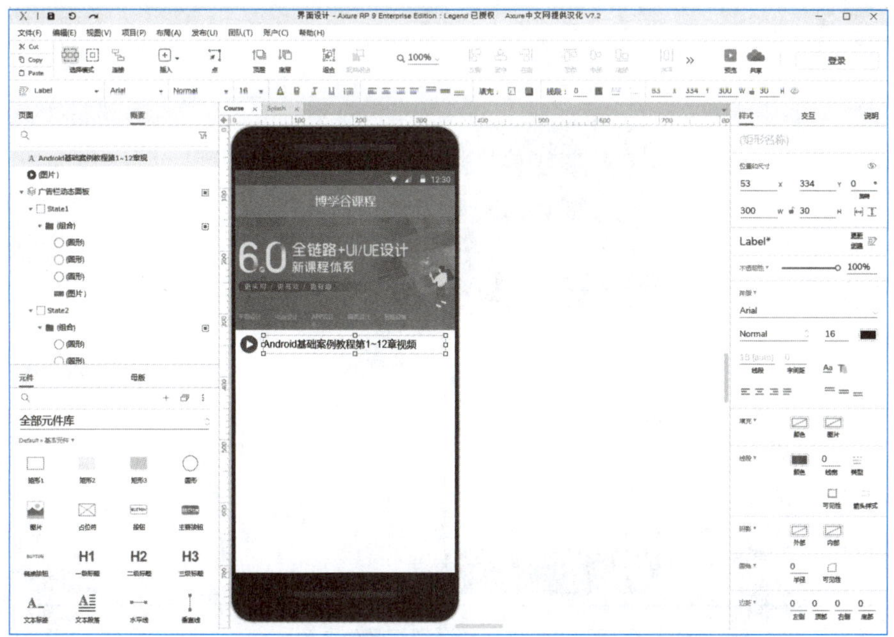

图2-19　将视频列表标题拖入到课程界面中

2.2.4 制作课程列表

步骤1： 将图片元件拖入工作区域中，设置该元件的宽高分别为170 px与95 px，双击图片元件将视频图片导入到图片元件中，以第1章的视频图片为例，如图2-20所示。

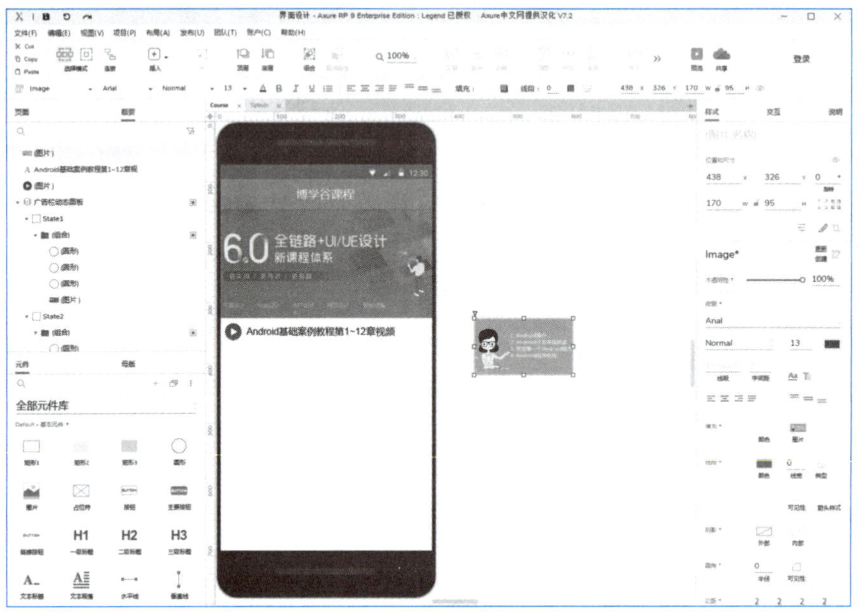

图2-20 第1章视频的图片

步骤2： 在工作区域中拖入一个文本标签，用于显示第1章视频的名称，该标签的宽高分别设置为170 px与30 px，文本大小设置为12 px，文本颜色设置为黑色，文本的对齐方式设置为居中，文本内容设置为“第1章 Android基础入门”，如图2-21所示。

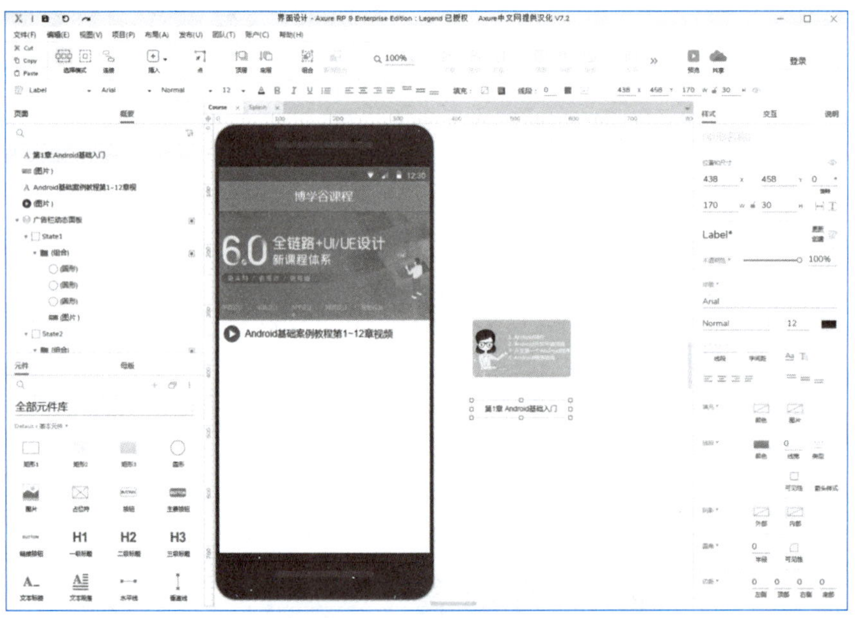

图2-21 显示第1章视频的名称

步骤3： 将第1章视频名称的文本标签顶部与视频图片元件的底部对齐，如图2-22所示。

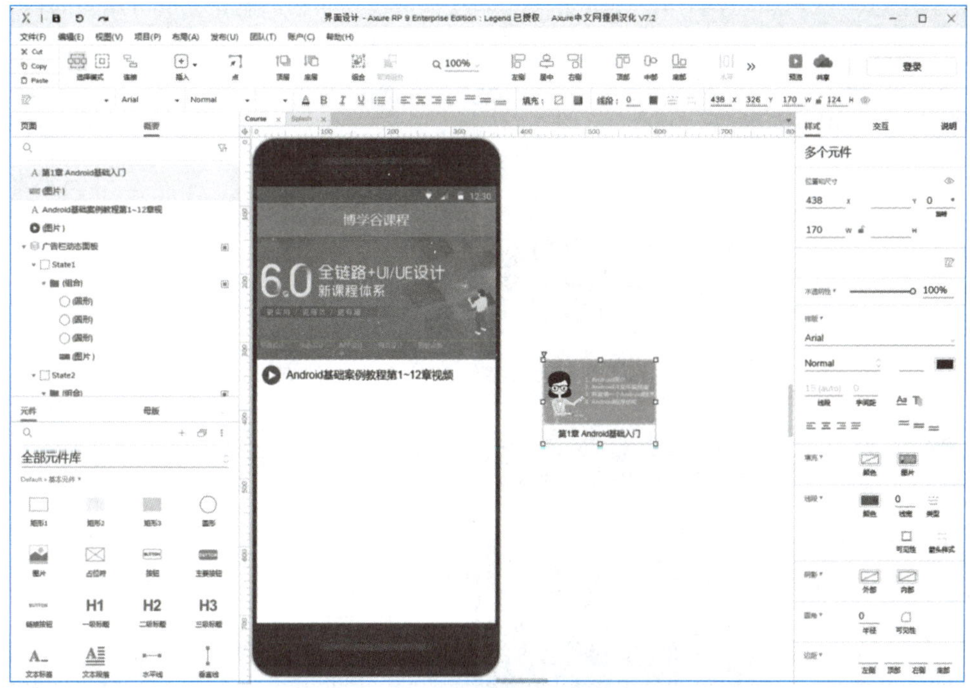

图2-22　第1章视频的图片与名称

步骤4： 将第1章视频图片和名称拖入课程界面中，视频图片的坐标为x=16，y=374，视频名称的坐标为x=16，y=468，如图2-23所示。

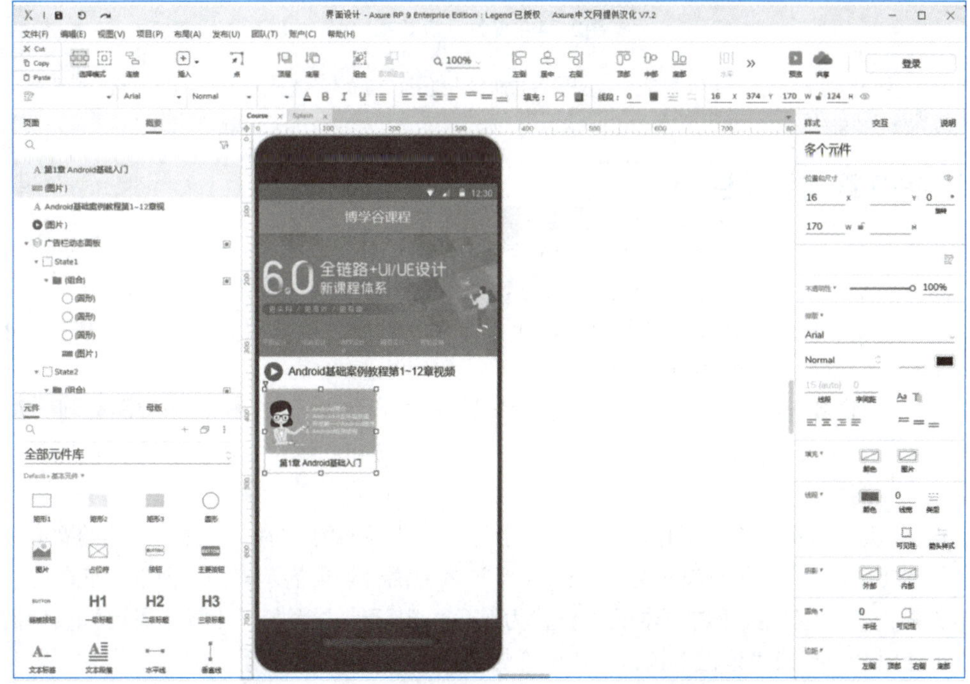

图2-23　将视频图片和名称拖入到课程界面中

步骤5： 按照制作第1章视频图片和名称的制作步骤制作其余章节的视频名称和图片，第2章视频图片的坐标为x=191，y=374，视频名称坐标为x=191，y=469，制作完所有章节的视频图片和名称后就形成了一个视频列表，视频列表效果如图2-24所示。

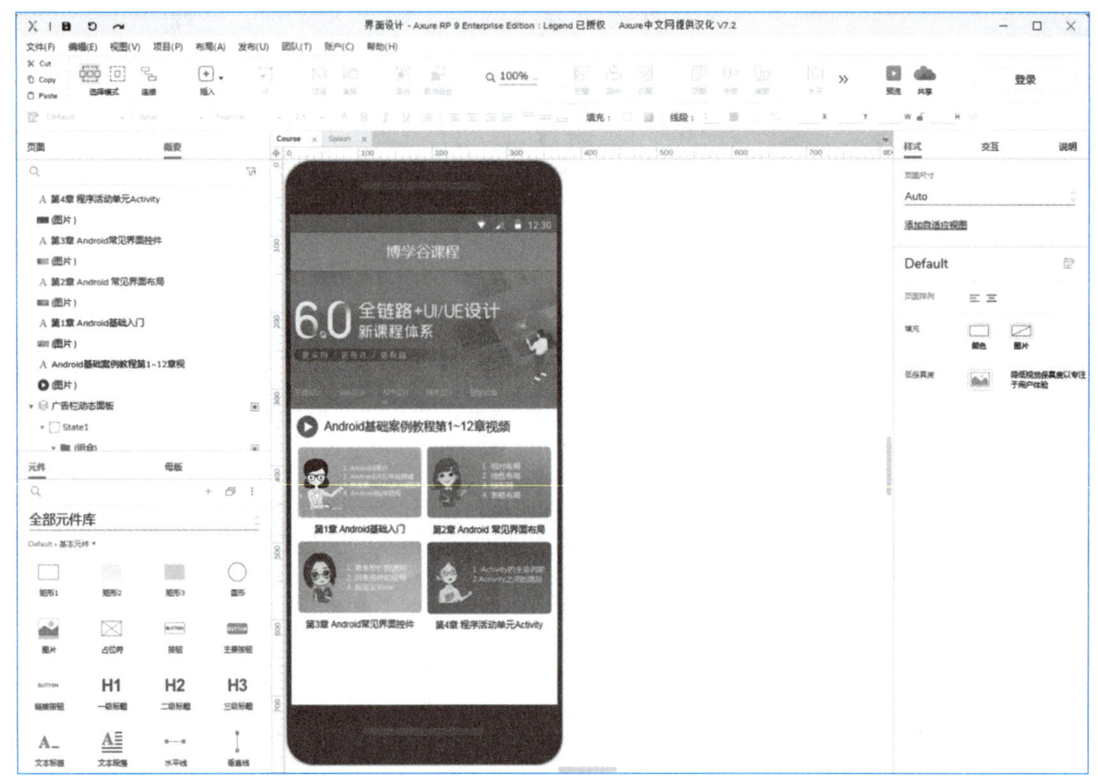

图2-24　视频列表效果

至此，视频列表部分制作完成。课程界面底部还有一个导航栏部分，我们接下来将详细讲解底部导航栏的制作。

2.2.5　制作底部导航栏

单击底部导航栏中的按钮，程序会跳转到按钮对应的界面。在导航栏中主要包含3部分内容，分别是导航栏背景、界面图片和界面文本，接下来按步骤实现底部导航栏的制作。

步骤1： 将矩形元件拖入工作区域中，用于展示底部导航栏，设置矩形元件的宽高分别为360 px与55 px，背景为灰色，如图2-25所示。

步骤2： 将图片元件拖入工作区域中用于显示课程图片，设置图片元件的宽高分别为24 px。由于当前界面为课程界面，所以底部导航栏中“课程”按钮的图片需要设置为蓝色图片，表示选中状态，如图2-26所示。

步骤3： 将文本标签拖入工作区域中，用于显示当前界面的文本。将文本标签的宽高分别设置为48 px与14 px，字体大小设置为11 px。由于课程界面为当前展示界面，所以将底部导航栏中对应该界面的“课程”按钮的文本颜色设置为蓝色，表示选中状态，并将“课程”按钮的图片与文本进行组合，形成“课程”按钮放入底部导航栏中，如图2-27所示。

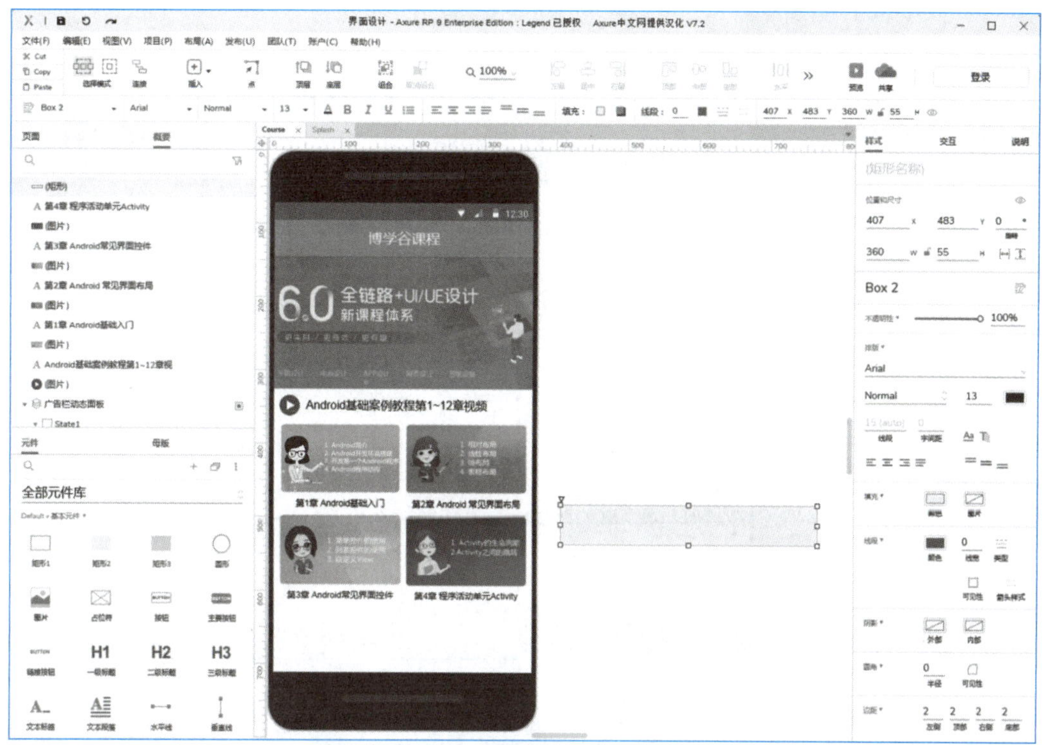

图2-25　底部导航栏

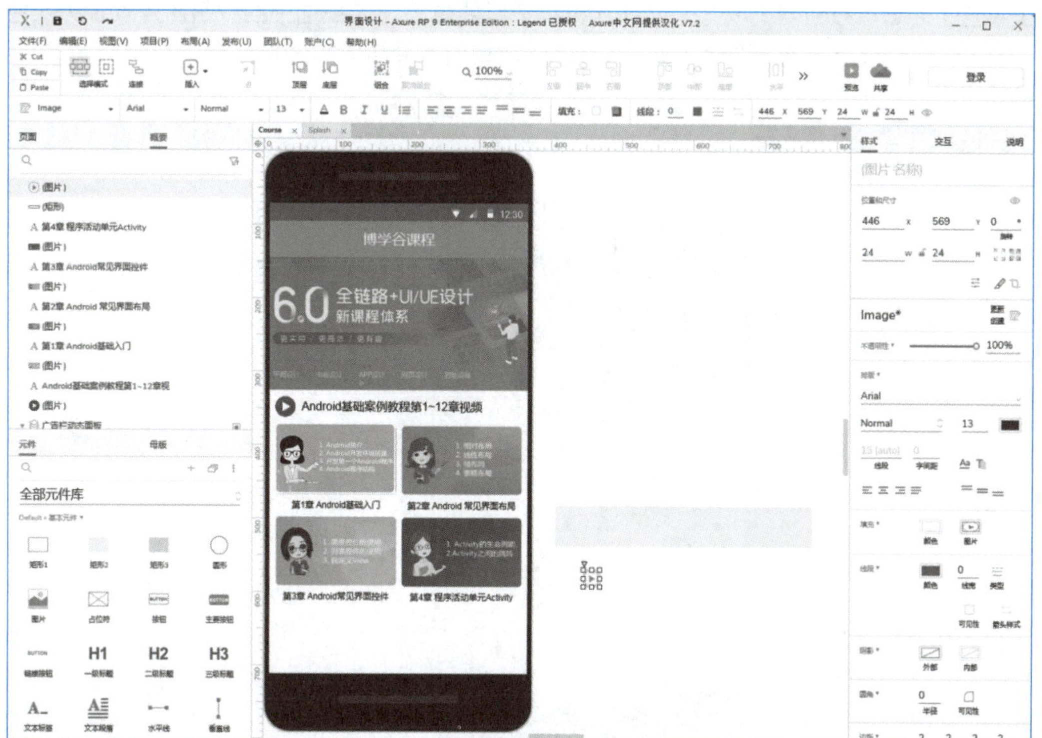

图2-26　设置“课程”按钮的图片

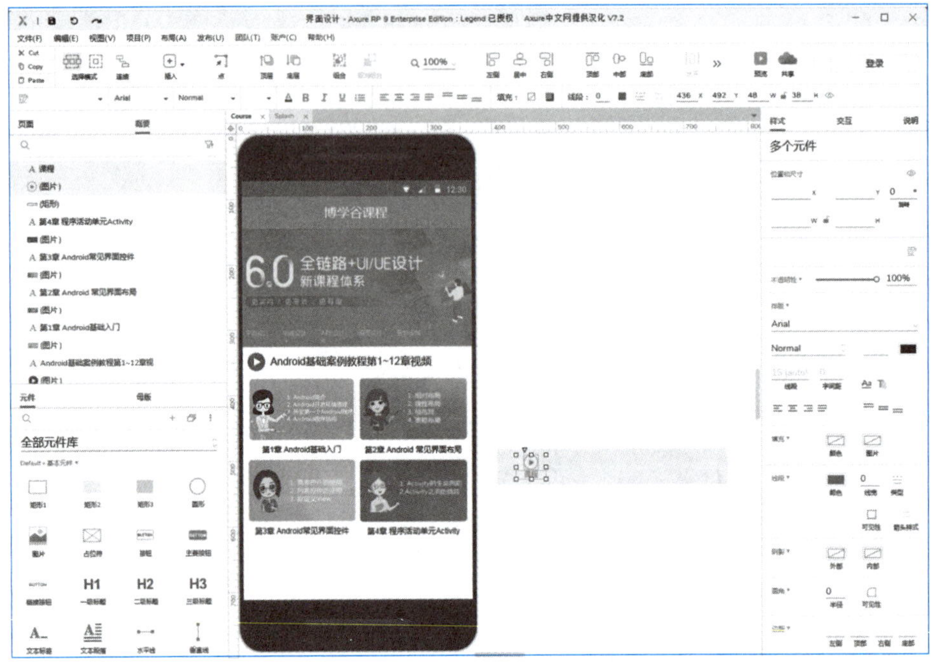

图2-27 “课程”按钮

步骤4： 选中图2-27中的“课程”按钮图片和文本，右击选择“组合（G）”命令，将图片和文本进行组合，便于后续对这2个元件进行整体操作。复制组合后的“课程”按钮的图片和文本来设置“习题”按钮与“我”的按钮未被选中时的效果，未被选中的按钮图片设置为灰色图片，文本颜色设置为灰色，设置完成后，底部导航栏的效果如图2-28所示。

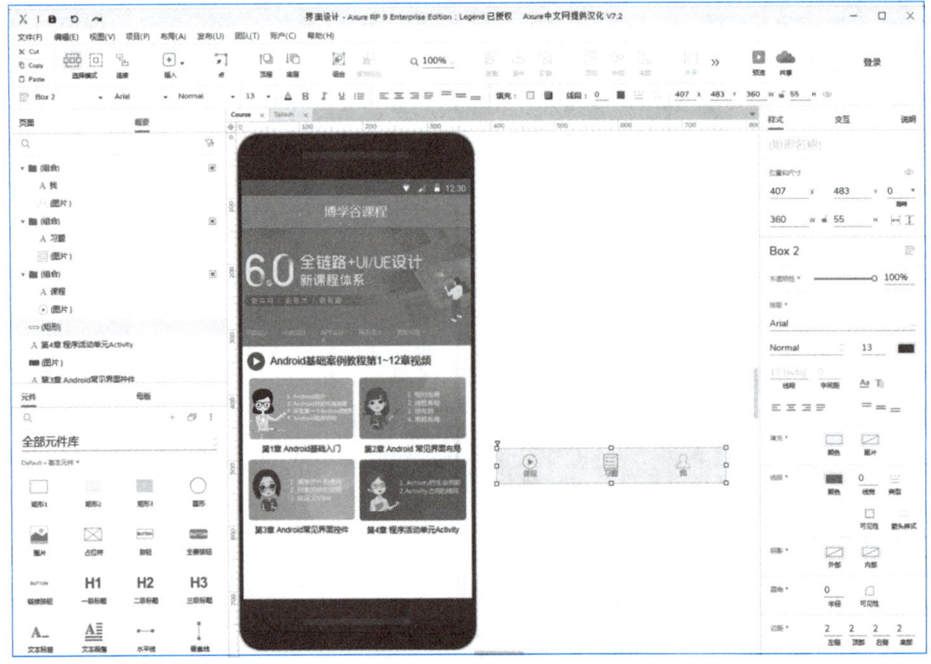

图2-28 底部导航栏

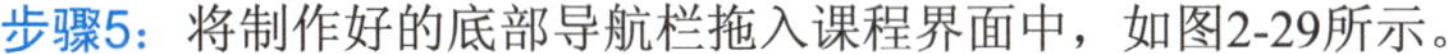

步骤5： 将制作好的底部导航栏拖入课程界面中，如图2-29所示。

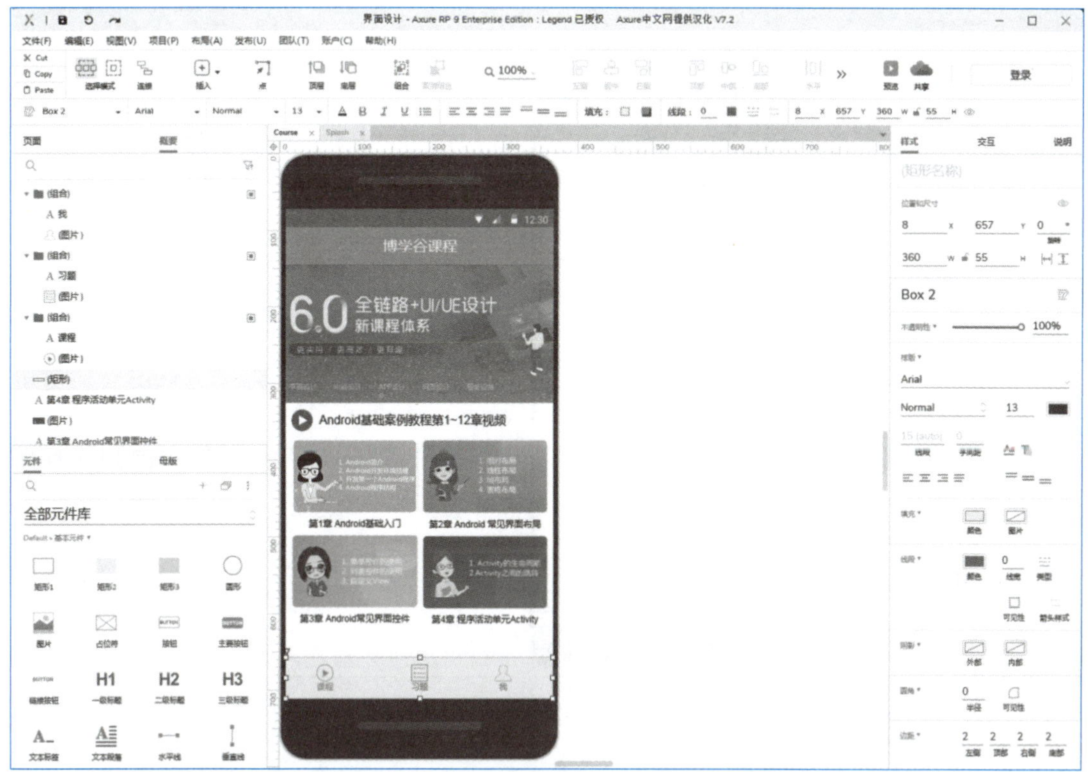

图2-29　将底部导航栏拖入课程界面中

2.2.6　制作课程详情界面

课程详情界面主要包括图片展示部分与界面内容部分，接下来将针对课程详情界面进行详细制作。

步骤1： 将Axure RP工具中左侧的选项卡切换到“页面”选项卡，此时在该选项卡下方选中Course页面，右击选择“添加(A)”→“下方添加页面(A)”命令，创建一个名为CourseDetail的页面，该页面就是课程详情界面。在课程详情界面中首先放入手机外框与系统状态栏，将屏幕的填充颜色设置为白色，然后将图片元件拖入到课程详情界面中用于显示界面上方的教材简介图片，设置图片元件的宽和高分别为360 px和200 px，如图2-30所示。

步骤2： 接下来制作课程详情界面中的“简介”按钮和“视频”按钮，分别单击这2个按钮，界面中会分别显示章节简介和视频列表信息。当单击“简介”按钮时，该按钮的背景显示为蓝色，文本显示为白色，界面内容部分会显示章节的简介，此时“视频”按钮的背景显示为白色，文本显示为黑色。由于“简介”按钮和“视频”按钮被单击时都具有动态效果，所以可以用动态面板来实现。首先将文本标签拖入工作区域中，设置其宽高分别为180 px和40 px，文本为“简介”，字体大小为18 px，字体颜色为白色，文本位置为居中，背景颜色为蓝色。“简介”按钮的效果如图2-31所示。

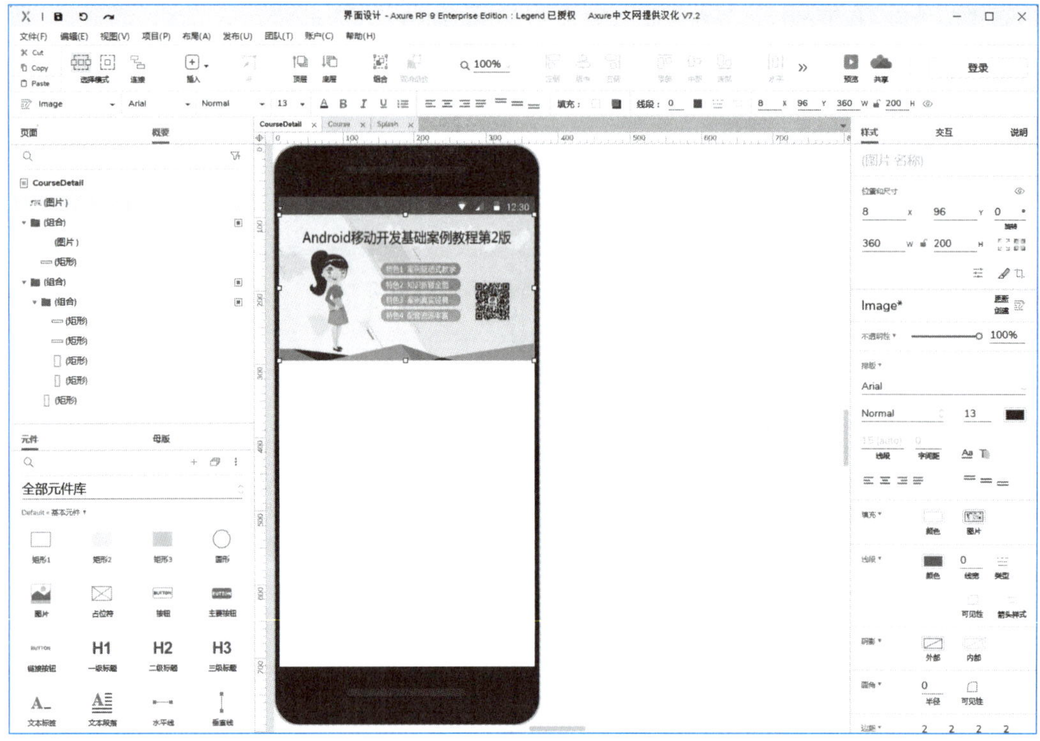

图2-30　导入教材简介图片

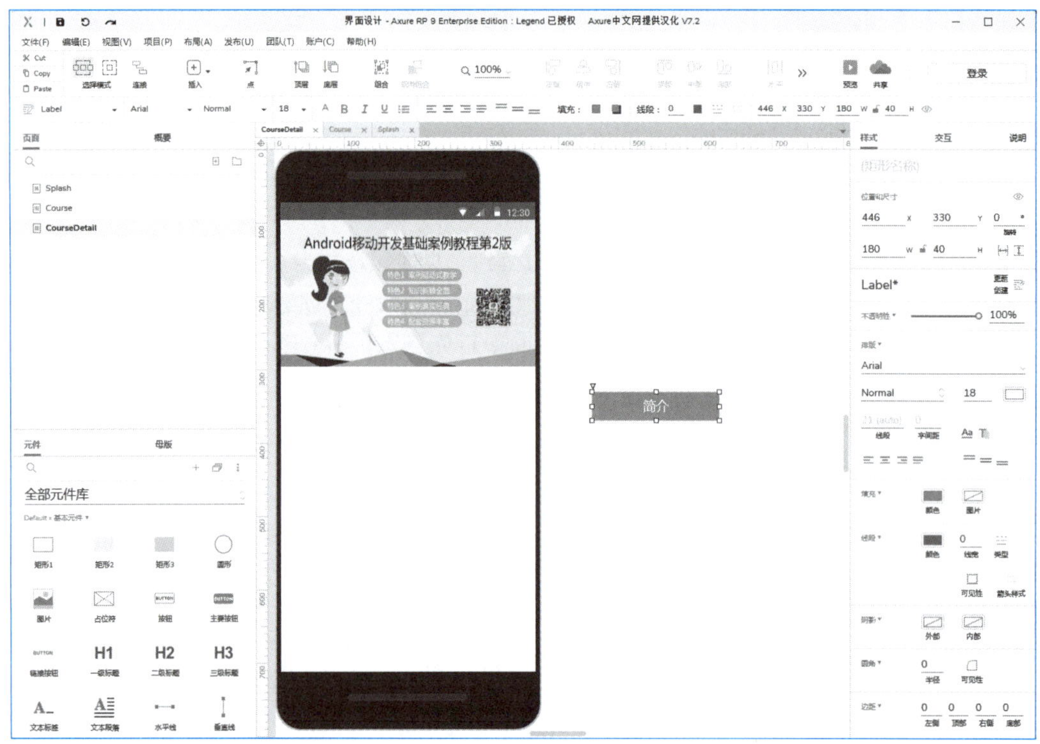

图2-31　“简介”按钮

步骤3：将显示“简介”的文本标签元件设置为动态面板，该动态面板的名称设置为“简介动态面板”，简介动态面板的State1（状态1）效果如图2-32所示。

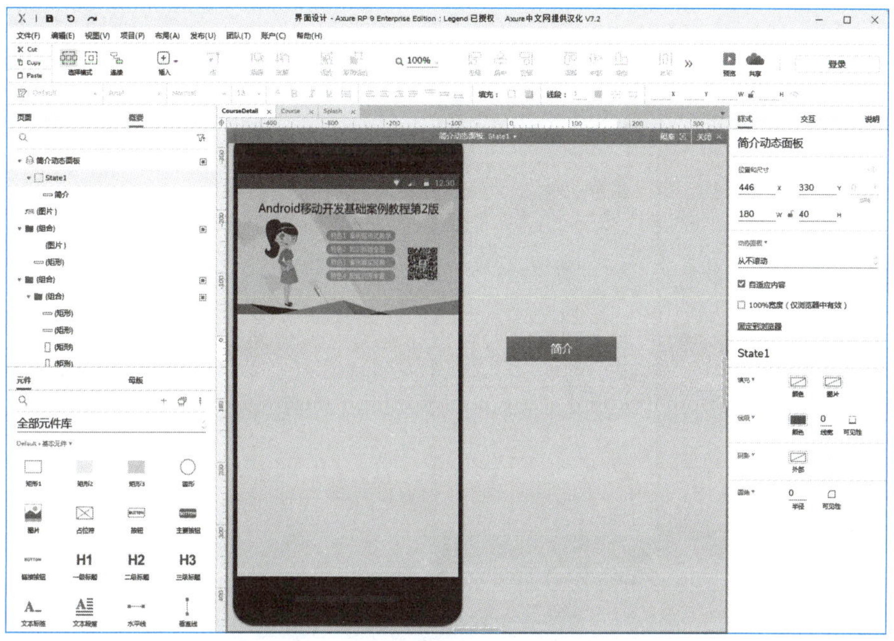

图2-32　简介动态面板的State1效果

步骤4：选中简介动态面板中的State1，然后右击选择“重复状态”命令，复制一个State1，复制后的状态名称默认为State2（状态2），在State2中将文本标签背景设置为白色，字体颜色设置为黑色，简介动态面板的State2效果如图2-33所示。

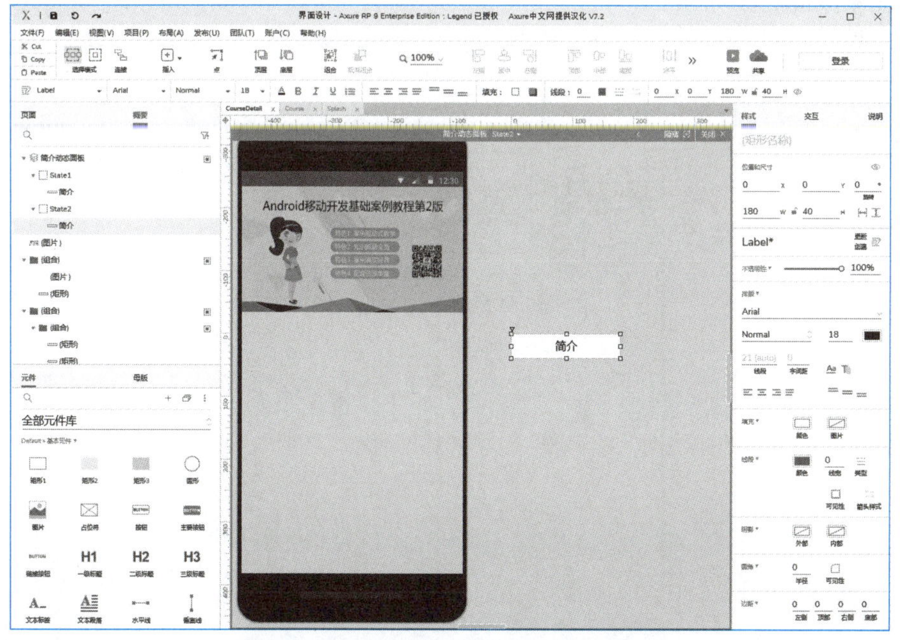

图2-33　简介动态面板的State2效果

步骤5： 关闭简介动态面板State2，将简介动态面板拖入课程详情界面中，如图2-34所示。

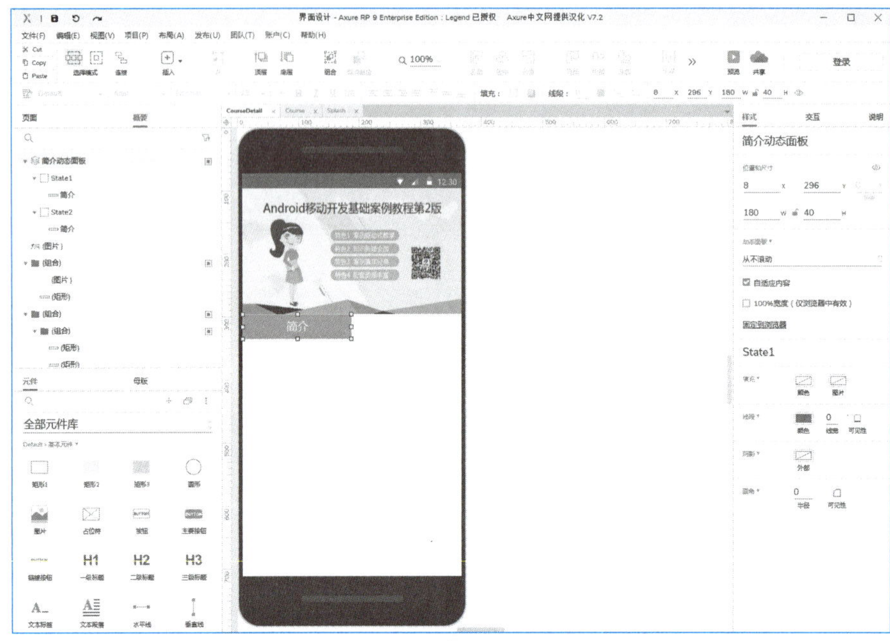

图2-34　将简介动态面板拖入课程详情界面中

步骤6： 制作视频动态面板，首先复制简介动态面板，将复制后的面板名称设置为“视频动态面板”，并将该面板移动到简介面板的右侧，移动后视频动态面板的坐标为x=188，y=296。由于视频面板中的State1是“视频”按钮未被单击时的状态，所以在视频动态面板的State1中，将文本标签的背景设置为白色，字体颜色设置为黑色，文本内容设置为“视频”，视频动态面板的State1效果如图2-35所示。

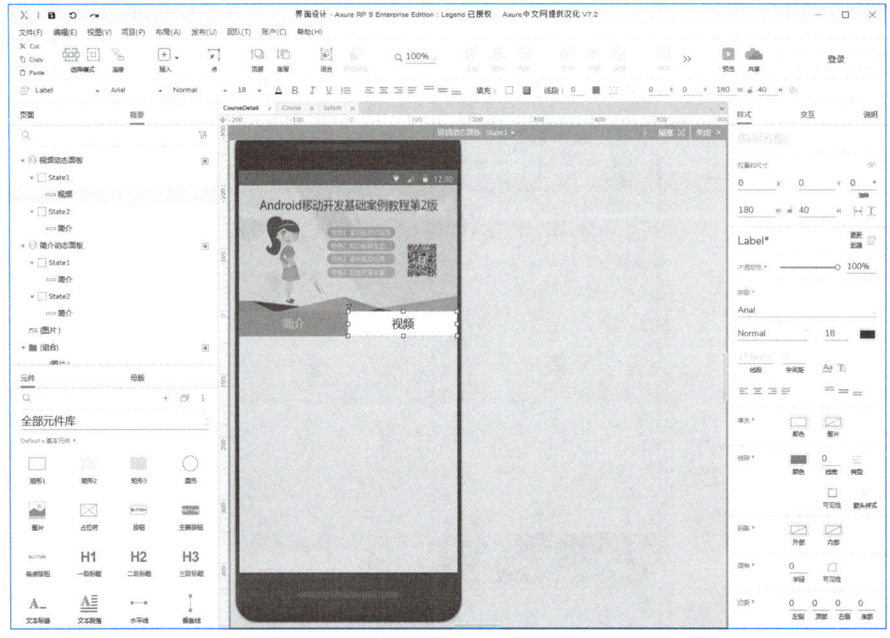

图2-35　视频动态面板的State1效果

步骤7： 在视频动态面板的State2（状态2）中，将文本标签的背景颜色设置为蓝色，文本内容设置为“视频”，字体颜色设置为白色，视频动态面板的State2效果如图2-36所示。

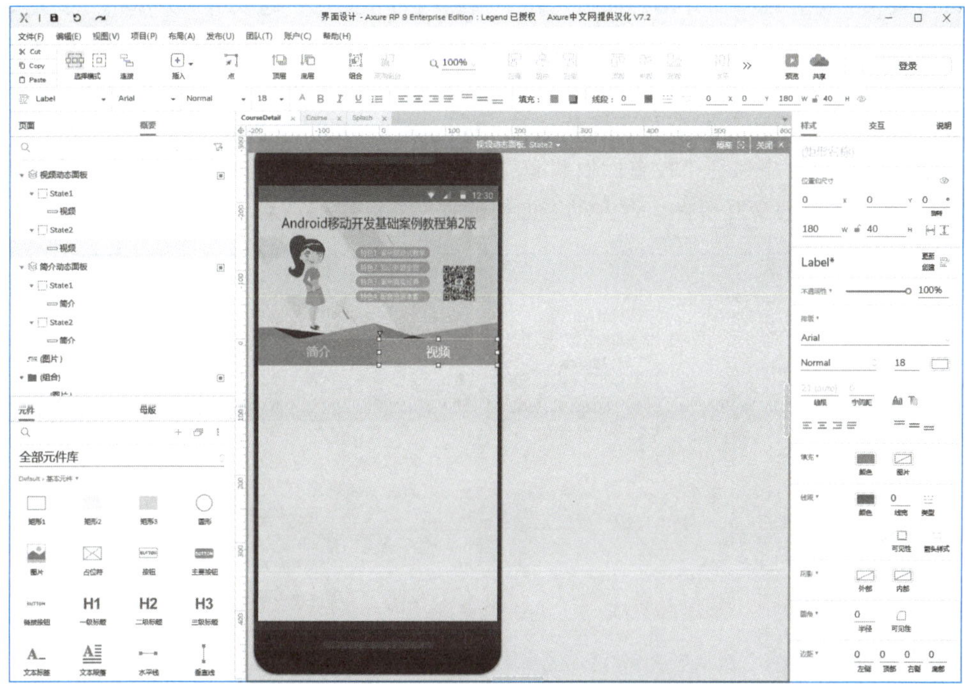

图2-36　视频动态面板的State2效果

步骤8： 关闭视频动态面板的State2，视频动态面板的初始效果如图2-37所示。

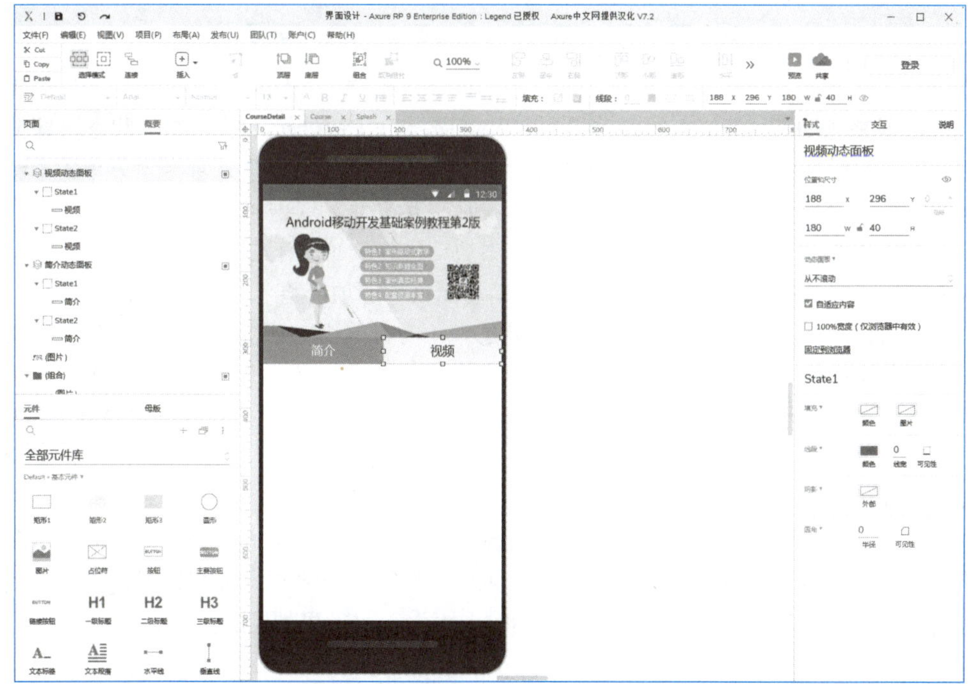

图2-37　视频动态面板的初始效果

步骤9：为简介动态面板添加交互事件，当单击“简介”按钮时，“简介”按钮处于被选中的状态，即简介动态面板的State1效果，此时“视频”按钮处于未被选中的状态，即视频动态面板的State1效果。首先选中简介动态面板，在工具右侧的“交互”选项卡下方单击“新建交互”按钮，选择“单击时”选项，创建一个单击时交互事件。双击“单击时”区域，会弹出一个“交互编辑器”对话框，在该对话框中的“添加动作”选项卡下单击“设置面板状态”动作，然后选择“简介动态面板”选项与“视频动态面板”选项，将“简介动态面板到State1”与“视频动态面板到State1”添加到“设置面板状态”下方，单击对话框中的“确定”按钮实现为简介动态面板添加单击时的交互事件。简介动态面板的“交互编辑器”对话框如图2-38所示。

图2-38　简介动态面板的“交互编辑器”对话框

步骤10：为视频动态面板添加交互事件，当单击“视频”按钮时，“视频”按钮处于被选中的状态，即视频动态面板的State2效果，此时“简介”按钮处于未被选中的状态，即简介动态面板的State2效果。首先选中视频动态面板，在工具右侧的“交互”选项卡下方单击“新建交互”按钮，选择“单击时”选项，创建一个单击时交互事件。双击“单击时”区域，会弹出一个“交互编辑器”对话框，在该对话框中的“添加动作”选项卡下方单击“设置面板状态”动作，然后选择“视频动态面板”选项与“简介动态面板”选项，将“视频动态面板到State2”与“简介动态面板到State2”添加到“设置面板状态”下方，单击对话框中的“确定”按钮实现为视频动态面板添加单击时的交互事件。视频动态面板的“交互编辑器”对话框如图2-39所示。

步骤11：制作展示简介信息的部分，将文本标签拖入课程界面中，设置其宽高分别为360 px与376 px，字体大小为14 px，文本颜色设置为黑色，行间距（线段）设置为20 px，内容设置为第1章Android基础入门的简介，如图2-40所示。

步骤12：由于在单击“简介”按钮或“视频”按钮时，按钮下方会分别显示简介信息或视频列表信息，所以也可以将此部分制作成动态面板。将简介详情文本标签设置为动态面板，并将动态面板命名为简介内容动态面板，该动态面板中的State1效果如图2-41所示。

图2-39　视频动态面板的“交互编辑器”对话框

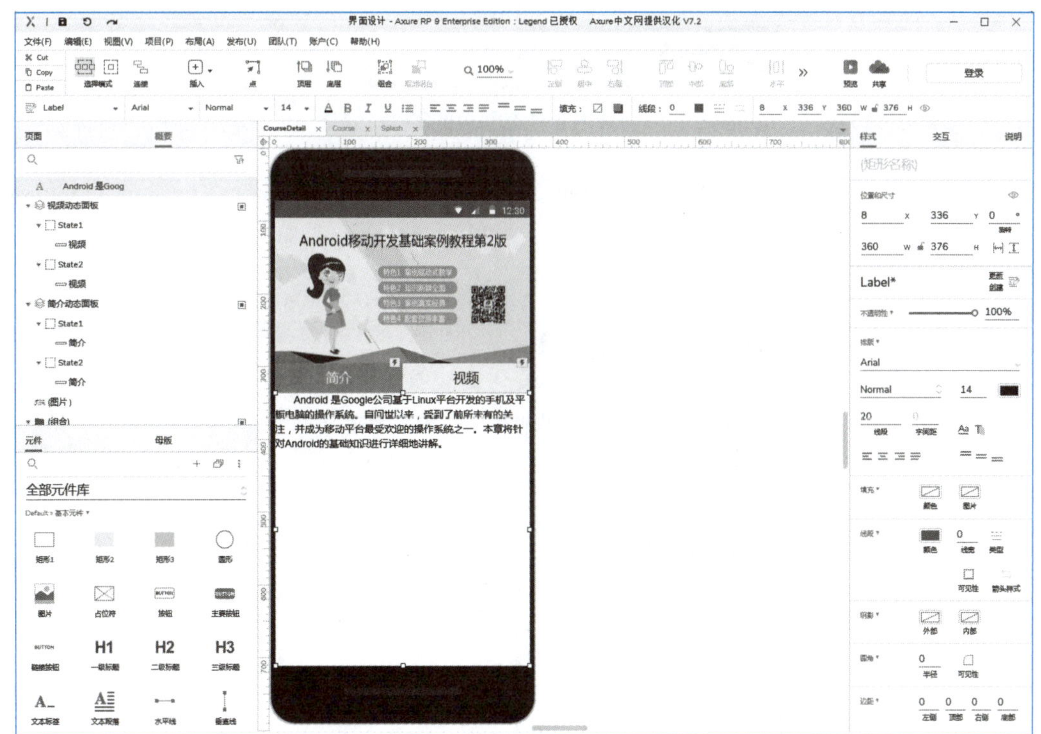

图2-40　制作展示简介信息的部分

步骤13：选中简介内容动态面板中的State1，然后右击选择“重复状态”命令，复制一个State1，复制后的状态名称默认为State2（状态2），在State2中删除简介内容文本标签并制作视频列表条目的图片。首先将图片元件拖入到State2中，设置其宽高分别为25 px，双击图片元件将视频列表条目的图片导入到图片元件中，如图2-42所示。

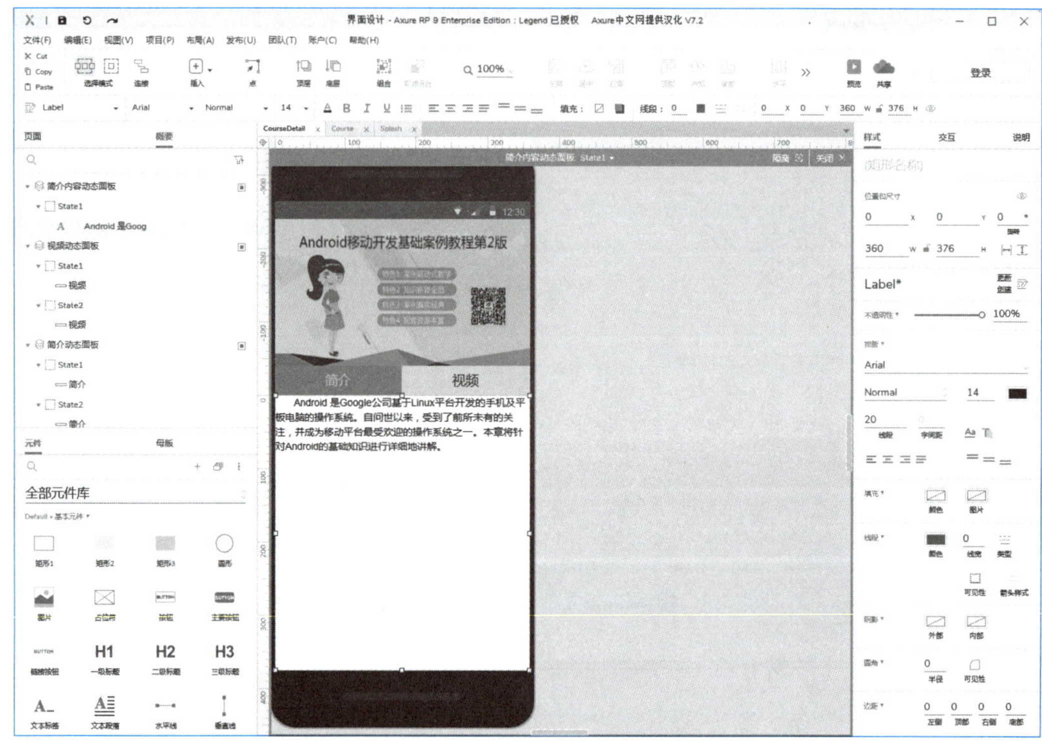

图2-41　简介内容动态面板的State1效果

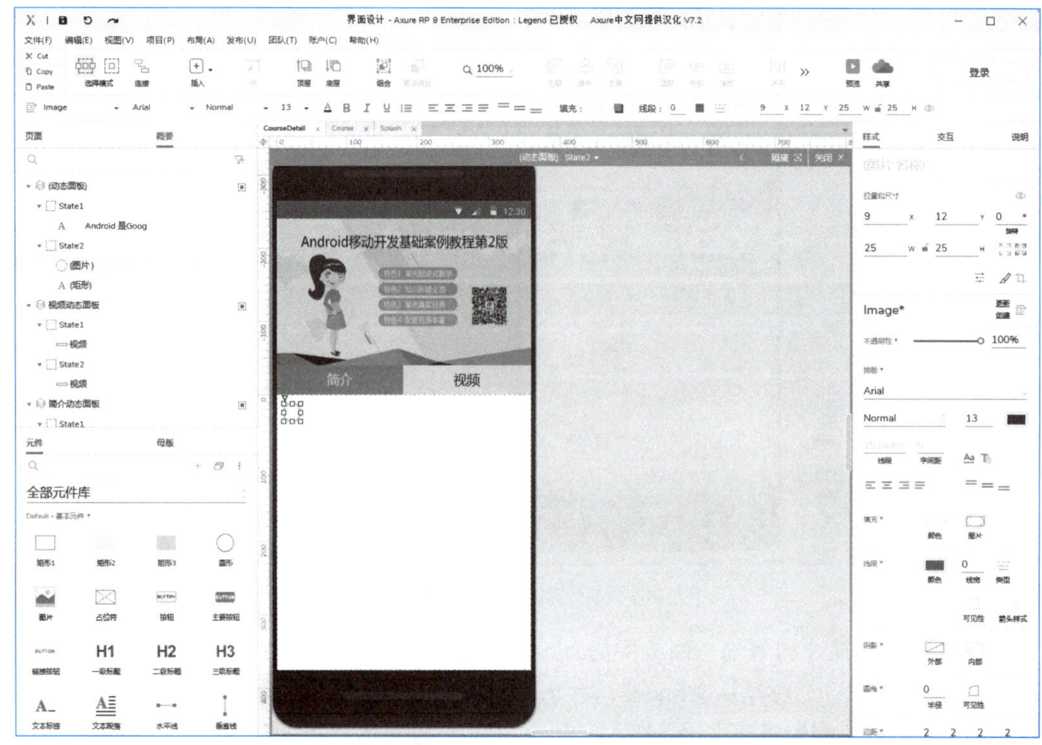

图2-42　制作视频列表条目的图片

步骤14： 将文本标签拖入简介内容动态面板State2的工作区域中，该文本标签用于显示视频名称，设置其宽高分别为290 px与50 px，文本内容为“Android简介”，字体大小为16 px，文本位置为垂直居中，如图2-43所示。

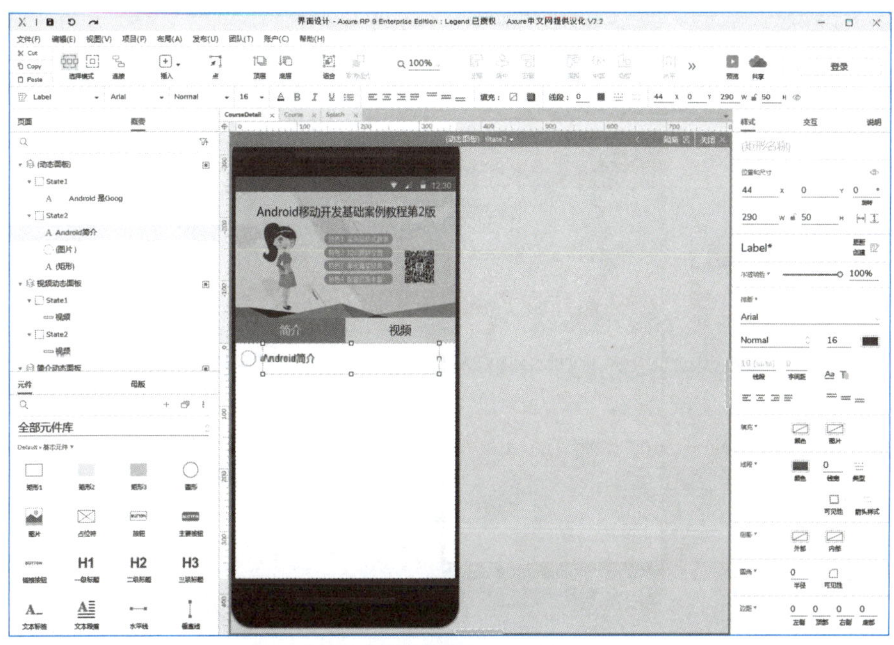

图2-43　制作视频名称

步骤15： 将水平线元件拖入简介内容动态面板State2的工作区域中，该水平线元件用于显示视频列表中的一条灰色分割线。设置水平线元件的宽高分别为350 px与1 px，线段颜色设置为灰色，该元件的顶部与视频名称元件底部对齐，如图2-44所示。

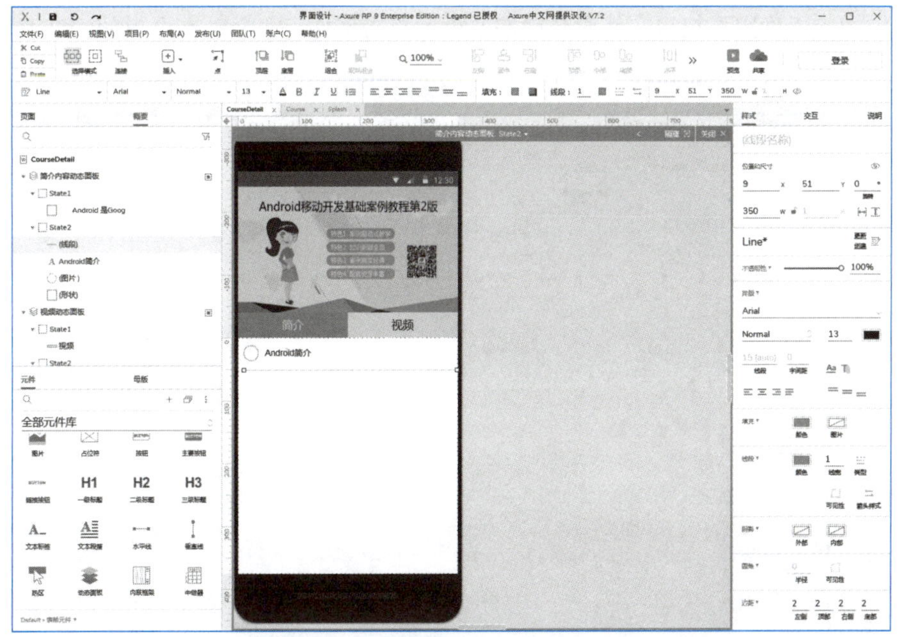

图2-44　制作视频列表中的灰色分割线

步骤16：按照步骤13、14和15中的操作，再添加3个视频名称分别为“Android开发环境搭建”“开发第一个Android程序”“Android程序结构”的列表条目到State2中，完成第1章的视频列表，如图2-45所示。

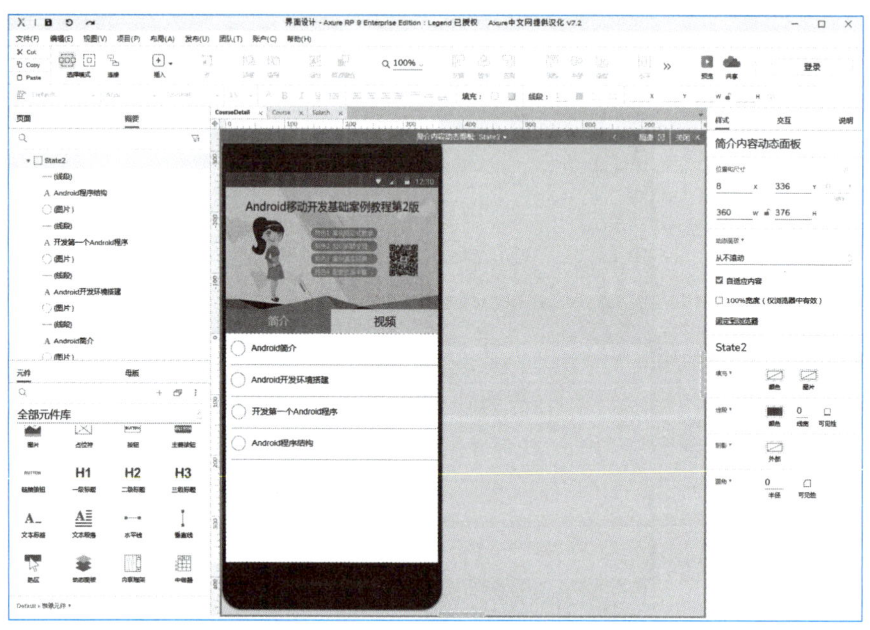

图2-45 第1章视频列表

步骤17：关闭简介内容动态面板State2，修改简介动态面板的单击事件，当单击“简介”按钮时，将简介动态面板的状态设置为State1。将工具右侧的选项卡切换到“交互”选项卡，然后选中手机中的简介动态面板，双击“交互”选项卡下方的“单击时”选项，会弹出“交互编辑器”对话框，在该对话框中的“设置面板状态”下方添加“简介内容动态面板到State1”目标，单击对话框中的“确定”按钮实现简介动态面板的单击事件，简介动态面板的“交互编辑器”对话框如图2-46所示。

图2-46 修改简介动态面板的单击事件

步骤18：修改视频动态面板的单击事件，当单击“视频”按钮时，将简介内容动态面板的状态设置为State2。将工具右侧的选项卡切换到“交互”选项卡，然后选中手机中的视频动态面板，双击“交互”选项卡下方的“单击时”选项，会弹出“交互编辑器”对话框，在该对话框中的“设置面板状态”下方添加“简介内容动态面板到State2”目标，单击对话框中的“确定”按钮实现视频动态面板的单击事件，视频动态面板的“交互编辑器”对话框如图2-47所示。

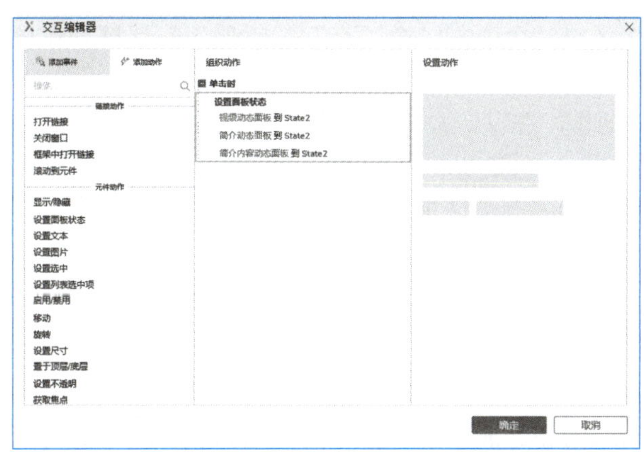

图2-47　视频动态面板的“交互编辑器”对话框

2.2.7　添加课程界面中章节图片的交互事件

课程详情界面制作完成后，还需要在课程界面添加交互事件，当单击课程界面的章节图片时，会跳转到课程详情界面，此处以第1章课程为例来添加交互事件。

首先将工具右侧的选项卡切换到“交互”选项卡，然后选中课程界面中第1章的图片，单击“交互”选项卡下方的“新建交互”按钮，并选择“单击时”选项，创建第1章图片的单击交互事件。双击“单击时”文本，会弹出一个“交互编辑器”对话框，在该对话框中的“添加动作”选项卡下方单击“打开链接”动作，然后在窗口右侧的“链接到”下方设置CourseDetail（课程详情页面），“打开在”下方设置为“当前窗口”，也就是在课程页面打开课程详情页面。单击窗口中的“确定”按钮实现为章节图片添加单击时的交互事件，“交互编辑器”对话框如图2-48所示。

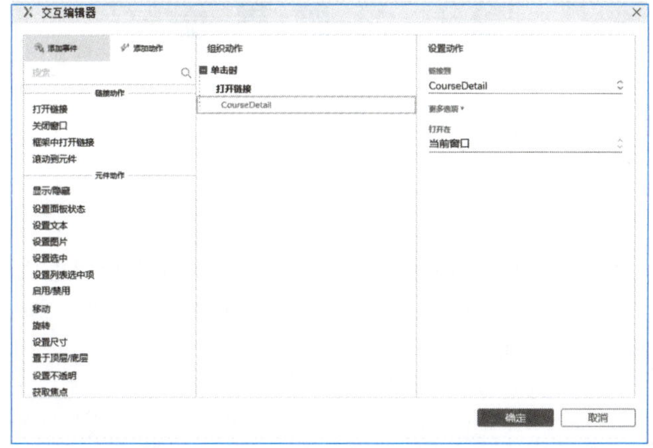

图2-48　章节图片单击时的“交互编辑器”对话框

2.2.8 添加欢迎界面载入时的交互事件

课程界面已经制作完成，接下来完成欢迎界面的自动跳转功能，也就是设置欢迎界面的交互事件，让欢迎界面等待3秒后自动进入课程界面。

首先将工具右侧的选项卡切换到“交互”选项卡，然后选中欢迎界面中的图片，单击“交互”选项卡下方的“新建交互”按钮，并选择“载入时”选项，创建欢迎界面的载入时的交互事件。双击“载入时”区域，会弹出一个“交互编辑器”对话框，在该对话框中的“添加动作”选项卡下方单击“等待”动作，然后在窗口右侧的“等待”下方设置等待时间为3 000 ms，最后选择“打开链接”动作，在窗口右侧的“链接到”下方设置Course（课程页面），“打开在”下方设置“当前窗口”，也就是欢迎页面等待3 000 ms后会打开课程页面。单击窗口中的“确定”按钮实现为欢迎界面添加载入时的交互事件，“交互编辑器”对话框如图2-49所示。

图2-49 添加欢迎界面载入时的交互事件

2.3 习题界面

2.3.1 制作习题界面的标题栏

在Axure RP工具中的左侧选中CourseDetail页面，右击选择“添加(A)”→“下方添加页面（A）”选项，创建一个名为Exercises的页面，该页面就是习题页面。在习题页面中首先放入手机外框与系统状态栏，将屏幕的填充颜色设置为白色，然后将课程界面中的标题栏直接复制到习题界面中，标题栏的坐标为x=8，y=96，标题栏的内容设置为博学谷习题，如图2-50所示。

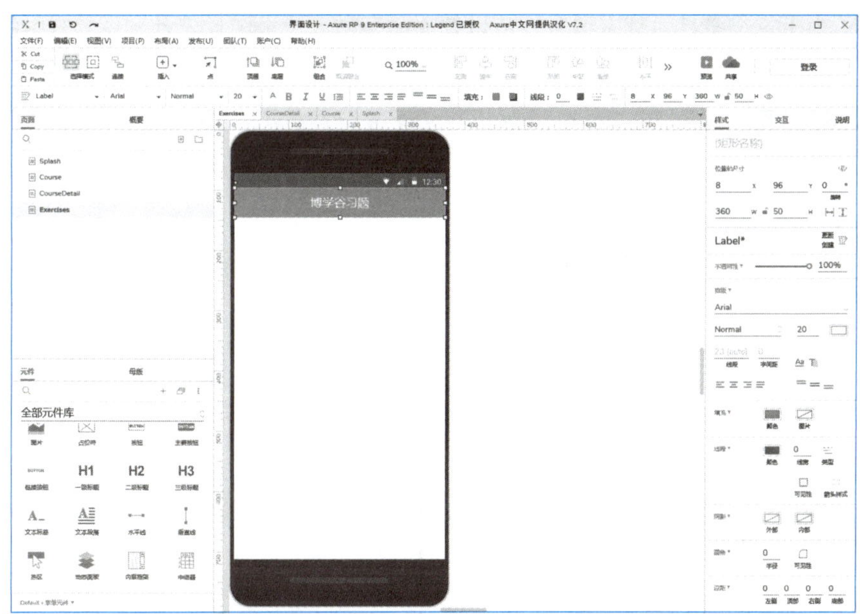

图2-50　制作习题界面的标题栏

2.3.2　制作习题列表

步骤1： 习题列表是由若干个条目组成的，首先来制作习题列表中的一个条目。从元件库中拖出一个矩形元件到工作区域中，设置矩形元件的宽高分别为360 px与70 px，并在矩形元件中编写两行文本，其中第一行文本是章节名称，字号为14 px，字体颜色为黑色，字体样式为加粗，线段（行间距）为25 px；第二行文本是习题数量，字号为12 px，字体颜色为#999999（浅灰色），以习题列表条目中的第1个条目为例，习题列表条目中的章节名称和习题数量的效果如图2-51所示。

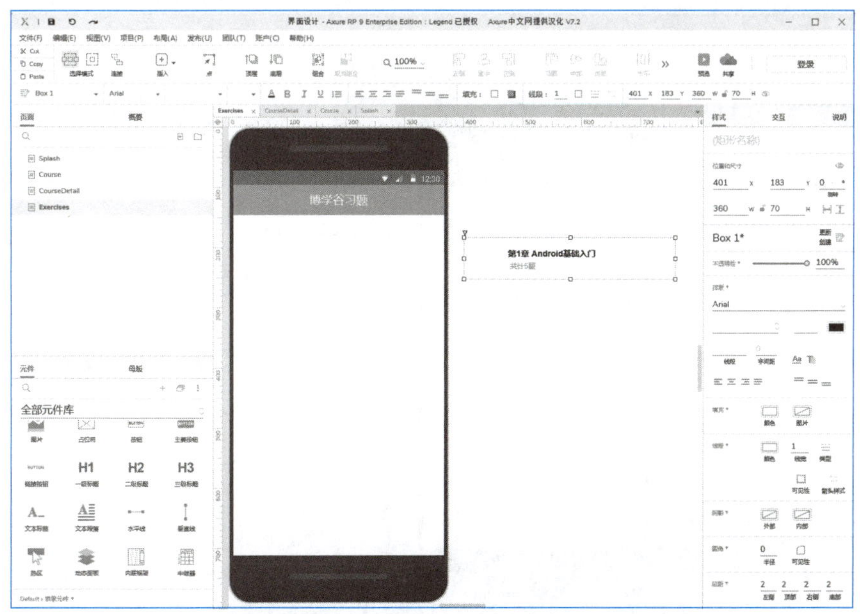

图2-51　习题列表条目中的章节名称和习题数量

步骤2： 由于每个条目中都有编号，所以首先需要拖入一个图片元件到图2-51中的矩形元件中，图片元件的宽高分别设置为50 px，双击图片元件导入编号的背景图片，如图2-52所示。

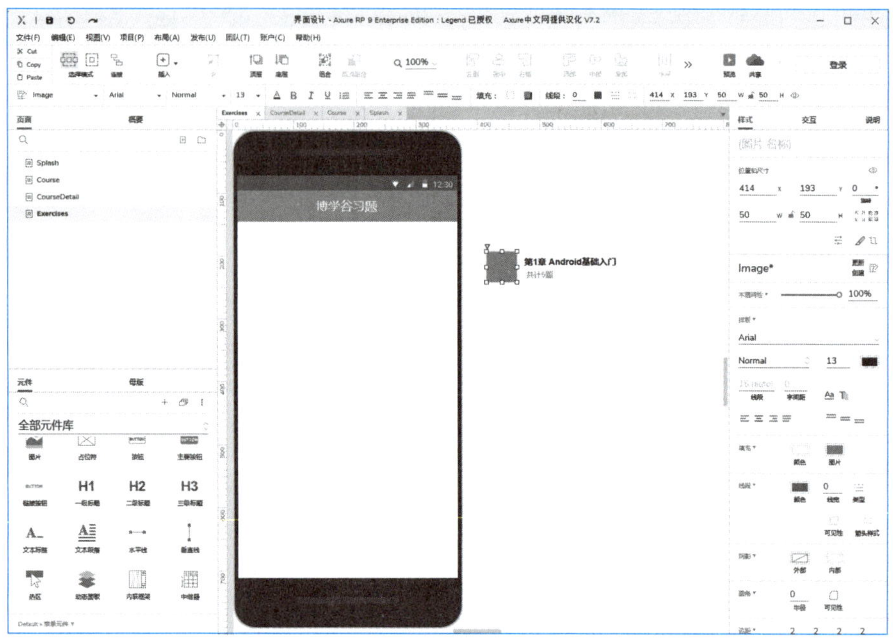

图2-52 设置习题列表条目的编号背景图片

步骤3： 将文本标签拖入到工作区域中，并放置在编号背景图片中间，用于显示章节编号。将文本标签的宽高设置为16 px，文本大小设置为14 px，文本颜色设置为#FFFFFF（白色），以习题列表中的编号为1的条目为例，习题列表条目中的章节编号如图2-53所示。

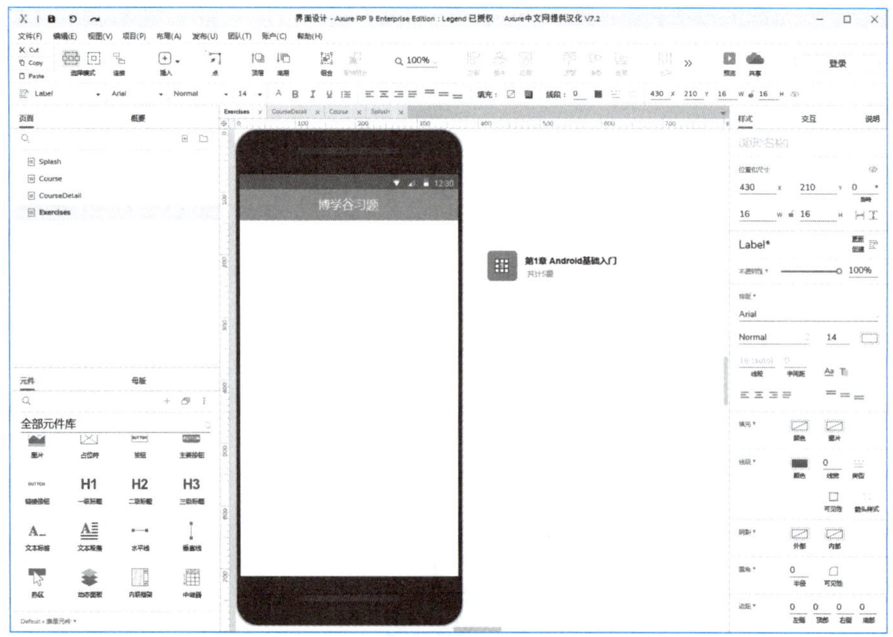

图2-53 习题列表条目中的章节编号

步骤4： 习题列表中每个条目下方还需要显示一条灰色的分割线，所以需要将水平线元件拖入工作区域中，设置水平线元件的宽高分别为350 px与1 px，线段颜色设置为灰色，该元件的顶部与显示列表条目信息的矩形元件底部对齐，如图2-54所示。

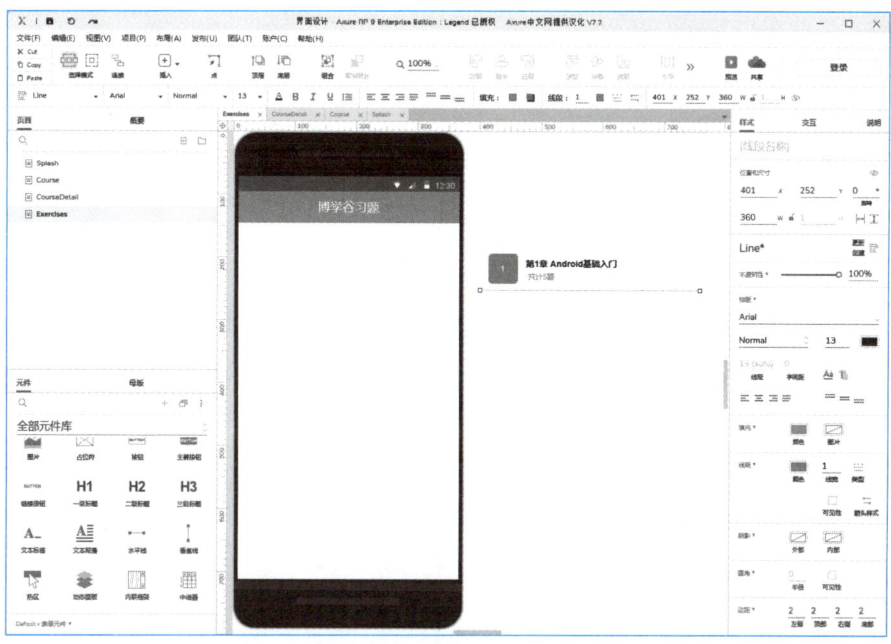

图2-54　习题列表条目的分割线

步骤5： 由于每个习题列表条目的内容基本相同，所以可将条目内容与分割线制作成母版或者进行组合，本文将其进行组合使用，之后将条目放入到习题界面中，以习题列表中的第一个条目为例，习题列表条目的效果如图2-55所示。

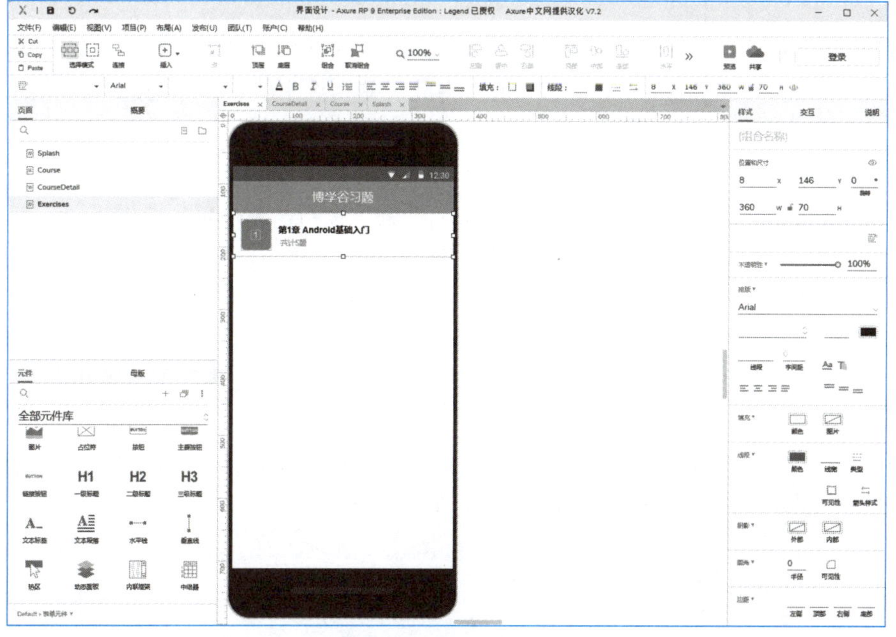

图2-55　习题列表条目

步骤6：复制习题列表的第一个条目组合，复制后修改组合中的章节名称、习题数量、章节编号和编号背景图片，完成习题列表的制作，习题列表的效果如图2-56所示。

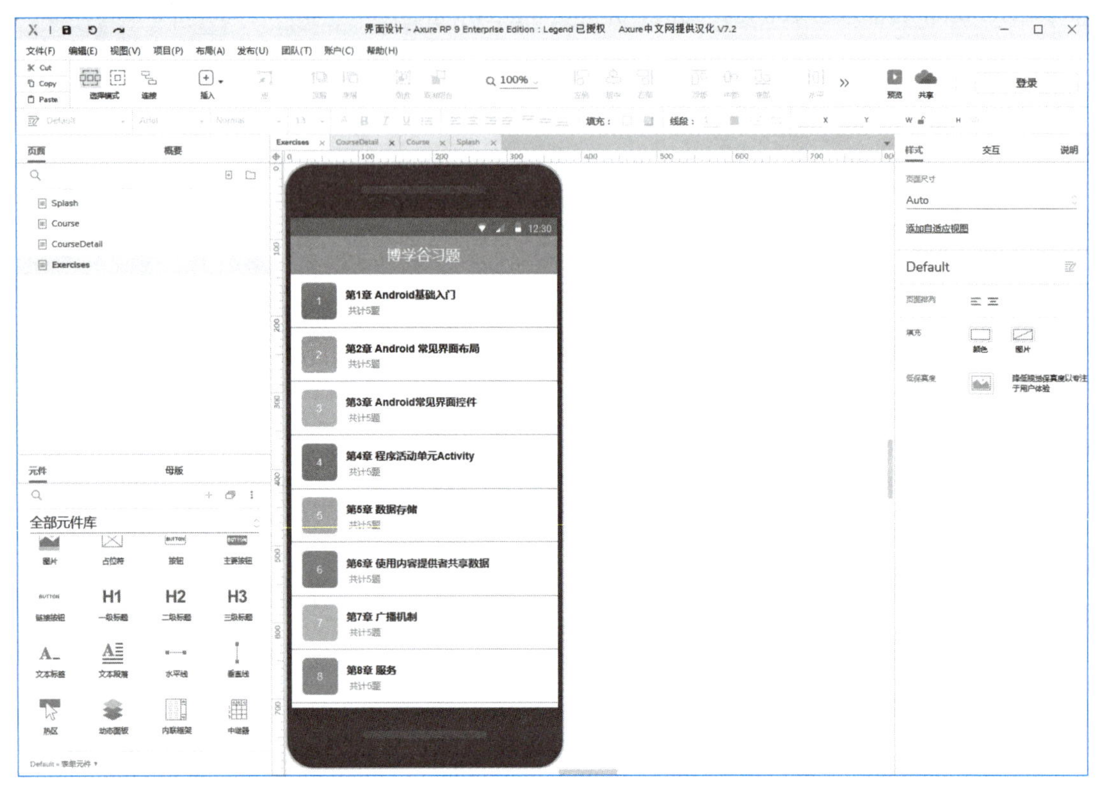

图2-56 习题列表效果

2.3.3 制作习题界面的底部导航栏

步骤1：将课程界面中制作的底部导航栏复制到习题界面中。由于当前界面是习题界面，所以需要修改“习题”按钮的图片与文本颜色，将其设置为选中状态。“习题”按钮的图片替换为蓝色图片，文本颜色设置为蓝色，“课程”按钮的图片设置为灰色，文本颜色设置为灰色，习题页面的底部导航栏如图2-57所示。

步骤2：在习题界面的底部导航栏中，单击“课程”按钮，会跳转到课程界面，单击“我”的按钮，会跳转到“我”的界面。由于“我”的界面在本章不进行原型图设计，所以只需要给“课程”按钮添加交互事件即可。首先选中习题界面中的“课程”按钮图片，其次单击“交互”选项卡下方的“新建交互”按钮，并在弹出的列表中选择“单击时”选项，然后在“单击时”下方弹出的列表中选择“打开链接”选项，最后在“打开链接”下方弹出的列表中选择Course（课程界面），此时已经设置好“课程”按钮图片单击时的交互事件。可以双击“交互”选项卡下方的“单击时”区域，会弹出一个“交互编辑器”对话框，在该对话框中会显示添加的“课程”按钮图片被单击时的交互事件信息，如图2-58所示。

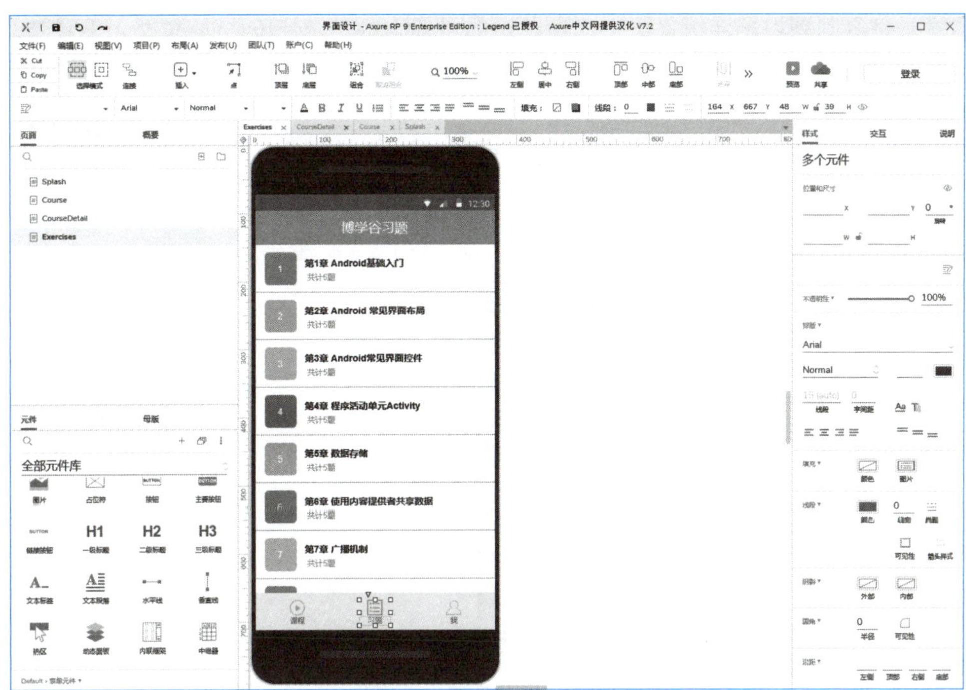

图2-57　习题界面的底部导航栏

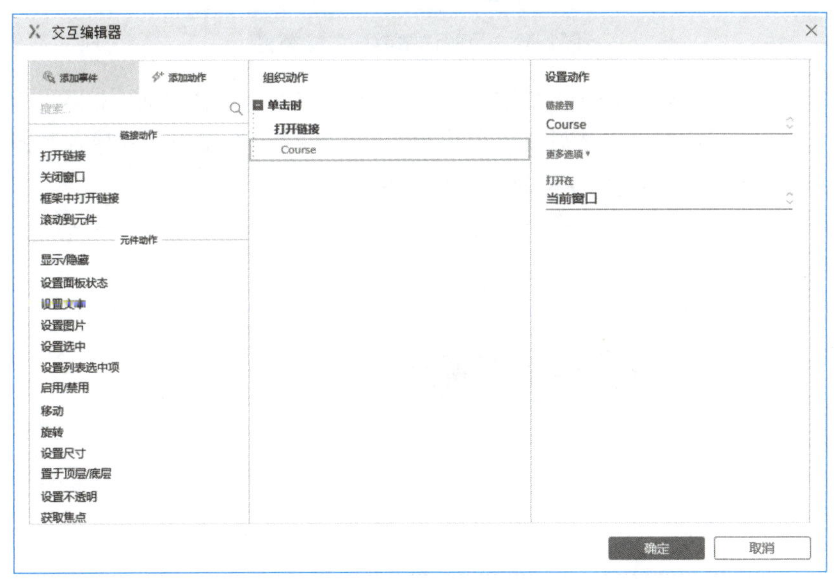

图2-58　“课程”按钮图片被单击时的“交互编辑器”对话框

2.3.4　制作习题详情界面的标题栏

步骤1： 在Axure RP工具中的左侧选中Exercises页面，右击选择“添加(A)”→“下方添加页面(A)”命令，创建一个名为ExercisesDetail的页面，该页面就是习题详情界面。在习题详情界面中首先放入手机外框与系统状态栏，将屏幕的填充颜色设置为白色，然后将习题界面中的标题栏直接复制到习题详情界面中，标题栏的坐标为x=8，y=96，以第1章习题详情为例，标题栏的内容设置为第1章的章节名称（第1章 Android基础入门），习题详情界面的标题栏如图2-59所示。

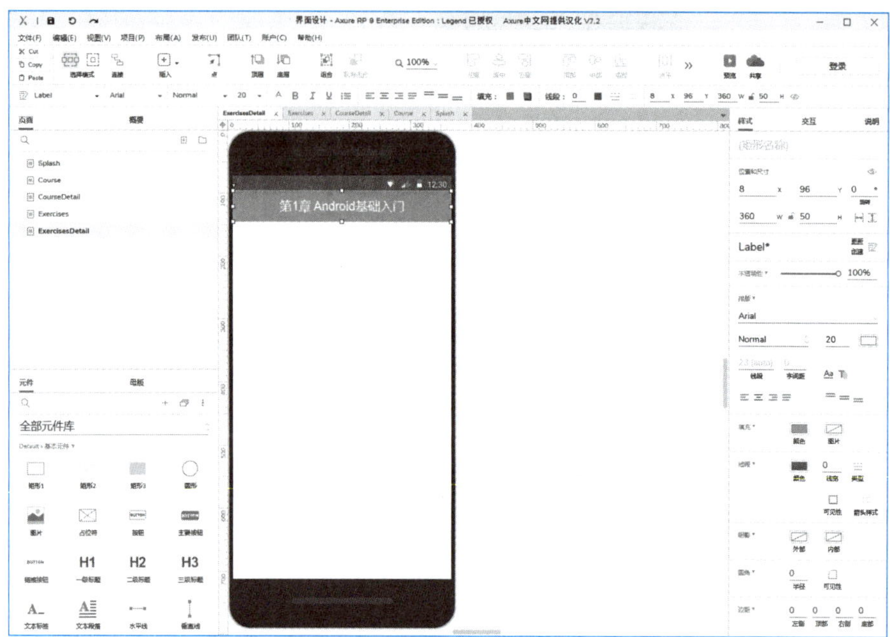

图2-59　习题详情界面的标题栏

步骤2：在标题栏左侧显示一个“返回”按钮。首先向习题详情界面中拖入一个图片元件，将该元件的宽高设置为40 px，之后双击图片元件将“返回”按钮的图片导入到图片元件中，“返回”按钮的坐标为x=17，y=101，如图2-60所示。

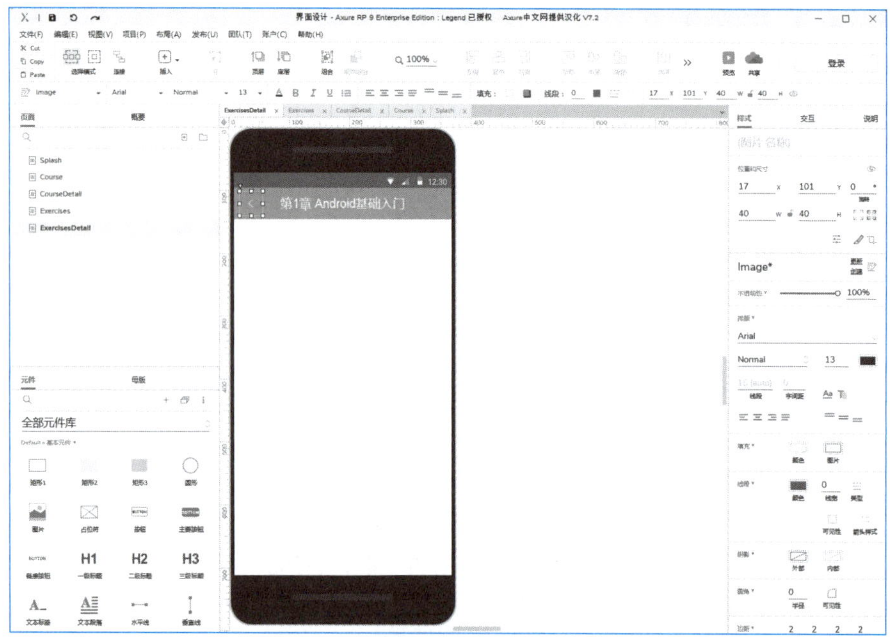

图2-60　标题栏中的“返回”按钮

步骤3：为“返回”按钮添加交互事件，当单击“返回”按钮时，会跳转到习题界面。首先选中标题栏中“返回”按钮的图片元件，其次单击“交互”选项卡下方的“新建交互”按钮，并在弹出的列表中选择“单击时”选项，然后在“单击时”下方弹出的列表中选择“打开链接”选项，最后在“打开链接”下方弹出的列表中选择Exercises（习题界面），此时已经设置好“返回”按钮单击时的交互事件。双击“交互”选项卡下方的“单击时”区域，会弹出一个“交互编辑器”对话框，在该对话框中会显示添加的“返回”按钮被单击时的交互事件信息，如图2-61所示。

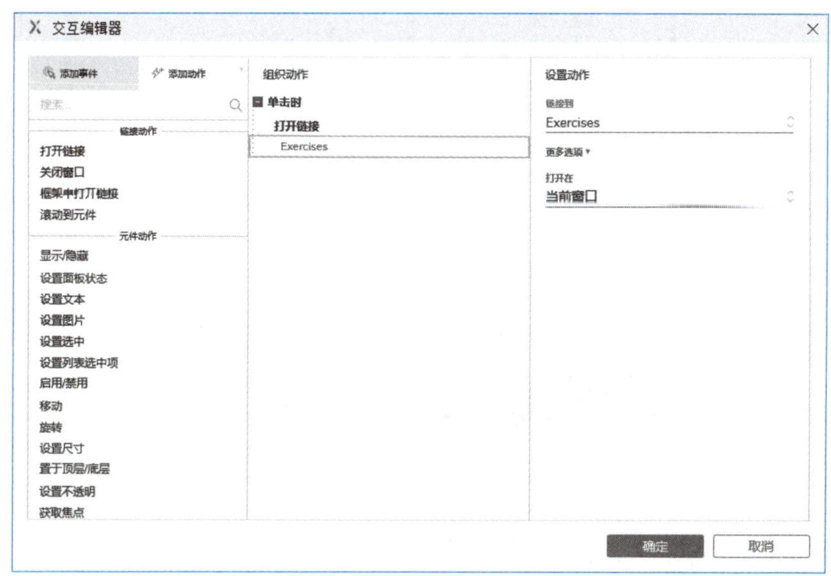

图2-61 “返回”按钮被单击时的“交互编辑器”对话框

2.3.5 制作习题详情内容

步骤1：首先制作题型栏，将文本标签拖入习题详情界面中，设置其宽高分别为355 px与40 px，背景颜色为白色，对齐方式为左对齐，字号为16 px，字体颜色为黑色。文本标签的坐标为x=13，y=146，如图2-62所示。

步骤2：制作习题题干，将文本标签元件拖入到习题详情界面中，设置其宽高分别为355 px与60 px，将其对齐方式设置为左对齐，字号设置为14 px，字体颜色设置为黑色。以第1章中的第一道选择题的题干为例，文本标签中的内容为“1.Android安装包文件简称APK，其后缀名是（）。”，文本标签与屏幕右边对齐，坐标为x=13，y=186，如图2-63所示。

步骤3：制作习题的选项图片，以A选项为例，将图片元件拖入工作区域中并命名为img_a，设置图片元件宽高分别为30 px。双击图片元件，导入未被选中时的A选项图片，将该图片元件放置在选项内容左侧，与习题题干的文本标签底部对齐，坐标为x=17，y=238，如图2-64所示。

步骤4：接下来制作习题选项的内容部分，将文本标签拖入到工作区域中，设置文本标签的宽和高分别为290 px与40 px，位置为垂直居中，文本字号设置为14 px，文本颜色设置为黑色。设置完成后将文本标签放置在A选择图片的右侧，坐标为x=53，y=233，制作好的习题选项内容如图2-65所示。

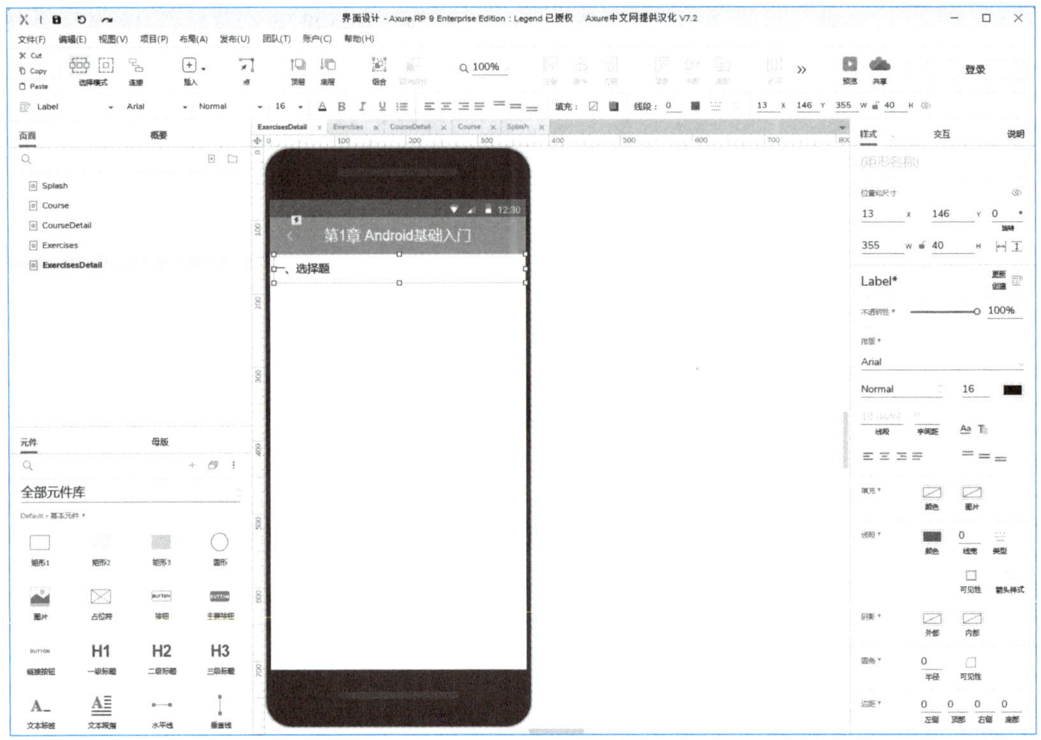

图2-62　习题详情界面中的题型栏

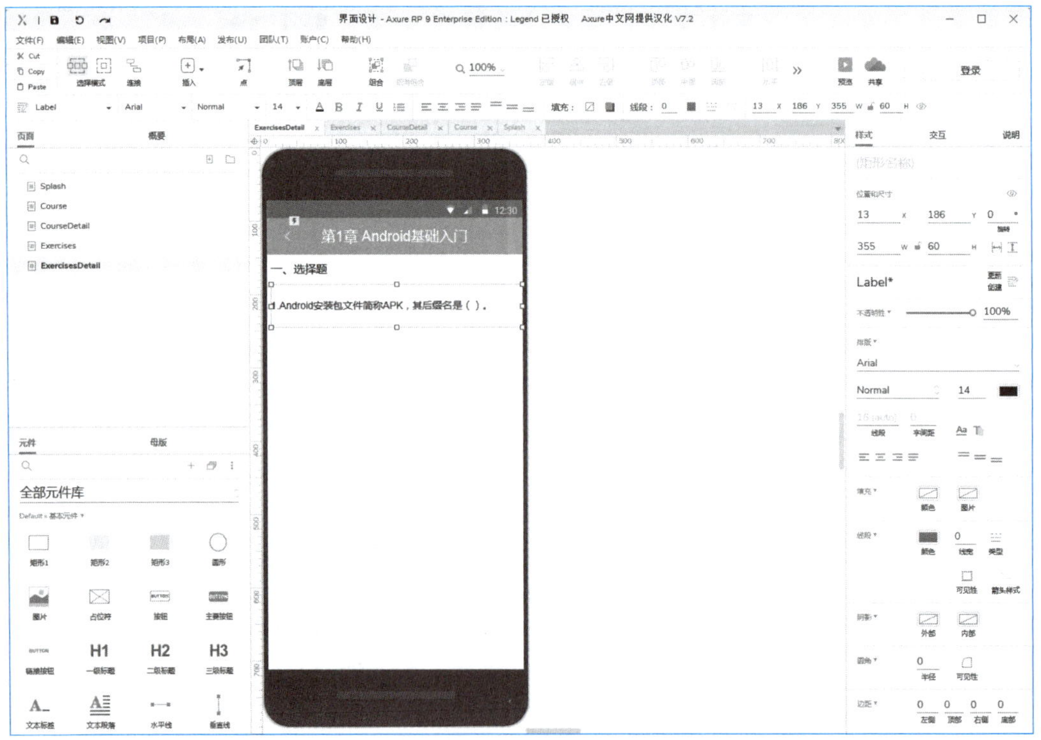

图2-63　习题详情界面中的题干

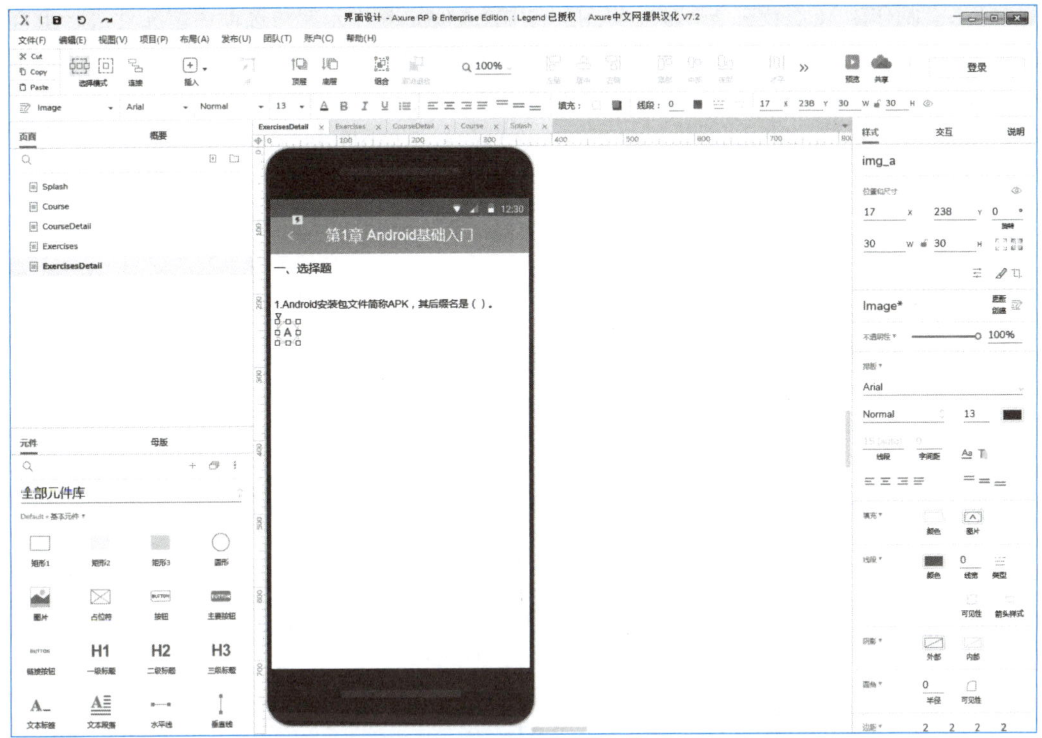

图2-64　习题中A选项的图片

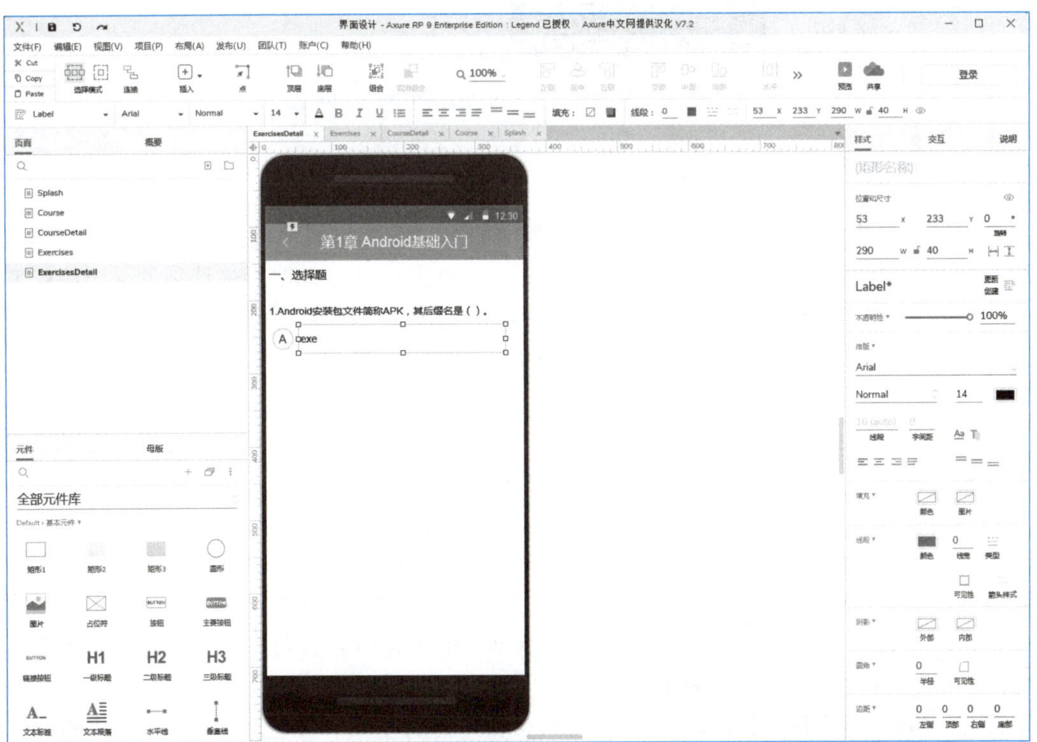

图2-65　习题选项的内容

步骤5： 制作B、C、D三个选项。将图2-65中A选项的图片元件与选项内容元件进行组合，方便后续复用。通过复制A选项中图片元件与选项内容的组合，制作剩余的B、C、D三个选项，更换选项图片与选项内容并设置每个选项的图片名称，B、C、D三个选项的图片名称分别为img_b、img_c和img_d，制作好的B、C、D三个选项的效果如图2-66所示。

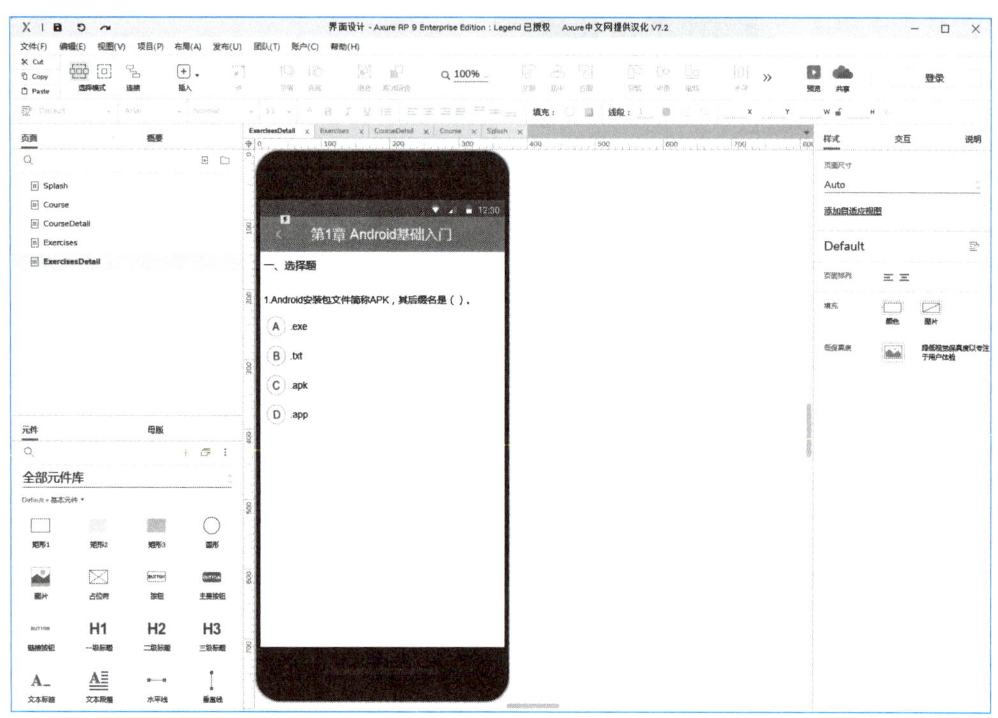

图2-66 习题选项中B、C、D三个选项的效果

2.3.6 添加选项的交互事件

在习题详情界面做选择题时，习题详情界面的原型图会出现两种交互情况：第一种是当用户选择了正确答案时，程序会在该选项处显示正确图片，并且此时其他选项处于不能被单击的状态；第二种是当用户选择了错误答案时，程序会在该选项处显示错误图片，正确的选项处显示正确图片，并且此时其他选项处于不能被单击的状态。接下来添加选择正确时选项的交互事件。

步骤1： 以正确答案选项是“C”为例，添加正确选项被单击时选项的图片设置为对号图片的交互事件。当用户选择C选项时，C选项的图片需要设置为对号图片。

选中习题详情界面中的C选项的图片，将工具右侧的选项卡切换到“交互”选项卡，单击“交互”选项卡下方的“新建交互”按钮，并选择“单击时”选项，创建C选项图片的单击时的交互事件。双击“单击时”区域，会弹出一个“交互编辑器”对话框，在该对话框中的“添加动作”选项卡下方单击“设置图片”动作，选择弹出的列表中名称为img_c（C选项的图片）的选项，选择完后可以在窗口的右侧看到“目标”下方为img_c。单击“设置DEFAULT图片”下方的“选择”按钮，将对号图片导入到“选择”按钮左边的控件中。单击对话框中的“确定”按钮实现为C选项添加单击时的交互事件，“交互编辑器”对话框如图2-67所示。

图2-67　设置C选项被单击时选项图片为对号图片

步骤2：当用户单击完C选项后，剩余三个选项不能被单击，此时需要将剩余三个选项的图片设置为禁用状态。在图2-67中，单击“添加动作”选项卡下方的“启用/禁用”动作，然后在弹出的列表中勾选img_d（D选项图片）、img_b（B选项图片）、img_a（A选项图片）选项前的复选框，此时在“启动/禁用”文字下方会显示启用img_d、img_b和img_a，在窗口右侧的“设置动作”下方将每个选项图片设置为禁用状态。“交互编辑器”对话框如图2-68所示。

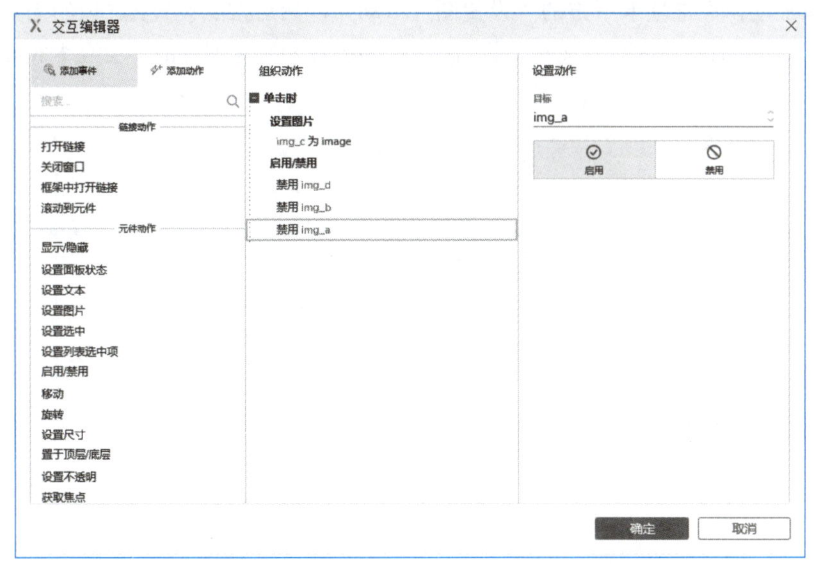

图2-68　禁用A、B、D选项图片单击时的交互事件

至此，添加选择正确选项时的交互事件已经完毕，接下来添加选择错误选项时的交互事件，以选择的错误选项是“A”，正确选项是“C”为例。

步骤3：当用户的选项A是错误选项时，需要将选项A图片设置为叉号图片。根据前面创建C选项的被单击时的交互事件的步骤来创建A选项被单击时的交互事件。创建完之后，双击“单击时”区域，弹出一个“交互编辑器”对话框，在该对话框中的“添加动作”选项卡下方单击“设置图片”动作，选择弹出的列表中名称为img_a（A选项的图片）的选项，选择完后可以在对话框的右侧看到“目标”下方为img_a。单击“设置DEFAULT图片”下方的“选择”按钮，将叉号图片导入到“选择”按钮左边的控件中。单击对话框中的“确定”按钮实现A选项被单击时，设置A选项的图片为叉号图片，“交互编辑器”对话框如图2-69所示。

图2-69　设置A选项的图片为叉号图片

步骤4：设置完错误选项的图片后，还需要将正确选项C的图片设置为对号图片。在图2-69中，单击“添加动作”选项卡下方的“设置图片”动作，然后按照设置A选项的图片为叉号图片的步骤来设置C选项的图片为对号图片，设置C选项的图片为对号图片的“交互编辑器”对话框如图2-70所示。

图2-70　设置C选项的图片为对号图片

步骤5：在用户单击A选项之后，剩余的B、C、D选项不能被单击，因此需要将这三个选项的图片设置为禁用状态。在图2-70中，单击“添加动作”选项卡下方的“启用/禁用”动作，然后在弹出的列表中勾选img_d（D选项图片）、img_c（C选项图片）、img_b（B选项图片）选项前的复选框，此时在启动/禁用文字下方会显示启用img_d、img_c和img_b，在对话框右侧的“设置动作”下方将每个选项图片设置为禁用状态。单击对话框中的“确定”按钮实现为A选项添加单击时的交互事件，“交互编辑器”对话框如图2-71所示。

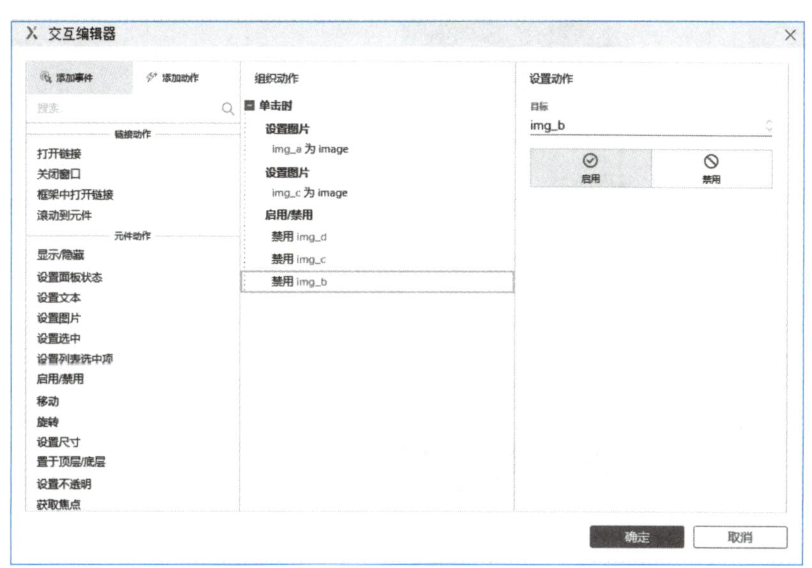

图2-71 禁用B、C、D选项图片的单击时交互事件

步骤6：按照上述步骤，添加B与D选项图片单击时的交互事件，如图2-72所示。

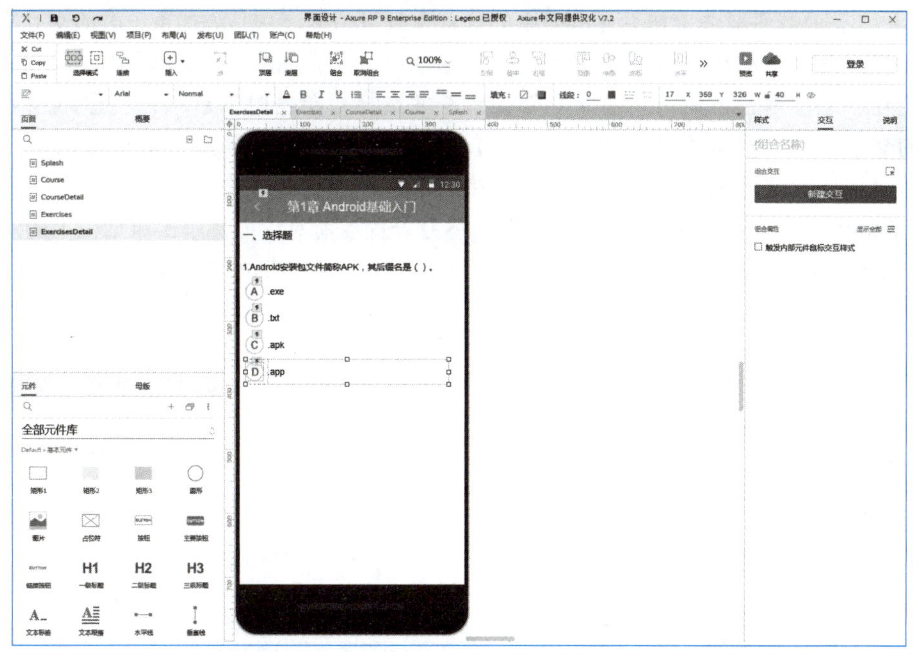

图2-72 添加B与D选项图片单击时的交互事件

步骤7：为了让习题详情界面更加美观，我们将再放置一个习题到习题详情界面中，根据前

面的步骤完成习题详情界面的内容，并设置选项的交互事件，如图2-73所示。

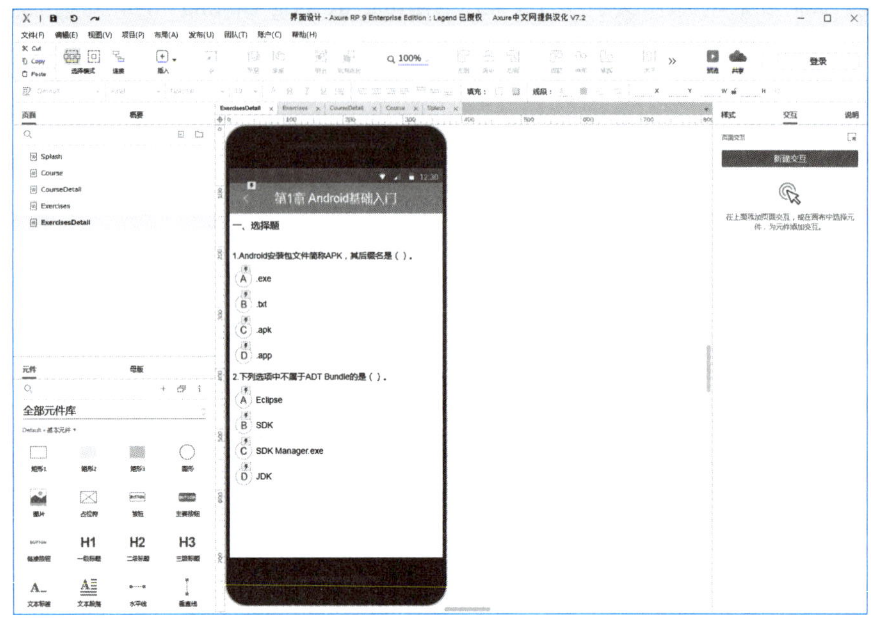

图2-73　完成习题详情界面

2.3.7　添加习题列表条目的交互事件

单击习题列表中的每个条目时，会跳转到相应的习题详情界面，因此需要为习题列表的每一个条目添加交互事件。本文以习题列表中的第一个条目为例，为其添加单击时的交互事件。

首先将工具右侧的选项卡切换到“交互”选项卡，然后选中习题界面中的第一个条目，单击“交互”选项卡下方的“新建交互”按钮，并选择“单击时”选项，创建习题列表条目单击时的交互事件。双击“单击时”区域，会弹出一个“交互编辑器”对话框，在该对话框中的“添加动作”选项卡下方单击“打开链接”动作，在对话框右侧的“链接到”下方设置ExercisesDetail（习题详情界面），“打开在”下方设置当前对话框，单击对话框中的“确定”按钮实现习题列表条目单击时的交互事件，“交互编辑器”对话框如图2-74所示。

图2-74　添加习题列表条目单击时的交互事件

2.3.8　在课程界面中添加“习题”按钮的交互事件

在课程界面中，单击底部导航栏中的“习题”按钮，会跳转到习题界面，因此需要添加“习题”按钮的单击时交互事件。根据前面添加单击时交互事件的操作步骤来添加“习题”按钮单击时的交互事件，在“交互编辑器”对话框中的“添加动作”选项卡下方单击“打开链接”动作，在对话框右侧的“链接到”下方设置Exercises（习题界面），“打开在”下方设置为“当前窗口”，单击对话框中的“确定”按钮实现在课程界面中“习题”按钮单击时的交互事件，“交互编辑器”对话框如图2-75所示。

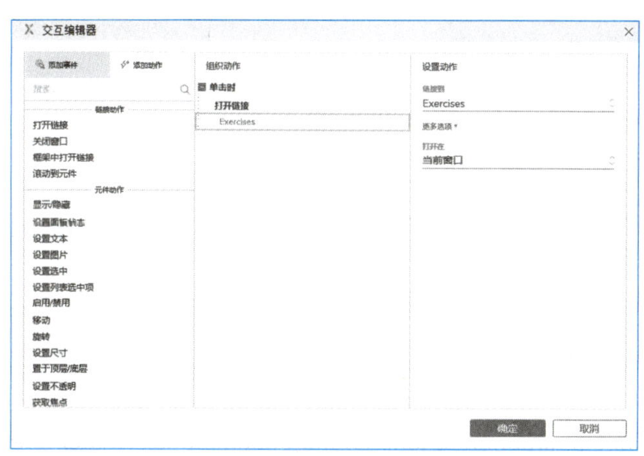

图2-75　添加“习题”按钮被单击时的交互事件

2.3.9　在习题界面中添加“课程”按钮的交互事件

在习题界面中，单击底部导航栏中的“课程”按钮，会跳转到课程界面，因此需要添加“课程”按钮的单击时交互事件。根据前面添加单击时交互事件的操作步骤来添加“课程”按钮单击时的交互事件，在“交互编辑器”对话框中的“添加动作”选项卡下方单击“打开链接”动作，在对话框右侧的“链接到”下方设置Course（课程界面），“打开在”下方设置为“当前窗口”，单击对话框中的“确定”按钮实现在习题界面中“课程”按钮单击时的交互事件，“交互编辑器”对话框如图2-76所示。

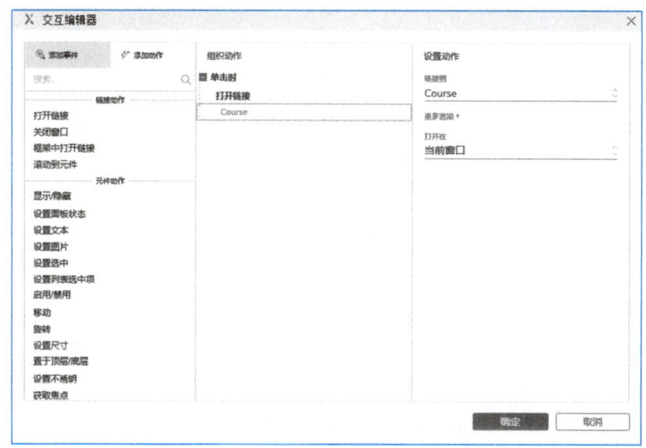

图2-76　添加“课程”按钮被单击时的交互事件

至此，课程界面与习题界面已设计完成。读者可自行为底部导航栏中“我”的按钮添加交互事件，添加方式与上述一致，本章将不再赘述。

本章小结

本章主要讲解了博学谷项目的界面设计，其中以欢迎界面、课程界面和习题界面为例，按照界面设计的步骤实现每个界面的效果。在界面设计的过程中，读者需要重点掌握设置动态面板与交互事件的操作步骤，这部分内容在原型图设计的过程中经常使用，非常重要。

习题

1. 请思考如何使用动态面板制作轮播图。
2. 请思考如何设置选择题中每个选项被单击时的交互事件。

第3章 欢迎、注册和登录模块

学习目标

◎ 掌握欢迎功能业务的实现方式，能够实现欢迎界面的功能

◎ 掌握注册功能业务的实现方式，能够实现用户注册功能

◎ 掌握登录功能业务的实现方式，能够实现用户登录功能

日常生活中，当我们入住酒店之前，门口服务员会对我们说一句“欢迎光临”来欢迎我们入住他们的酒店，同样当我们打开Android应用程序时，首先程序会呈现一个欢迎界面来欢迎我们访问该程序。由于博学谷程序中需要显示登录账号浏览过的视频信息，所以我们还需要在程序中实现用户的注册和登录功能。接下来本章将针对博学谷程序中的欢迎、注册和登录模块（功能业务的实现）进行详细讲解。

3.1 欢迎功能业务的实现

任务综述

当第一次开启博学谷程序时，首先在程序中会呈现一个欢迎界面，用于展示程序的版本号、产品Logo和广告信息。欢迎界面出现后需要等待几秒（一般为3秒），程序再跳转到主界面。

【知识点】

- RelativeLayout布局；
- TextView控件；
- Timer类与TimerTask类；
- PackageManager类。

【技能点】

- 创建Android程序；
- 搭建与设计欢迎界面的布局；
- 通过Timer类与TimerTask类实现界面延迟跳转的功能；
- 通过PackageManager类获取程序版本号。

【任务3-1】搭建欢迎界面布局

【任务分析】

博学谷程序的欢迎界面主要用于展示程序的版本号和Logo信息，欢迎界面效果如图3-1所示。

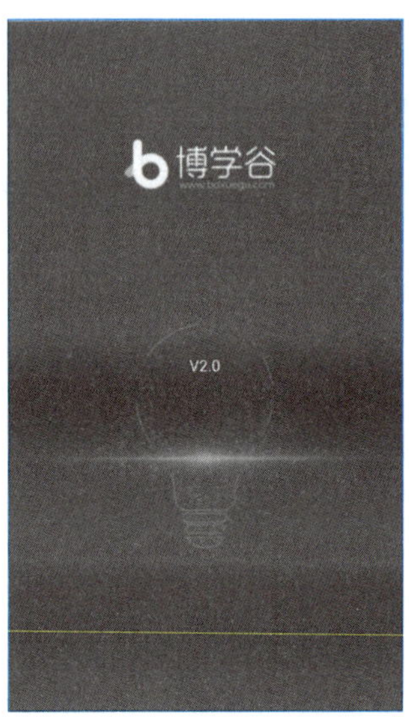

图3-1　欢迎界面

【任务实施】

（1）创建项目

首先创建一个程序，将其命名为BoXueGu，指定包名为com.boxuegu。

（2）导入界面图片

将欢迎界面所需要的背景图片launch_bg.png导入到程序中的drawable-hdpi（需要在res文件夹中手动创建）文件夹中，程序的图标app_icon.png导入到mipmap-hdpi文件夹中。

需要注意的是，mipmap文件夹通常用于存放应用程序的图标，它会根据设备的不同分辨率对图标进行优化并显示到界面上。根据设备分辨率的不同，mipmap文件夹分为5种类型，分别是mipmap-hdpi、mipmap-mdpi、mipmap-xhdpi、mipmap-xxhdpi、mipmap-xxxhdpi文件夹，按照设备分辨率的不同选择合适的文件夹存放程序图标即可。除了启动图标以外的其他图片资源都放在drawable-hdpi文件夹中。

（3）创建欢迎界面

在程序的com.boxuegu包中创建一个activity包，然后在该包中创建一个SplashActivity，并将其对应的布局文件名指定为activity_splash。

（4）添加界面控件

在activity_splash.xml布局文件中，添加1个RelativeLayout布局用于显示带有博学谷Logo的背景图片；添加1个TextView控件用于显示程序的版本号，具体代码如文件3-1所示。

【文件3-1】activity_splash.xml

```
<?xml version="1.0" encoding="utf-8"?>
<RelativeLayout xmlns:android="http://schemas.android.com/apk/res/android"
    android:layout_width="match_parent"
```

```
4        android:layout_height="match_parent"
5        android:background="@drawable/launch_bg">
6        <!-- 版本号 -->
7        <TextView
8            android:id="@+id/tv_version"
9            android:layout_width="wrap_content"
10           android:layout_height="wrap_content"
11           android:layout_centerInParent="true"
12           android:textColor="@android:color/white"
13           android:textSize="14sp"/>
14   </RelativeLayout>
```

上述代码中，第5行代码通过设置属性background的值为“@drawable/launch_bg”来设置欢迎界面的背景图片为launch_bg.png。

第7~13行代码添加了一个TextView控件，用于显示程序的版本号信息，其中，第10行代码通过设置属性android:layout_centerInParent的值为“true”将TextView控件设置在父控件的中心位置显示。

（5）设置博学谷项目的图标

每个应用程序都有属于自己的icon图标，博学谷程序也不例外，也有属于自己的icon图标。为了将博学谷程序的icon图标引入到项目中，需要在AndroidManifest.xml文件的<application>标签中，将属性icon与属性roundIcon的值修改为“@mipmap/app_icon”，具体代码如下：

```
android:icon="@mipmap/app_icon"
android:roundIcon="@mipmap/app_icon"
```

（6）去掉默认标题栏

博学谷项目创建后，界面上会默认出现一个绿色标题栏。由于博学谷项目的界面设计中，界面的标题栏中还需要显示其他元素和信息，所以需要去掉默认的标题栏，搭建一个新的标题栏（本章后续会讲解如何搭建标题栏布局）。为了去掉默认的标题栏，需要在AndroidManifest.xml文件的<application>标签中，将属性theme的值修改为“@style/Theme.AppCompat.NoActionBar”，具体代码如下：

```
android:theme="@style/Theme.AppCompat.NoActionBar"
```

（7）设置程序的版本号和版本号名称信息

《Android项目实战-博学谷》教材中的博学谷程序的版本号和版本名称分别为1和“1.0”，本教材是《Android项目实战-博学谷》教材的升级版，为了表示本教材中的程序是升级版程序，我们将升级版教材中创建的博学谷程序的版本号和版本号名称分别为2和“2.0”。为了设置博学谷程序的版本号和版本号名称信息，我们在程序中的build.gradle文件中找到defaultConfig{}，在defaultConfig{}中设置versionCode（版本号）与versionName（版本号名称）后面的值分别为2和“2.0”，具体代码如下所示。

```
versionCode 2
versionName "2.0"
```

（8）设置欢迎界面为程序默认的启动界面

当启动博学谷项目时，程序首先需要进入欢迎界面，所以我们将欢迎界面设置为程序默认的启动界面。由于程序中默认的启动界面是主界面（MainActivity显示的界面），所以需要修改设置启动界面的AndroidManifest.xml文件，在该文件中找到MainActivity所在的<activity>标签，将<activity>标签中的<intent-filter>标签与标签中的所有内容剪切到SplashActivity所在的<activity>标签中，具体代码如下：

```
<activity android:name=".activity.SplashActivity">
    <intent-filter>
        <action android:name="android.intent.action.MAIN" />
        <category android:name="android.intent.category.LAUNCHER" />
    </intent-filter>
</activity>
```

【任务3-2】实现欢迎界面功能

【任务分析】

欢迎界面主要用于展示产品Logo和版本信息，程序通常会在该界面停留一段时间之后自动跳转到其他界面。为了实现欢迎界面的这些功能，需要在欢迎界面的逻辑代码中首先获取程序的版本号信息，然后设置欢迎界面暂停几秒（一般为3秒）后再跳转。

【任务实施】

（1）获取程序的版本号

由于在欢迎界面上需要显示程序的版本号信息，所以需要在SplashActivity中创建一个init()方法，在该方法中通过PackageManager类（包管理器）获取程序的版本号，并将版本号信息显示到欢迎界面上。SplashActivity的具体代码如文件3-2所示。

【文件3-2】SplashActivity.java

```
package com.boxuegu.activity;
......//省略导入包
public class SplashActivity extends AppCompatActivity {
    private TextView tv_version;
    @Override
    protected void onCreate(Bundle savedInstanceState) {
        super.onCreate(savedInstanceState);
        setContentView(R.layout.activity_splash);
        init();
    }
    private void init(){
        //获取显示版本号信息的控件tv_version
        tv_version=findViewById(R.id.tv_version);
        try {
            //获取程序包信息
            PackageInfo info=getPackageManager().getPackageInfo(
            getPackageName(),0);
            //将程序版本号信息设置到界面控件上
            tv_version.setText("V"+info.versionName);
        }catch(PackageManager.NameNotFoundException e){
            e.printStackTrace();
```

```
21              tv_version.setText("V");
22          }
23      }
24  }
```

上述代码中，第16行代码首先通过调用getPackageManager()方法获取PackageManager类的对象，其次通过该对象调用getPackageInfo()方法获取程序包信息（包含程序版本号信息），并将这些信息存放在PackageInfo类的对象info中。

第18行代码中，首先通过PackageInfo对象的versionName属性获取到程序的版本号，然后调用setText()方法将获取到的版本号信息设置到文本控件tv_version上。

（2）实现欢迎界面延迟跳转的功能

由于欢迎界面启动后需要暂停3秒后再跳转到主界面（MainActivity所对应的界面，此界面目前为空白），所以需要在SplashActivity的init()方法中使用Timer类与TimerTask类来实现欢迎界面等待3秒后再跳转到主界面的功能，具体代码如文件3-3所示。

【文件3-3】SplashActivity.java

```
1   ......
2   public class SplashActivity extends AppCompatActivity {
3       ......
4       private void init() {
5           ......
6           //创建Timer类的对象
7           Timer timer = new Timer();
8           //通过TimerTask类实现界面跳转的功能
9           TimerTask task = new TimerTask() {
10              @Override
11              public void run() {
12                  Intent intent = new Intent(SplashActivity.this,
                    MainActivity.class);
13                  startActivity(intent);
14                  SplashActivity.this.finish();
15              }
16          };
17          timer.schedule(task, 3000); //设置程序延迟3秒之后自动执行任务task
18      }
19  }
```

上述代码中，第7~17行代码主要用于实现让程序在欢迎界面停留3秒后再跳转到主界面的功能，其中第9~16行代码主要实现了TimerTask类中的run()方法，在该方法中通过Intent类与startActivity()方法实现欢迎界面跳转到主界面的功能。

第17行代码调用Timer类对象的schedule()方法实现程序延迟3秒后执行界面跳转任务的功能，其中schedule()方法中传递了2个参数，第1个参数task表示一个任务，它在此处代表的是欢迎界面跳转到主界面的任务，第2个参数3000表示程序延迟执行任务的时间为3秒。

需要注意的是，在7~17行代码中主要用到2个类，分别是Timer类与TimerTask类，其中Timer类是JDK（JavaSE Development Kit是Java开发工具包）中提供的一个定时器工具，使用时会在主线程之外开启一个单独的线程执行指定任务，任务可以执行一次或多次。TimerTask类是一个实现了Runnable接口的抽象类，它代表一个可以被Timer类执行的任务。

3.2 注册功能业务的实现

任务综述

注册界面主要用于输入用户的注册信息，在注册界面中用户需要输入用户名、密码、再次输入密码（确保密码输入无误）信息。当用户点击“注册”按钮时，程序会实现一个注册账号的功能。由于博学谷项目使用的是本地数据，所以用户注册成功后，程序需要将用户名和密码保存在本地的SharedPreferences文件中，便于后续用户登录时使用。为了保证账号密码的安全，在保存密码时会采用MD5加密算法，这种算法是不可逆的，且具有一定的安全性。

【知识点】

- ImageView控件、EditText控件、Button控件；
- SharedPreferences类；
- setResult(RESULT_OK, data)方法；
- MD5加密算法。

【技能点】

- 搭建与设计标题栏和注册界面的布局；
- 通过SharedPreferences类实现数据的存取功能；
- 通过setResult(RESULT_OK, data)方法实现界面间数据的回传功能；
- 通过MD5加密算法实现密码加密功能；
- 实现注册功能。

【任务3-3】搭建标题栏界面布局

【任务分析】

在博学谷程序中，大部分界面都需要显示一个“返回”按钮和一个标题。为了便于代码的重复使用，我们将“返回”按钮和标题的代码抽取出来单独放在一个界面的布局文件中，这个界面就被称为标题栏界面，标题栏界面效果如图3-2所示。

图3-2 标题栏界面

【任务实施】

（1）创建标题栏界面的布局文件

在res/layout文件夹中，创建一个布局文件main_title_bar.xml。在布局文件main_title_bar.xml中，添加2个TextView控件，分别用于显示“返回”按钮和当前界面的标题（界面标题暂未设置，需要在代码中动态设置），并设置标题栏背景透明，具体代码如文件3-4所示。

【文件3-4】main_title_bar.xml

```
<?xml version="1.0" encoding="utf-8"?>
<RelativeLayout xmlns:android="http://schemas.android.com/apk/res/android"
    android:id="@+id/title_bar"
    android:layout_width="match_parent"
    android:layout_height="50dp"
    android:background="@android:color/transparent" >
    <!--"返回"按钮 -->
    <TextView
        android:id="@+id/tv_back"
        android:layout_width="50dp"
        android:layout_height="50dp"
        android:layout_alignParentLeft="true"
        android:layout_centerVertical="true"
        android:background="@drawable/go_back_selector" />
    <!-- 标题 -->
    <TextView
        android:id="@+id/tv_main_title"
        android:layout_width="wrap_content"
        android:layout_height="wrap_content"
        android:textColor="@android:color/white"
        android:textSize="20sp"
        android:layout_centerInParent="true" />
</RelativeLayout>
```

（2）创建“返回”按钮的背景选择器

标题栏界面中的“返回”按钮在被按下与弹起时，会显示不同的背景，这种效果可以通过背景选择器进行实现。首先将图片iv_back_selected.png、iv_back.png导入到drawable-hdpi文件夹中，然后选中drawable文件夹，右击选择New→Drawable resource file选项，创建一个背景选择器文件go_back_selector.xml。根据“返回”按钮被按下和弹起的状态来切换它的背景图片，给用户展示一个动态的效果。当“返回”按钮被按下时，它的背景图片显示为灰色图片（iv_back_selected.png），当“返回”按钮弹起时，它的背景图片显示为白色图片（iv_back.png）。背景选择器文件go_back_selector.xml的具体代码如文件3-5所示。

【文件3-5】go_back_selector.xml

```
<?xml version="1.0" encoding="utf-8"?>
<selector xmlns:android="http://schemas.android.com/apk/res/android">
    <item android:drawable="@drawable/iv_back_selected"
    android:state_pressed="true"/>
    <item android:drawable="@drawable/iv_back"/>
</selector>
```

【任务3-4】搭建注册界面布局

【任务分析】

注册界面主要用于展示一个标题栏、一个用户默认头像、用户名输入框、密码输入框、再次输入密码输入框和注册按钮，注册界面效果如图3-3所示。

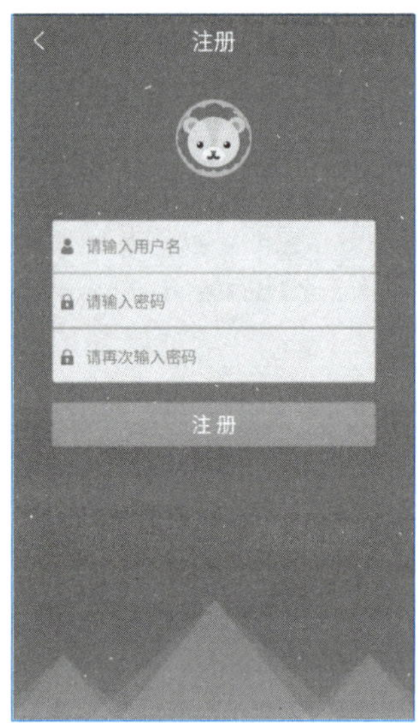

图3-3 注册界面

【任务实施】

（1）创建注册界面

在com.boxuegu.activity包中创建一个RegisterActivity，并将其布局文件名指定为activity_register。

（2）导入界面图片

将注册界面所需要的图片register_bg.png、default_icon.png、user_name_icon.png、psw_icon.png、register_user_name_bg.png、register_psw_bg.png、register_psw_again_bg.png导入到程序中的drawable-hdpi文件夹中。

（3）创建输入框的样式etRegisterStyle

由于注册界面上的所有输入框控件的宽度、高度、水平位置、与父窗体左边与右边的距离、控件图片的内边距都是相同的设置，并且注册界面上的所有输入框控件中文本的颜色、提示文本的颜色、文本的大小以及文本的单行显示形式都是相同的，为了减少程序中代码的冗余，我们需要将这些样式代码抽取出来单独放在名为etRegisterStyle的样式中。在程序的res/values/styles.xml文件中创建名为etRegisterStyle的样式，具体代码如下所示。

```
<resources>
    ......
    <style name="etRegisterStyle">
        <item name="android:layout_width">match_parent</item>
        <item name="android:layout_height">48dp</item>
        <item name="android:layout_gravity">center_horizontal</item>
        <item name="android:layout_marginLeft">35dp</item>
        <item name="android:layout_marginRight">35dp</item>
        <item name="android:drawablePadding">10dp</item>
        <item name="android:paddingLeft">8dp</item>
        <item name="android:singleLine">true</item>
```

```
        <item name="android:textColor">#000000</item>
        <item name="android:textColorHint">#a3a3a3</item>
        <item name="android:textSize">14sp</item>
    </style>
</resources>
```

（4）创建“注册”按钮的背景选择器

注册界面中的“注册”按钮在被按下与弹起时，会显示不同的背景，这种效果可以通过背景选择器进行实现。首先将register_icon_normal.png、register_icon_selected.png图片导入到程序中的drawable-hdpi文件夹中，然后在drawable文件夹中创建“注册”按钮的背景选择器文件register_selector.xml。当“注册”按钮被按下时，它的背景图片设置为灰色图片（register_icon_selected.png），当“注册”按钮弹起时，它的背景图片设置为橙色图片（register_icon_normal.png），背景选择器文件register_selector.xml的具体代码如文件3-6所示。

【文件3-6】register_selector.xml

```
<?xml version="1.0" encoding="utf-8"?>
<selector xmlns:android="http://schemas.android.com/apk/res/android">
    <item android:drawable="@drawable/register_icon_selected"
          android:state_pressed="true"/>
    <item android:drawable="@drawable/register_icon_normal"/>
</selector>
```

（5）创建“注册”按钮的样式btnRegisterStyle

由于注册界面上的“注册”按钮与登录界面（3.3小节中会创建）的“登录”按钮的宽度、高度、水平位置、与父窗体的顶部、左边和右边的距离都是相同的，并且“注册”按钮与“登录”按钮的背景、文本颜色和文本大小都是一致的，为了减少程序中代码的冗余，需要将这些样式代码抽取出来单独放在名为btnRegisterStyle的样式中。在程序的res/values/styles.xml文件中创建名为btnRegisterStyle的样式，具体代码如下所示。

```
<resources>
    ......
    <style name="btnRegisterStyle">
        <item name="android:layout_width">match_parent</item>
        <item name="android:layout_height">40dp</item>
        <item name="android:layout_gravity">center_horizontal</item>
        <item name="android:layout_marginTop">15dp</item>
        <item name="android:layout_marginLeft">35dp</item>
        <item name="android:layout_marginRight">35dp</item>
        <item name="android:background">@drawable/register_selector</item>
        <item name="android:textColor">@android:color/white</item>
        <item name="android:textSize">18sp</item>
    </style>
</resources>
```

（6）添加界面控件

在activity_register.xml布局文件中，首先通过<include />标签将main_title_bar.xml（标题栏）引入，然后添加1个ImageView控件，用于显示用户默认头像；添加3个EditText控件，用于显示用户名输入框、密码输入框、再次输入密码输入框；添加1个Button控件，用于显示“注册”按钮，activity_register.xml文件的具体代码如文件3-7所示。

【文件3-7】activity_register.xml

```
<?xml version="1.0" encoding="utf-8"?>
<LinearLayout xmlns:android="http://schemas.android.com/apk/res/android"
    android:layout_width="match_parent"
    android:layout_height="match_parent"
    android:background="@drawable/register_bg"
    android:orientation="vertical">
    <!-- 引入的标题栏 -->
    <include layout="@layout/main_title_bar" />
    <!-- 默认头像 -->
    <ImageView
        android:layout_width="70dp"
        android:layout_height="70dp"
        android:layout_gravity="center_horizontal"
        android:layout_marginTop="25dp"
        android:src="@drawable/default_icon" />
    <!-- 用户名输入框 -->
    <EditText
        android:id="@+id/et_user_name"
        style="@style/etRegisterStyle"
        android:layout_marginTop="35dp"
        android:background="@drawable/register_user_name_bg"
        android:drawableLeft="@drawable/user_name_icon"
        android:gravity="center_vertical"
        android:hint=" 请输入用户名 " />
    <!-- 密码输入框 -->
    <EditText
        android:id="@+id/et_psw"
        style="@style/etRegisterStyle"
        android:background="@drawable/register_psw_bg"
        android:drawableLeft="@drawable/psw_icon"
        android:hint=" 请输入密码 "
        android:inputType="textPassword" />
    <!-- 再次输入密码输入框 -->
    <EditText
        android:id="@+id/et_psw_again"
        style="@style/etRegisterStyle"
        android:background="@drawable/register_psw_again_bg"
        android:drawableLeft="@drawable/psw_icon"
        android:hint=" 请再次输入密码 "
        android:inputType="textPassword" />
    <!--" 注册 " 按钮 -->
    <Button
        android:id="@+id/btn_register"
```

```
        style="@style/btnRegisterStyle"
        android:text=" 注 册 " />
</LinearLayout>
```

【任务3-5】创建MD5加密算法

【任务分析】

MD5的全称是Message-Digest Algorithm 5（信息-摘要算法），MD5加密算法简单来说就是把任意长度的字符串数据变换为固定长度（通常是128位）的十六进制的字符串数据。在程序存储密码的过程中，直接存储明文密码，此时的密码容易被别人看到并被恶意利用，使账号处于一个不安全的状态，因此在存储密码前需要使用MD5算法对密码进行加密，这样不仅可以提高用户信息的安全性，同时也增加了密码破解的难度。

【任务实施】

（1）创建MD5Utils类

选中程序中的com.boxuegu包，在该包中创建utils包，在utils包中创建MD5Utils类，该类主要用于创建对密码进行MD5加密的方法。

（2）创建MD5加密方法

在MD5Utils类中，创建一个md5()方法对传递的字符串信息进行MD5加密，具体代码如文件3-8所示。

【文件3-8】MD5Utils.java

```
package com.boxuegu.utils;
import java.security.MessageDigest;
import java.security.NoSuchAlgorithmException;
public class MD5Utils {
    /**
     * 创建 MD5 加密方法 md5()
     */
    public static String md5(String text) {
        MessageDigest digest = null;
        try {
            digest = MessageDigest.getInstance("md5");
            byte[] result = digest.digest(text.getBytes());
            StringBuilder sb = new StringBuilder();
            for(byte b : result) {
                // 将字节 byte 转换为 int 类型的数据
                int number = b & 0xff;
                // 将 int 类型的数据转换为十六进制的字符串数据
                String hex = Integer.toHexString(number);
                if(hex.length() == 1) {
                    sb.append("0" + hex);
                } else {
                    sb.append(hex);
                }
            }
```

```
25                  return sb.toString();
26              } catch(NoSuchAlgorithmException e) {
27                  e.printStackTrace();
28                  return "";
29              }
30          }
31  }
```

上述代码中，第11行代码调用getInstance()方法获取MD5算法的对象digest。

第12行代码调用digest()方法将传递的字符串text转换为byte（字节）类型的数组。

第14~24行代码通过for循环遍历字节数组result，将该数组中的字节转换为十六进制数据，并存储在StringBuilder类型的对象sb中。

第25行代码调用toString()方法将对象sb中的数据转换为字符串形式，对象sb中的数据也就是对字符串text经过MD5加密后的最终数据。

【任务3-6】创建工具类UtilsHelper

【任务分析】

由于博学谷程序中需要多次使用判断当前用户名是否已保存和保存用户名与密码信息的功能，为了减少程序中代码的冗余，需要将判断用户名是否已保存的方法与保存用户名和密码的方法抽取出来存放在定义的UtilsHelper类中，这个类称为工具类，该类也可以存放后续程序中需要多次使用的其他方法。

【任务实施】

（1）创建UtilsHelper工具类

在com.boxuegu.utils包中创建UtilsHelper类。

（2）判断当前用户名是否已保存

当程序保存注册信息时，首先需要判断当前保存的用户名是否已经保存在SharedPreferences文件中，然后再决定是否保存注册信息，所以需要在UtilsHelper类中创建isExistUserName()方法，在该方法中实现判断当前用户名是否已存在于SharedPreferences文件中的功能，具体代码如文件3-9所示。

【文件3-9】UtilsHelper.java

```
package com.boxuegu.utils;
......
public class UtilsHelper {
    ......
    /**
     * 判断 SharedPreferences 文件中是否存在要保存的用户名
     */
    publicstaticbooleanisExistUserName(Context context,String userName){
        boolean has_userName=false;
        SharedPreferences sp=context.getSharedPreferences("loginInfo",
                                                  Context.MODE_PRIVATE);
        String spPsw=sp.getString(userName, "");
        if(!TextUtils.isEmpty(spPsw)) {
            has_userName=true;
```

```
14          }
15          return has_userName;
16      }
17  }
```

上述代码中，第7~16行代码定义了一个isExistUserName()方法，该方法的返回值是boolean类型的数据，当该方法的返回值为true时，表示SharedPreferences文件中存在当前要保存的用户名信息，否则SharedPreferences文件中不存在当前要保存的用户名信息。

第8行代码定义了一个boolean类型的变量has_userName，该变量用于记录SharedPreferences文件中是否存在当前要保存的用户名信息。

第9~11行代码首先调用getSharedPreferences()方法获取SharedPreferences类的对象sp，其中getSharedPreferences()方法中传递了2个参数，第1个参数loginInfo表示保存数据的文件名称，第2个参数MODE_PRIVATE表示默认操作模式，该模式代表保存数据的文件是私有的，只能被本应用访问，在该模式下写入的内容会覆盖文件中原有的内容。然后调用getString()方法获取对象sp中用户名userName对应的密码信息。

第12~14行代码调用isEmpty()方法判断获取的密码spPsw是否为空，如果不为空，则表示当前保存的用户名已经保存过，此时变量has_userName的值设置为true，否则，当前保存的用户名还未保存，变量has_userName值还是初始值false。

（3）实现保存用户名和密码的功能

当程序保存用户名和密码时，首先需要判断当前保存的用户名是否已经保存在SharedPreferences文件中，然后再保存用户名和密码信息，所以需要在UtilsHelper类中创建saveUserInfo()方法，在该方法中实现保存用户名和密码的功能，具体代码如下所示。

```
1  public static void saveUserInfo(Context context,String userName,String psw){
2      //将密码用MD5加密
3      String md5Psw=MD5Utils.md5(psw);
4      //获取SharedPreferences类的对象sp
5      SharedPreferences sp= context.getSharedPreferences("loginInfo",
6                                                Context.MODE_PRIVATE);
7      //获取编辑器对象editor
8      SharedPreferences.Editor editor=sp.edit();
9      //将用户名和密码封装到编辑器对象editor中
10     editor.putString(userName, md5Psw);
11     editor.commit();//提交保存信息
12 }
```

上述代码中，第10行代码调用putString()方法将用户名userName以key的形式，密码md5Psw以value的形式封装到编辑器对象editor中。

【任务3-7】实现注册界面功能

【任务分析】

当用户点击注册界面的“注册”按钮后，程序首先需要获取界面输入的用户名、用户名密码、再次确认的密码信息。当程序获取的两个密码相同时，则注册成功，此时程序需要将用户名和密码（经过MD5加密）保存到SharedPreferences文件中，便于后续用户登录时使用这些保存的信息。为了用户的体验度更好，当用户注册成功后还需要将用户名显示到登录界面的用户名输入框中，因此程序在注册成功后还需要将用户名传递到登录界面（LoginActivity目前还未创建）中。

【任务实施】

（1）获取界面控件

由于在获取注册界面中用户输入的一些注册信息和实现“注册”按钮的点击事件之前，需要首先获取界面中的控件，才可以获取用户输入的注册信息和实现按钮的点击事件，所以我们需要在RegisterActivity中创建init()方法，在该方法中调用findViewById()方法获取界面控件，具体代码如文件3-10所示。

【文件3-10】RegisterActivity.java

```
package com.boxuegu.activity;
......
public class RegisterActivity extends AppCompatActivity {
    private TextView tv_main_title;        //标题
    private TextView tv_back;              //"返回"按钮
    private Button btn_register;           //"注册"按钮
    //用户名、密码、再次输入密码的控件
    private EditText et_user_name, et_psw, et_psw_again;
    //用户名、密码、再次输入密码的控件的获取值
    private String userName, psw, pswAgain;
    //标题布局
    private RelativeLayout rl_title_bar;
    @Override
    protected void onCreate(Bundle savedInstanceState) {
        super.onCreate(savedInstanceState);
        setContentView(R.layout.activity_register);
        init();
    }
    private void init() {
        tv_main_title = findViewById(R.id.tv_main_title);
        //设置注册界面标题为"注册"
        tv_main_title.setText("注册");
        tv_back = findViewById(R.id.tv_back);
        rl_title_bar = findViewById(R.id.title_bar);
        //设置标题栏背景颜色为透明
        rl_title_bar.setBackgroundColor(Color.TRANSPARENT);
        btn_register = findViewById(R.id.btn_register);
        et_user_name = findViewById(R.id.et_user_name);
        et_psw = findViewById(R.id.et_psw);
        et_psw_again = findViewById(R.id.et_psw_again);
    }
}
```

（2）获取界面控件中的注册信息

当程序实现注册功能时，需要保存用户的注册信息，所以在RegisterActivity中需要创建一个getEditString()方法获取用户在注册界面中输入的注册信息，具体代码如文件3-11所示。

【文件3-11】RegisterActivity.java

```
package com.boxuegu.activity;
......
public class RegisterActivity extends AppCompatActivity {
    ......
    /**
     * 获取界面控件中的注册信息
     */
    private void getEditString() {
        //获取注册界面中输入的用户名信息
        userName = et_user_name.getText().toString().trim();
        //获取注册界面中输入的密码信息
        psw = et_psw.getText().toString().trim();
        //获取注册界面中输入的再次输入密码信息
        pswAgain = et_psw_again.getText().toString().trim();
    }
}
```

（3）实现“返回”与“注册”按钮的点击事件

当点击注册界面中的“返回”按钮时，程序会调用finish()方法关闭注册界面。当点击注册界面中的“注册”按钮后，程序会判断获取的界面输入框中的信息是否为空，如果为空，则提示用户对应的信息为空，否则需要继续判断两次输入的密码是否一致，如果不一致，则提示用户输入的密码不一致，否则注册成功，将注册信息保存到SharedPreferences文件中，并将注册成功的用户名传递到登录界面中。为了实现这些功能，我们需要在RegisterActivity中找到init()方法，在该方法中通过OnClickListener接口实现“返回”按钮与“注册”按钮的点击事件，具体代码如文件3-12所示。

【文件3-12】RegisterActivity.java

```
package com.boxuegu.activity;
......
public class RegisterActivity extends AppCompatActivity {
    ......
    private void init() {
        ......
        //"返回"按钮的点击事件
        tv_back.setOnClickListener(new View.OnClickListener() {
            @Override
            public void onClick(View v) {
                RegisterActivity.this.finish();
            }
        });
        //"注册"按钮的点击事件
        btn_register.setOnClickListener(new View.OnClickListener() {
            @Override
            public void onClick(View v) {
                getEditString();//获取界面控件中输入的注册信息
```

```
19                  if(TextUtils.isEmpty(userName)){
20                      Toast.makeText(RegisterActivity.this, "请输入用户名",
21                                                  Toast.LENGTH_SHORT).show();
22                      return;
23                  }else if(TextUtils.isEmpty(psw)){
24                      Toast.makeText(RegisterActivity.this, "请输入密码",
25                                                  Toast.LENGTH_SHORT).show();
26                      return;
27                  }else if(TextUtils.isEmpty(pswAgain)){
28                      Toast.makeText(RegisterActivity.this, "请再次输入密码",
29                                                  Toast.LENGTH_SHORT).show();
30                      return;
31                  }else if(!psw.equals(pswAgain)){
32                      Toast.makeText(RegisterActivity.this, "输入两次的密码不一致",
33                                                  Toast.LENGTH_SHORT).show();
34                      return;
35              }else if(UtilsHelper.isExistUserName(
             RegisterActivity.this, userName)){
36                      Toast.makeText(RegisterActivity.this,"此用户名已经存在",
37                                                  Toast.LENGTH_SHORT).show();
38                      return;
39                  }else{
40                      Toast.makeText(RegisterActivity.this, "注册成功",
41                                                  Toast.LENGTH_SHORT).show();
42                      //把用户名和密码保存到SharedPreferences文件中
43                  UtilsHelper.saveUserInfo(RegisterActivity.this,
                 userName, psw);
44                      //注册成功后把用户名传递到LoginActivity中
45                      Intent data =new Intent();
46                      data.putExtra("userName", userName);
47                      setResult(RESULT_OK, data);
48                      RegisterActivity.this.finish();
49                  }
50              }
51          });
52      }
53  }
```

上述代码中，第15~51行代码通过OnClickListener接口实现了“注册”按钮的点击事件，其中第39~49行代码实现了注册成功后，程序需要保存注册信息，并将用户名回传到登录界面。第39~49行代码中程序首先调用makeText()方法提示用户“注册成功”信息，其次调用saveUserInfo()方法将注册的用户名和密码信息保存到SharedPreferences文件中，然后将用户名userName封装到Intent对象data中，并调用setResult()方法将对象data回传到登录界面，最后调用finish()方法关闭注册界面。

3.3　登录功能业务的实现

任务综述

登录界面主要是为用户提供一个输入登录信息的界面，用户需要在登录界面输入用户名和密码信息。当用户点击“登录”按钮时，程序会实现一个账号的登录功能。如果账号登录成功，则程序需要将登录成功的用户名和状态保存到SharedPreferences文件中，便于后续判断登录状态和获取用户名时使用；如果账号登录失败，则会有两种情况，一种是用户输入的用户名和密码不一致，另一种是此用户名不存在。登录界面还显示了“立即注册”与“找回密码？”文本信息，点击这2个文本信息，程序会分别跳转到注册界面与找回密码界面（目前还未创建）。

【知识点】

- EditText控件、Button控件；
- SharedPreferences类、Intent类；
- setResult()方法。

【技能点】

- 搭建与设计登录界面的布局；
- 通过<include />标签引用标题栏；
- 通过SharedPreferences类实现数据的存取功能；
- 通过setResult()方法实现界面间数据的回传功能；
- 通过Intent类实现Activity之间的跳转功能；
- 实现登录功能。

【任务3-8】搭建登录界面布局

【任务分析】

登录界面主要用于展示一个标题栏、一个用户默认头像、用户名输入框、密码输入框、“登录”按钮、“立即注册”文本和“找回密码？”文本信息，登录界面效果如图3-4所示。

图3-4　登录界面

【任务实施】

（1）创建登录界面

在com.boxuegu.activity包中创建一个LoginActivity，并将其布局文件名指定为activity_login。

（2）导入界面图片

将登录界面所需要的图片login_bg.png、login_user_name_bg.png、login_psw_bg.png导入到程序中的drawable-hdpi文件夹中。

（3）创建登录界面文本的样式tvLoginStyle

由于登录界面上的“立即注册”与“找回密码？”文本控件的宽度、高度、比重、文本的位置、内边距、文本颜色、文本大小都是相同的设置，为了减少程序中代码的冗余，所以需要将这些样式代码抽取出来单独放在名为tvLoginStyle的样式中。在程序中的res/values/styles.xml文件中创建一个名为tvLoginStyle的样式，具体代码如下所示。

```
<resources>
    ......
    <style name="tvLoginStyle">
        <item name="android:layout_width">0dp</item>
        <item name="android:layout_height">wrap_content</item>
        <item name="android:layout_weight">1</item>
        <item name="android:gravity">center_horizontal</item>
        <item name="android:padding">8dp</item>
        <item name="android:textColor">@android:color/white</item>
        <item name="android:textSize">14sp</item>
    </style>
</resources>
```

（4）添加界面控件

在activity_login.xml布局文件中，首先通过<include />标签将main_title_bar.xml（标题栏）引入，然后添加1个ImageView控件，用于显示用户默认头像；添加2个EditText控件，分别用于显示用户名和密码的输入框；添加1个Button控件用于显示“登录”按钮；添加2个TextView控件，分别用于显示 “立即注册”和“找回密码？”的文本信息，具体代码如文件3-13所示。

【文件3-13】activity_login.xml

```
<?xml version="1.0" encoding="utf-8"?>
<LinearLayout xmlns:android="http://schemas.android.com/apk/res/android"
    android:layout_width="match_parent"
    android:layout_height="match_parent"
    android:background="@drawable/login_bg"
    android:orientation="vertical">
    <!-- 引入的标题栏 -->
    <include layout="@layout/main_title_bar" />
    <!-- 默认头像 -->
    <ImageView
        android:id="@+id/iv_head"
        android:layout_width="70dp"
        android:layout_height="70dp"
```

```
        android:layout_gravity="center_horizontal"
        android:layout_marginTop="25dp"
        android:background="@drawable/default_icon" />
    <!-- 用户名输入框 -->
    <EditText
        android:id="@+id/et_user_name"
        style="@style/etRegisterStyle"
        android:layout_gravity="center_horizontal"
        android:layout_marginTop="35dp"
        android:background="@drawable/login_user_name_bg"
        android:drawableLeft="@drawable/user_name_icon"
        android:hint=" 请输入用户名 " />
    <!-- 密码输入框 -->
    <EditText
        android:id="@+id/et_psw"
        style="@style/etRegisterStyle"
        android:background="@drawable/login_psw_bg"
        android:drawableLeft="@drawable/psw_icon"
        android:hint=" 请输入密码 "
        android:inputType="textPassword" />
    <!--" 登录 " 按钮 -->
    <Button
        android:id="@+id/btn_login"
        style="@style/btnRegisterStyle"
        android:text=" 登 录 " />
    <LinearLayout
        android:layout_width="fill_parent"
        android:layout_height="fill_parent"
        android:layout_marginLeft="35dp"
        android:layout_marginTop="8dp"
        android:layout_marginRight="35dp"
        android:gravity="center_horizontal"
        android:orientation="horizontal">
        <!--" 立即注册 "-->
        <TextView
            android:id="@+id/tv_register"
            style="@style/tvLoginStyle"
            android:text=" 立即注册 " />
        <!--" 找回密码？ " 文本 -->
        <TextView
            android:id="@+id/tv_find_psw"
            style="@style/tvLoginStyle"
            android:text=" 找回密码 ?" />
    </LinearLayout>
</LinearLayout>
```

扩展阅读

不忘初心，实现网络安全强国梦

【任务3-9】实现登录界面功能

【任务分析】

当用户点击登录界面的“登录”按钮后，程序首先需要获取界面输入的用户名和密码信息，当用户名和密码（经过MD5加密后的密码）与SharedPreferences文件中保存的用户名和密码一致时，则用户登录成功，否则，用户登录失败。当用户登录成功时，程序需要将登录状态保存到SharedPreferences文件中，便于后续判断登录状态时使用。

【任务实施】

（1）获取界面控件

由于在获取登录界面中用户输入的一些登录信息和实现“立即注册”“找回密码？”“登录”按钮的点击事件之前，需要首先获取界面中的控件，才可以获取用户输入的登录信息和实现控件的点击事件，所以需要在LoginActivity中创建init()方法，在该方法中调用findViewById()方法获取界面控件，具体代码如文件3-14所示。

【文件3-14】LoginActivity.java

```
package com.boxuegu.activity;
......
public class LoginActivity extends AppCompatActivity {
    private TextView tv_main_title;
    private TextView tv_back, tv_register, tv_find_psw;
    private Button btn_login;
    private String userName, psw, spPsw;
    private EditText et_user_name, et_psw;
    @Override
    protected void onCreate(Bundle savedInstanceState) {
        super.onCreate(savedInstanceState);
        setContentView(R.layout.activity_login);
        init();
    }
    /**
     * 获取界面控件
     */
    private void init() {
        tv_main_title = findViewById(R.id.tv_main_title);
        tv_main_title.setText("登录");
        tv_back = findViewById(R.id.tv_back);
        tv_register = findViewById(R.id.tv_register);
        tv_find_psw = findViewById(R.id.tv_find_psw);
        btn_login = findViewById(R.id.btn_login);
        et_user_name = findViewById(R.id.et_user_name);
        et_psw = findViewById(R.id.et_psw);
    }
}
```

（2）实现显示回传数据的功能

为了用户体验度更好，需要将注册界面注册成功的用户名信息显示到登录界面的用户名输入框中，因此需要在LoginActivity中重写onActivityResult()方法，在该方法中接收注册界面回传过来的用户名信息并将该信息显示到登录界面上，具体代码如文件3-15所示。

【文件3-15】LoginActivity.java

```
1  package com.boxuegu.activity;
2  ......
3  public class LoginActivity extends AppCompatActivity {
4      ......
5      @Override
6      protectedvoidonActivityResult(intrequestCode,intresultCode,Intent data) {
7          super.onActivityResult(requestCode, resultCode, data);
8          if(data!=null){
9              //从注册界面传递过来的用户名
10             String userName =data.getStringExtra("userName");
11             if(!TextUtils.isEmpty(userName)){
12                 et_user_name.setText(userName);
13                 //设置光标的位置
14                 et_user_name.setSelection(userName.length());
15             }
16         }
17     }
18 }
```

上述代码中，第8~16行代码通过if条件语句判断从注册界面回传的数据data是否为null，如果data不为null，则程序首先需要调用getStringExtra()方法获取从注册界面回传过来的用户名信息，其次调用isEmpty()方法判断获取的用户名是否为空，如果用户名不为空，则调用setText()方法将用户名显示到控件et_user_name上，同时调用setSelection()方法将登录界面的光标设置在用户名信息后面显示，否则，程序不做任何操作。

（3）根据用户名读取SharedPreferences文件中的密码

由于在实现登录功能的过程中，程序需要根据登录界面中输入的用户名来查询SharedPreferences文件中是否有该用户名对应的密码，所以需要创建一个readPsw()方法，在该方法中实现根据用户名读取SharedPreferences文件中对应密码的功能。由于readPsw()方法在后续的模块中也会用到，所以将该方法放在工具类UtilsHelper中创建，具体代码如下所示。

```
public static String readPsw(Context context,String userName){
    SharedPreferences sp=context.getSharedPreferences("loginInfo",
                                                  Context.MODE_PRIVATE);
    String spPsw=sp.getString(userName, "");
    return spPsw;
}
```

（4）保存登录状态与用户名

当用户登录成功后，程序需要将用户名和登录状态保存到本地的SharedPreferences文件中，便于后续获取用户名与判断用户登录状态时使用，因此我们需要在UtilsHelper类中创建一个saveLoginStatus()方法，在该方法中实现保存登录状态与用户名的功能，具体代码如下所示。

```
/**
  * 保存登录状态和登录用户名到 SharedPreferences 文件中
  */
```

```
publicstaticvoidsaveLoginStatus(Context context,boolean status,
String userName){
    SharedPreferences sp= context.getSharedPreferences("loginInfo",
                                              Context.MODE_PRIVATE);
    SharedPreferences.Editor editor=sp.edit();          //获取编辑器
    editor.putBoolean("isLogin", status);    //存入boolean类型的登录状态
    editor.putString("loginUserName", userName);    //存入登录时的用户名
    editor.commit();                                   //提交修改
}
```

（5）实现登录界面控件的点击事件功能

当用户点击登录界面上的“返回”按钮、“登录”按钮、“立即注册”文本和“找回密码？”文本时，程序会分别执行关闭登录界面、实现登录功能、跳转到注册界面、跳转到找回密码界面的操作，所以需要将LoginActivity实现OnClickListener接口，并实现该接口中的onClick()方法，在onClick()方法中实现登录界面控件的点击事件，具体代码如文件3-16所示。

【文件3-16】LoginActivity.java

```
package com.boxuegu.activity;
......
public class LoginActivity extends AppCompatActivity implements
View.OnClickListener {
    ......
    private void init() {
        ......
        tv_back.setOnClickListener(this);
        tv_register.setOnClickListener(this);
        tv_find_psw.setOnClickListener(this);
        btn_login.setOnClickListener(this);
    }
    @Override
    public void onClick(View view) {
        switch(view.getId()) {
            case R.id.tv_back:      //"返回"按钮的点击事件
                this.finish();
                break;
            case R.id.tv_register: //"立即注册"文本的点击事件
                Intentintent=newIntent(LoginActivity.this,
                RegisterActivity.class);
                startActivityForResult(intent, 1);
                break;
            case R.id.tv_find_psw:           //"找回密码？"文本的点击事件
                //跳转到找回密码界面
                break;
            case R.id.btn_login:             //"登录"按钮的点击事件
                userName=et_user_name.getText().toString().trim();
                psw=et_psw.getText().toString().trim();
                String md5Psw=MD5Utils.md5(psw);
```

```
29                spPsw=UtilsHelper.readPsw(LoginActivity.this,userName);
30                if(TextUtils.isEmpty(userName)){
31                    Toast.makeText(LoginActivity.this, "请输入用户名",
32                                               Toast.LENGTH_SHORT).show();
33                    return;
34                }else if(TextUtils.isEmpty(spPsw)){
35                    Toast.makeText(LoginActivity.this, "此用户名不存在",
36                                               Toast.LENGTH_SHORT).show();
37                    return;
38                }else if(TextUtils.isEmpty(psw)){
39                    Toast.makeText(LoginActivity.this, "请输入密码",
40                                               Toast.LENGTH_SHORT).show();
41                    return;
42                }elseif((!TextUtils.isEmpty(spPsw)&&!md5Psw.equals (spPsw))){
43                    Toast.makeText(LoginActivity.this, "输入的密码不正确",
44                                             Toast.LENGTH_SHORT).show();
45                    return;
46                }else if(md5Psw.equals(spPsw)){
47                    Toast.makeText(LoginActivity.this, "登录成功",
48                                             Toast.LENGTH_SHORT).show();
49                   //保存登录状态和登录的用户名
50                   UtilsHelper.saveLoginStatus(LoginActivity.this,true,
                     userName);
51                    //把登录成功的状态传递到MainActivity中
52                    Intent data=new Intent();
53                    data.putExtra("isLogin", true);
54                    setResult(RESULT_OK, data);
55                    LoginActivity.this.finish();
56                }
57                break;
58        }
59    }
60 }
```

上述代码中，第7~10行代码通过调用setOnClickListener()方法分别设置“返回”按钮、“立即注册”文本、“找回密码？”文本和“登录”按钮的点击事件的监听器。

第12~59行代码重写了onClick()方法，在该方法中实现登录界面控件的点击事件功能。

第15~17行代码实现了“返回”按钮的点击事件，点击“返回”按钮，程序会调用finish()方法关闭当前界面。

第18~21行代码实现了“立即注册”文本的点击事件，点击“立即注册”文本，程序会调用startActivityForResult()方法实现跳转到注册界面的功能。

第22~24行代码实现了“找回密码？”文本的点击事件，点击“找回密码？”文本，程序会跳转到找回密码界面，由于该界面目前还未创建，所以此处暂时不添加跳转代码。

第25~57行代码实现了“登录”按钮的点击事件。其中，第26~29行代码首先调用getText()方法获取登录界面输入的用户名和密码，然后调用md5()方法将密码进行MD5加密，最后调用readPsw()方法根据界面输入的用户名查询SharedPreferences文件中该用户名对应的密码。

第34~38行代码通过调用isEmpty()方法判断从SharedPreferences文件中获取的密码spPsw是否为空，如果为空，则程序会调用Toast类的makeText()方法提示用户“此用户名不存在”。

第46~56行代码通过调用equals()方法判断界面输入的密码（经过MD5加密）与从SharedPreferences文件中获取的密码是否一致，如果一致，则说明用户在登录界面输入的用户名与密码都是正确的，用户登录成功。此时程序首先需要调用saveLoginStatus()方法将登录状态保存到SharedPreferences文件中，其次创建Intent类的对象data，将登录状态true封装到对象data中，然后调用setResult()方法将对象data回传到主界面（MainActivity对应的界面），最后调用finish()方法关闭当前界面。

本章小结

本章主要讲解了博学谷项目中的欢迎、注册和登录模块，这3个模块是本项目中较简单的部分，因此放在前面进行讲解。通过这3个模块的学习，希望读者能够掌握Timer类与TimerTask类、SharedPreferences类、setResult()方法和MD5加密算法的使用，同时掌握如何搭建界面布局与实现界面的功能。

习　题

1. 请阐述使用MD5加密算法对密码进行加密的步骤。
2. 请阐述实现博学谷项目中的用户登录功能的步骤。

第4章 “我”的模块

学习目标

◎ 掌握“我”的功能业务的实现方式，能够实现“我”的界面的功能

◎ 掌握设置功能业务的实现方式，能够实现设置界面的功能

◎ 掌握修改密码功能业务的实现方式，能够实现修改密码的功能

◎ 掌握设置密保与找回密码功能业务的实现方式，能够实现设置密保与找回密码的功能

我们在第3章中学习了博学谷程序中用户的登录和注册功能，通常登录成功的账号可以实现退出登录功能、修改密码功能、设置密保功能和找回密码功能，所以需要在博学谷程序中设计一个模块来实现这些功能，该模块称为“我”的模块，同时在“我”的模块中还包含了“我”的界面，该界面主要用于显示登录状态信息、播放记录条目与设置条目信息。根据“我”的模块中包含的功能，将“我”的模块分为4个部分，分别是“我”的功能业务的实现、设置功能业务的实现、修改密码功能业务的实现、设置密保与找回密码功能业务的实现。本章将针对“我”的模块进行详细讲解。

4.1 “我”的功能业务的实现

任务综述

根据“我”的界面的效果图可知，“我”的界面主要用于展示用户默认头像、用户名或点击登录、播放记录条目、设置条目和底部导航栏（用于切换不同界面）。当用户处于登录状态时，点击默认头像或用户名，程序会跳转到个人资料界面；点击播放记录条目或设置条目，程序会跳转到条目对应的界面。当用户处于未登录状态时，点击默认头像或“点击登录”文本，程序会跳转到登录界面；点击播放记录条目或设置条目，程序会提示用户“您还未登录，请先登录”。点击底部导航栏中的“课程”按钮、“习题”按钮和“我”按钮，程序会分别跳转到课程界面、习题界面和“我”的界面。

【知识点】

- ImageView控件、TextView控件；
- SharedPreferences类。

【技能点】

- 搭建与设计底部导航栏界面的布局；
- 获取和清除SharedPreferences文件中的数据；
- 实现底部导航栏界面的功能。

【任务4-1】搭建底部导航栏界面布局

【任务分析】

根据课程界面、习题界面和“我”的界面的效果图可知，这3个界面都包含1个标题栏与底部3个相同样式的按钮，这3个按钮分别是“课程”“习题”和“我”。为了便于代码的重复利用，我们将3个界面中的相同代码抽取出来单独放在一个界面的布局文件中，该界面被称为底部导航栏界面，底部导航栏界面的效果如图4-1所示。

图4-1　底部导航栏界面

【任务实施】

（1）导入界面图片

将底部导航栏界面所需要的图片main_course_icon.png、main_course_icon_selected.png、main_exercises_icon.png、main_exercises_icon_selected.png、main_my_icon.png、main_my_icon_selected.png导入到程序中的drawable-hdpi文件夹中。

（2）创建底部导航栏中3个按钮的布局样式rlBottomStyle

底部导航栏界面中的3个按钮是放在3个相对布局RelativeLayout中的，这3个RelativeLayout布局的宽度、高度和水平方向的比重是相同的，为了减少程序中代码的冗余，需要将这些样式代码抽取出来单独放在名为rlBottomStyle的样式中。在程序中的res/values/styles.xml文件中创建一个名为rlBottomStyle的样式，具体代码如下所示。

```
<style name="rlBottomStyle">
    <item name="android:layout_width">0dp</item>
    <item name="android:layout_height">match_parent</item>
```

```
    <item name="android:layout_weight">1</item>
</style>
```

（3）创建底部导航栏中文本的样式tvBottomStyle

底部导航栏界面中的3个按钮的文本信息是使用TextView控件显示的，这3个TextView控件的宽度、高度、位于父窗体底部的距离、水平位置、单行显示形式、文本颜色和文本大小都是一致的，为了减少程序中代码的冗余，需要将这些样式代码抽取出来单独放在名为tvBottomStyle的样式中。在程序中的res/values/styles.xml文件中创建一个名为tvBottomStyle的样式，具体代码如下所示。

```
  <style name="tvBottomStyle">
    <item name="android:layout_width">match_parent</item>
    <item name="android:layout_height">wrap_content</item>
    <item name="android:layout_alignParentBottom">true</item>
    <item name="android:layout_centerHorizontal">true</item>
    <item name="android:layout_marginBottom">3dp</item>
    <item name="android:gravity">center</item>
    <item name="android:singleLine">true</item>
    <item name="android:textColor">#666666</item>
    <item name="android:textSize">14sp</item>
</style>
```

（4）创建底部导航栏中图片的样式ivBottomStyle

底部导航栏界面中的3个按钮的图片信息是使用ImageView控件显示的，这3个ImageView控件的宽度、高度、位于父窗体顶部的距离和水平位置都是一致的，为了减少程序中代码的冗余，需要将这些样式代码抽取出来单独放在名为ivBottomStyle的样式中。在程序中的res/values/styles.xml文件中创建一个名为ivBottomStyle的样式，具体代码如下所示。

```
<style name="ivBottomStyle">
    <item name="android:layout_width">27dp</item>
    <item name="android:layout_height">27dp</item>
    <item name="android:layout_alignParentTop">true</item>
    <item name="android:layout_centerHorizontal">true</item>
    <item name="android:layout_marginTop">3dp</item>
</style>
```

（5）添加界面控件

由于底部导航栏界面是博学谷程序的一个主界面，所以将底部导航栏界面的逻辑代码放在MainActivity中编写，布局代码放在activity_main.xml文件中编写。在activity_main.xml布局文件中，添加3个TextView控件，分别用于显示底部按钮的课程文本、习题文本和“我”的文本信息；添加3个ImageView控件，分别用于显示底部3个按钮的图片，具体代码如文件4-1所示。

【文件4-1】activity_main.xml

```
<?xml version="1.0" encoding="utf-8"?>
<RelativeLayout xmlns:android="http://schemas.android.com/apk/res/android"
    android:layout_width="match_parent"
    android:layout_height="wrap_content"
    android:orientation="vertical">
```

```
    <LinearLayout
        android:layout_width="match_parent"
        android:layout_height="match_parent"
        android:background="@android:color/white"
        android:orientation="vertical">
        <!-- 引入的标题栏 -->
        <include layout="@layout/main_title_bar" />
        <!-- 底部导航栏上方需要显示界面的布局 -->
        <FrameLayout
            android:id="@+id/main_body"
            android:layout_width="match_parent"
            android:layout_height="match_parent"
            android:background="@android:color/white" />
    </LinearLayout>
    <LinearLayout
        android:id="@+id/main_bottom_bar"
        android:layout_width="match_parent"
        android:layout_height="55dp"
        android:layout_alignParentBottom="true"
        android:background="#F2F2F2"
        android:orientation="horizontal">
        <!--"课程"按钮 -->
        <RelativeLayout
            android:id="@+id/bottom_bar_course_btn"
            style="@style/rlBottomStyle">
            <TextView
                android:id="@+id/bottom_bar_text_course"
                style="@style/tvBottomStyle"
                android:text="课程" />
            <ImageView
                android:id="@+id/bottom_bar_image_course"
                style="@style/ivBottomStyle"
                android:layout_above="@id/bottom_bar_text_course"
                android:src="@drawable/main_course_icon" />
        </RelativeLayout>
        <!--"习题"按钮 -->
        <RelativeLayout
            android:id="@+id/bottom_bar_exercises_btn"
            style="@style/rlBottomStyle">
            <TextView
                android:id="@+id/bottom_bar_text_exercises"
                style="@style/tvBottomStyle"
                android:text="习题" />
            <ImageView
                android:id="@+id/bottom_bar_image_exercises"
                style="@style/ivBottomStyle"
                android:layout_above="@id/bottom_bar_text_exercises"
```

```
                android:src="@drawable/main_exercises_icon" />
        </RelativeLayout>
        <!--"我"的按钮-->
        <RelativeLayout
            android:id="@+id/bottom_bar_myinfo_btn"
            style="@style/rlBottomStyle">
            <TextView
                android:id="@+id/bottom_bar_text_myinfo"
                style="@style/tvBottomStyle"
                android:text="我" />
            <ImageView
                android:id="@+id/bottom_bar_image_myinfo"
                style="@style/ivBottomStyle"
                android:layout_above="@id/bottom_bar_text_myinfo"
                android:src="@drawable/main_my_icon" />
        </RelativeLayout>
    </LinearLayout>
</RelativeLayout>
```

【任务4-2】搭建“我”的界面布局

【任务分析】

根据“我”的界面的效果图可知，“我”的界面中需要展示用户默认头像、用户名或点击登录、播放记录条目、设置条目和底部导航栏，“我”的界面的效果如图4-2所示。

图4-2　“我”的界面

【任务实施】

（1）创建“我”的界面的布局文件

在res/layout文件夹中，创建一个布局文件main_view_myinfo.xml。

（2）导入界面图片

将“我”的界面所需要的图片myinfo_login_bg.png、course_history_icon.png、myinfo_setting_icon.png、iv_right_ arrow.png导入到程序中的drawable-hdpi文件夹中。

（3）创建灰色分割线的样式vMyinfoStyle

在“我”的界面中显示了3条灰色分割线，这3条分割线控件的宽度、高度和背景颜色都是一致的，为了减少程序中代码的冗余，需要将这些样式代码抽取出来单独放在名为vMyinfoStyle的样式中。在程序的res/values/styles.xml文件中创建一个名为vMyinfoStyle的样式，具体代码如下所示。

```
<style name="vMyinfoStyle">
    <item name="android:layout_width">match_parent</item>
    <item name="android:layout_height">1dp</item>
    <item name="android:background">#E3E3E3</item>
</style>
```

（4）创建条目样式

在“我”的界面中显示了2个条目，分别是播放记录条目和设置条目，这2个条目的布局、左侧显示的2个图标、中间的文本和右侧的2个图标分别具有相同的样式，为了减少程序中代码的冗余，将这些样式代码抽取出来分别放在名为rlMyinfoStyle、ivMyinfoLeftStyle、tvMyinfoStyle和ivMyinfoRightStyle的样式中，这些样式都是在程序的res/values/styles.xml文件中创建的，具体代码如下所示。

```
<!-- 条目布局样式 -->
<style name="rlMyinfoStyle">
    <item name="android:layout_width">match_parent</item>
    <item name="android:layout_height">50dp</item>
    <item name="android:background">#F7F8F8</item>
    <item name="android:gravity">center_vertical</item>
    <item name="android:paddingLeft">10dp</item>
    <item name="android:paddingRight">10dp</item>
</style>
<!-- 条目左侧图标样式 -->
<style name="ivMyinfoLeftStyle">
    <item name="android:layout_width">20dp</item>
    <item name="android:layout_height">20dp</item>
    <item name="android:layout_centerVertical">true</item>
    <item name="android:layout_marginLeft">25dp</item>
</style>
<!-- 条目文本样式 -->
<style name="tvMyinfoStyle">
    <item name="android:layout_width">wrap_content</item>
    <item name="android:layout_height">wrap_content</item>
    <item name="android:layout_centerVertical">true</item>
    <item name="android:layout_marginLeft">25dp</item>
    <item name="android:textColor">#A3A3A3</item>
    <item name="android:textSize">16sp</item>
</style>
```

```
<!-- 条目右侧图标样式 -->
<style name="ivMyinfoRightStyle">
    <item name="android:layout_width">15dp</item>
    <item name="android:layout_height">15dp</item>
    <item name="android:layout_alignParentRight">true</item>
    <item name="android:layout_centerVertical">true</item>
    <item name="android:layout_marginRight">25dp</item>
    <item name="android:src">@drawable/iv_right_arrow</item>
</style>
```

（5）添加界面控件

在main_view_myinfo.xml布局文件中，添加3个View控件用于显示3条灰色分割线；添加5个ImageView控件，其中1个用于显示用户默认头像，2个用于显示播放记录条目与设置条目的图标，其余2个用于显示播放记录条目和设置条目右边的箭头图片；添加3个TextView控件，分别用于显示用户名或点击登录、播放记录和设置文本信息，具体代码如文件4-2所示。

【文件4-2】main_view_myinfo.xml

```
<?xml version="1.0" encoding="utf-8"?>
<LinearLayout xmlns:android="http://schemas.android.com/apk/res/android"
    android:layout_width="match_parent"
    android:layout_height="match_parent"
    android:background="@android:color/white"
    android:orientation="vertical">
     <!-- 默认头像和用户名 -->
    <LinearLayout
        android:id="@+id/ll_head"
        android:layout_width="fill_parent"
        android:layout_height="240dp"
        android:background="@drawable/myinfo_login_bg"
        android:orientation="vertical">
        <ImageView
            android:id="@+id/iv_head_icon"
            android:layout_width="70dp"
            android:layout_height="70dp"
            android:layout_gravity="center_horizontal"
            android:layout_marginTop="75dp"
            android:src="@drawable/default_icon" />
        <TextView
            android:id="@+id/tv_user_name"
            android:layout_width="wrap_content"
            android:layout_height="wrap_content"
            android:layout_gravity="center_horizontal"
            android:layout_marginTop="10dp"
            android:text="点击登录"
            android:textColor="@android:color/white"
            android:textSize="16sp" />
    </LinearLayout>
```

```
    <!-- 播放记录条目 -->
    <View
        style="@style/vMyinfoStyle"
        android:layout_marginTop="20dp" />
    <RelativeLayout
        android:id="@+id/rl_course_history"
        style="@style/rlMyinfoStyle">
        <ImageView
            android:id="@+id/iv_course_historyicon"
            style="@style/ivMyinfoLeftStyle"
            android:src="@drawable/course_history_icon" />
        <TextView
            style="@style/tvMyinfoStyle"
            android:layout_toRightOf="@id/iv_course_historyicon"
            android:text=" 播放记录 " />
        <ImageView style="@style/ivMyinfoRightStyle" />
    </RelativeLayout>
    <View style="@style/vMyinfoStyle" />
    <!-- 设置条目 -->
    <RelativeLayout
        android:id="@+id/rl_setting"
        style="@style/rlMyinfoStyle">
        <ImageView
            android:id="@+id/iv_userinfo_icon"
            style="@style/ivMyinfoLeftStyle"
            android:src="@drawable/myinfo_setting_icon" />
        <TextView
            style="@style/tvMyinfoStyle"
            android:layout_toRightOf="@id/iv_userinfo_icon"
            android:text=" 设置 " />
        <ImageView style="@style/ivMyinfoRightStyle" />
    </RelativeLayout>
    <View style="@style/vMyinfoStyle" />
</LinearLayout>
```

【任务4-3】实现底部导航栏界面功能

【任务分析】

在底部导航栏界面中，分别点击“课程”按钮、“习题”按钮和“我”按钮，程序会分别跳转到课程界面、习题界面和“我”界面，同时底部按钮的字体颜色与图片也会显示选中（字体与图片显示蓝色）与未选中（字体与图片显示灰色）两种状态。

【任务实施】

（1）初始化界面控件

由于底部导航栏界面的代码是在MainActivity中编写的，为了将程序中所有的Activity都放在com.boxuegu.activity包中，所以将MainActivity拖到com.boxuegu.activity包中。在MainActivity中

首先创建init()方法用于初始化界面控件，具体代码如文件4-3所示。

【文件4-3】MainActivity.java

```
1  package com.boxuegu.activity;
2  ......
3  public class MainActivity extends AppCompatActivity {
4      private FrameLayout mBodyLayout;    // 中间内容栏
5      public LinearLayout mBottomLayout; // 底部按钮栏
6      private View mCourseBtn,mExercisesBtn,mMyInfoBtn;
7      private TextView tv_course,tv_exercises,tv_myInfo;
8      private ImageView iv_course,iv_exercises,iv_myInfo;
9      private TextView tv_back,tv_main_title;
10     private RelativeLayout rl_title_bar;
11     @Override
12     protected void onCreate(Bundle savedInstanceState) {
13         super.onCreate(savedInstanceState);
14         setContentView(R.layout.activity_main);
15         init();
16     }
17     /**
18      * 获取界面上的控件
19      */
20     private void init() {
21         tv_back = findViewById(R.id.tv_back);
22         tv_main_title = findViewById(R.id.tv_main_title);
23         tv_main_title.setText("博学谷课程");
24         rl_title_bar = findViewById(R.id.title_bar);
25         rl_title_bar.setBackgroundColor(Color.parseColor("#30B4FF"));
26         tv_back.setVisibility(View.GONE);
27         mBodyLayout = findViewById(R.id.main_body);
28         mBottomLayout = findViewById(R.id.main_bottom_bar);
29         mCourseBtn = findViewById(R.id.bottom_bar_course_btn);
30         mExercisesBtn = findViewById(R.id.bottom_bar_exercises_btn);
31         mMyInfoBtn = findViewById(R.id.bottom_bar_myinfo_btn);
32         tv_course = findViewById(R.id.bottom_bar_text_course);
33         tv_exercises = findViewById(R.id.bottom_bar_text_exercises);
34         tv_myInfo = findViewById(R.id.bottom_bar_text_myinfo);
35         iv_course = findViewById(R.id.bottom_bar_image_course);
36         iv_exercises = findViewById(R.id.bottom_bar_image_exercises);
37         iv_myInfo = findViewById(R.id.bottom_bar_image_myinfo);
38     }
39 }
```

上述代码中，第20~38行代码创建了一个init()方法，在该方法中首先调用findViewById()方法获取界面控件，其次调用setText()方法设置界面的标题为博学谷课程，然后调用setBackgroundColor()方法设置标题栏的颜色为蓝色，最后调用setVisibility()方法隐藏标题栏中的“返回”按钮。

（2）设置底部按钮被选中与未被选中的状态

底部导航栏界面中的3个底部按钮被点击时处于选中状态，未被点击时处于未被选中的状态。当底部按钮处于未被选中状态时，按钮的图片显示为灰色图片，按钮的文本颜色显示为灰色，按钮的选中状态值为false。当底部按钮处于被选中状态时，按钮的图片显示为蓝色图片，按钮的文本颜色显示为蓝色，按钮的选中状态值为true。为了设置底部导航栏界面中的3个底部按钮的选中与未被选中的状态，需要在MainActivity中创建clearBottomImageState()方法与setSelectedStatus(int index)方法，这2个方法分别用于设置底部按钮未被选中与选中的状态，具体代码如下所示。

```
/**
 * 设置底部按钮未被选中时的状态
 */
private void setNotSelectedStatus() {
    tv_course.setTextColor(Color.parseColor("#666666"));
    tv_exercises.setTextColor(Color.parseColor("#666666"));
    tv_myInfo.setTextColor(Color.parseColor("#666666"));
    iv_course.setImageResource(R.drawable.main_course_icon);
    iv_exercises.setImageResource(R.drawable.main_exercises_icon);
    iv_myInfo.setImageResource(R.drawable.main_my_icon);
    for (int i = 0; i < mBottomLayout.getChildCount(); i++) {
        mBottomLayout.getChildAt(i).setSelected(false);
    }
}
/**
 * 设置底部按钮被选中时的状态
 */
private void setSelectedStatus(int index) {
    switch(index) {
        case 0:
            mCourseBtn.setSelected(true);
            iv_course.setImageResource(R.drawable.main_course_icon_selected);
            tv_course.setTextColor(Color.parseColor("#0097F7"));
            rl_title_bar.setVisibility(View.VISIBLE);
            tv_main_title.setText("博学谷课程");
            break;
        case 1:
            mExercisesBtn.setSelected(true);
            iv_exercises.setImageResource(R.drawable.main_exercises_icon_selected);
            tv_exercises.setTextColor(Color.parseColor("#0097F7"));
            rl_title_bar.setVisibility(View.VISIBLE);
            tv_main_title.setText("博学谷习题");
            break;
        case 2:
            mMyInfoBtn.setSelected(true);
            iv_myInfo.setImageResource(R.drawable.main_my_icon_selected);
```

```
37              tv_myInfo.setTextColor(Color.parseColor("#0097F7"));
38              rl_title_bar.setVisibility(View.GONE);
39              break;
40      }
41 }
```

上述代码中，第4~14行代码创建了一个clearBottomImageState()方法，该方法用于设置底部导航栏界面中的底部按钮未被选中的状态。在clearBottomImageState()方法中首先通过调用setTextColor()方法设置按钮的文本颜色为灰色，然后调用setImageResource()方法将按钮的图片设置为灰色图片，最后通过for循环语句遍历布局mBottomLayout中的所有按钮控件，并调用setSelected()方法将每个按钮的选中状态的值设置为false。

第18~41行代码创建了一个setSelectedStatus()方法，该方法用于设置底部导航栏界面中的底部按钮被选中的状态。在setSelectedStatus()方法中传递的index参数表示底部按钮的索引值，该参数有3个值，分别是0、1、2，其中0表示“课程”按钮，1表示“习题”按钮，2表示“我”的按钮。

第20~26行代码用于设置“课程”按钮为选中状态，在这段代码中，首先调用setSelected()方法设置按钮的选中状态值为true，其次调用setImageResource()方法设置按钮的图片为main_course_icon_selected（蓝色图片），然后调用setTextColor()方法设置按钮的文本颜色为“#0097F7”（蓝色颜色值），最后调用setVisibility()方法将标题栏设置为显示状态，同时调用setText()方法设置标题栏的文本为“博学谷课程”。

第27~33行代码与第34~39行代码分别用于设置“习题”按钮和“我”的按钮为选中状态，这2段代码的内容与第20~26行代码的内容类似，此处不再进行重复描述。

（3）创建和隐藏界面的中间部分视图

底部导航栏界面的中间部分视图会根据底部按钮的选中状态来进行切换，在切换为新的视图时，程序首先需要将原来的视图隐藏，然后在界面中显示新创建的视图。为了实现界面中间视图的切换功能，需要在MainActivity中创建hideAllView()方法和createView()方法，这2个方法分别用于隐藏和创建底部导航栏界面中间的视图，具体代码如下所示。

```
/**
 * 隐藏底部导航栏界面的中间部分视图
 */
private void hideAllView() {
    for(int i = 0; i < mBodyLayout.getChildCount(); i++) {
        mBodyLayout.getChildAt(i).setVisibility(View.GONE);
    }
}
/**
 * 创建视图
 */
private void createView(int viewIndex) {
    switch(viewIndex) {
        case 0:
            //课程界面
            break;
        case 1:
```

```
18                  // 习题界面
19                  break;
20              case 2:
21                  //"我"的界面
22                  break;
23          }
24  }
```

上述代码中，第4~8行代码创建了一个hideAllView()方法，该方法用于隐藏底部导航栏界面中不需要显示的视图。在hideAllView()方法中通过for循环遍历布局mBodyLayout中的视图，通过调用setVisibility()方法将所有视图设置为隐藏状态。

第12~24行代码创建了一个createView()方法，该方法用于创建底部导航栏界面中需要显示的视图。在createView()方法中通过switch()语句来创建viewIndex的值为0、1、2时的视图，当viewIndex的值为0时，表示需要创建课程界面视图；当viewIndex的值为1时，表示需要创建习题界面视图；当viewIndex的值为2时，表示需要创建“我”的界面视图。由于课程界面、习题界面和“我”的界面的逻辑代码还未编写，所以这段代码中每个case下方暂时不添加任何代码。

（4）设置底部被选中按钮对应的界面

当点击底部导航栏界面中的任意一个按钮时，底部导航栏界面中间都需要显示对应的视图。为了实现这个效果，我们需要在MainActivity中创建selectDisplayView()方法，用于设置底部按钮被选中时，界面中间部分显示的视图，具体代码如下所示。

```
1   /**
2    * 设置底部按钮被选中时对应的界面中间部分视图
3    */
4   private void selectDisplayView(int index) {
5       // 隐藏所有视图
6       hideAllView();
7       // 创建被选中按钮对应的视图
8       createView(index);
9       // 设置被选中按钮的选中状态
10      setSelectedStatus(index);
11  }
```

上述代码中，第4~11行代码创建了selectDisplayView()方法，该方法用于设置底部按钮被选中时，界面中间部分显示的视图。selectDisplayView()方法中传递的参数index的值有3个，分别是0、1、2，其中0表示“课程”按钮被选中，1表示“习题”按钮被选中，2表示“我”的按钮被选中。为了避免在切换底部按钮对应的视图过程中，原来的视图还处于显示状态，所以在selectDisplayView()方法中首先调用hideAllView()方法将底部3个按钮对应的视图全部设置为隐藏状态，其次调用createView()方法创建被选中按钮对应的视图，最后调用setSelectedStatus()方法设置按钮被选中的状态。

（5）实现界面控件的点击事件功能

由于底部导航栏界面中的3个按钮都需要设置点击事件，所以需要将MainActivity实现OnClickListener接口，并实现该接口中的onClick()方法，在onClick()方法中实现“课程”按钮、“习题”按钮和“我”的按钮的点击事件，具体代码如文件4-4所示。

【文件4-4】MainActivity.java

```
package com.boxuegu.activity;
......
public class MainActivity extends AppCompatActivity implements
View.OnClickListener {
    ......
    @Override
    protected void onCreate(Bundle savedInstanceState) {
        super.onCreate(savedInstanceState);
        setContentView(R.layout.activity_main);
        ......
        setListener();                  //设置按钮的点击事件的监听器
        selectDisplayView(0);           //显示课程界面
    }
    ......
    /**
     * 设置底部 3 个按钮的点击事件的监听器
     */
    private void setListener() {
        for(int i = 0; i < mBottomLayout.getChildCount(); i++) {
            mBottomLayout.getChildAt(i).setOnClickListener(this);
        }
    }
    @Override
    public void onClick(View v) {
        switch(v.getId()) {
            //"课程"按钮的点击事件
            case R.id.bottom_bar_course_btn:
                setNotSelectedStatus();
                selectDisplayView(0);
                break;
            //"习题"按钮的点击事件
            case R.id.bottom_bar_exercises_btn:
                setNotSelectedStatus();
                selectDisplayView(1);
                break;
            //"我"的按钮的点击事件
            case R.id.bottom_bar_myinfo_btn:
                setNotSelectedStatus();
                selectDisplayView(2);
                break;
            default:
                break;
        }
    }
    ......
}
```

上述代码中，第11行代码调用selectDisplayView(0)方法用于实现启动程序后，程序显示课程界面信息。

第17~21行代码创建了setListener()方法，在该方法中首先通过for循环语句遍历布局mBottomLayout中的3个按钮控件，然后调用setOnClickListener()方法设置底部导航栏界面中的3个按钮的点击事件的监听器。

第22~43行代码重写了onClick()方法，该方法用于实现“课程”按钮、“习题”按钮和“我”的按钮控件的点击事件。其中，第26~29行代码实现了“课程”按钮的点击事件，在该段代码中首先调用setNotSelectedStatus()方法将底部3个按钮的状态全部设置为未被选中的状态，然后调用selectDisplayView(0)方法将“课程”按钮对应的视图显示在底部导航栏界面的中间位置。第31~34行与第36~39行代码分别实现了“习题”按钮与“我”的按钮的点击事件，这2个按钮的点击事件与“课程”按钮的点击事件类似，此处不再重复描述。

（6）获取登录状态

由于在退出博学谷程序时，需要判断当前的用户是否为登录状态，所以需要创建一个readLoginStatus()方法，在该方法中实现获取登录状态的功能。由于获取登录状态的方法在其他地方也需要使用，所以为了减少程序中代码的冗余，将readLoginStatus()方法创建在工具类UtilsHelper中，具体代码如下所示。

```
public static boolean readLoginStatus(Context context) {
    SharedPreferences sp = context.getSharedPreferences("loginInfo",
                                                    Context.MODE_PRIVATE);
    boolean isLogin = sp.getBoolean("isLogin", false);
    return isLogin;
}
```

（7）清除登录状态与用户名

当退出博学谷程序时，如果用户处于登录状态，此时需要清除用户的登录状态与用户名信息，也就是实现退出登录功能，所以需要创建一个clearLoginStatus()方法，在该方法中实现清除登录状态与用户名的功能。清除登录状态与用户名的方法在其他地方也需要使用，为了避免程序中代码的冗余，将clearLoginStatus()方法创建在工具类UtilsHelper中，具体代码如下所示。

```
1 public static void clearLoginStatus(Context context) {
2     SharedPreferences sp = context.getSharedPreferences("loginInfo",
3                                                     Context.MODE_PRIVATE);
4     SharedPreferences.Editor editor = sp.edit(); //获取编辑器
5     editor.putBoolean("isLogin", false);         //清除登录状态
6     editor.putString("loginUserName", "");              //清除登录时的用户名
7     editor.commit();                                    //提交修改
8 }
```

上述代码中，第2~7行代码首先调用getSharedPreferences()方法获取SharedPreferences类的对象sp，其次调用edit()方法获取SharedPreferences文件的编辑器对象editor，然后调用putBoolean()方法与putString()方法将登录状态设置为false，用户名设置为空，最后调用commit()方法覆盖SharedPreferences文件中原有的信息，也就是清除登录状态与登录用户名信息。

（8）实现退出博学谷程序的功能

当第一次点击设备上的返回键时，程序会提示用户“再按一次退出博学谷”。当第二次点

击返回键的时间与第一次点击返回键的时间间隔大于2秒时，程序会再次提示用户“再按一次退出博学谷”。如果两次点击的时间间隔小于2秒，则程序会直接退出博学谷程序。在退出程序的之前，程序会检测用户此时是否为登录状态，如果是，则程序会退出登录，否则，程序不做任何处理。为了实现点击设备上的返回键退出博学谷程序的功能，我们需要在MainActivity中重写onKeyDown()方法，当用户点击返回键时，程序会调用onKeyDown()方法实现退出博学谷程序的功能，具体代码如下所示。

```
1  protected long exitTime;// 记录第一次点击时的时间
2  @Override
3  public boolean onKeyDown(int keyCode, KeyEvent event) {
4        if(keyCode == KeyEvent.KEYCODE_BACK && event.getAction() ==
         KeyEvent.ACTION_DOWN) {
5            if((System.currentTimeMillis() - exitTime) > 2000) {
6                Toast.makeText(MainActivity.this, "再按一次退出博学谷",
7                                                  Toast.LENGTH_SHORT).show();
8                exitTime = System.currentTimeMillis(); // 记录当前点击返回键的时间
9            } else {
10               MainActivity.this.finish();
11               if(UtilsHelper.readLoginStatus(MainActivity.this)) {
12                   // 清除登录状态与用户名
13                   UtilsHelper.clearLoginStatus(MainActivity.this);
14               }
15               System.exit(0);
16           }
17           return true;
18       }
19       return super.onKeyDown(keyCode, event);
20 }
```

上述代码中，第1行代码定义了一个long类型的变量exitTime，该变量用于记录第一次点击设备上的返回键时的时间。

第4行代码通过if条件语句首先判断传递的参数keyCode的值是否为KeyEvent.KEYCODE_BACK，该值表示用户当前点击的是设备上的返回键，然后判断event.getAction()方法的值是否为KeyEvent.ACTION_DOWN，该值表示按键被按下事件。当if条件语句中的条件同时成立时，就说明当前设备的返回键正处于被按下的状态。

第5~9行代码通过if条件语句判断当前时间与第一次点击设备上返回键的时间之差是否大于2秒，如果大于2秒，则程序首先调用Toast提示用户“再按一次退出博学谷”，然后调用System.currentTimeMillis()方法获取当前点击返回键时的时间，将该时间存放在变量exitTime中。

第9~16行代码主要用于处理当两次点击返回键的时间间隔小于2秒时的逻辑。当两次点击返回键的时间间隔小于2秒时，程序首先会调用finish()方法关闭底部导航栏界面，然后调用readLoginStatus()方法判断当前用户是否为登录状态，如果为登录状态，则程序需要调用clearLoginStatus()方法实现用户退出登录的功能，否则，程序不做任何处理。最后调用exit()方法退出博学谷程序。

【任务4-4】实现“我”的界面功能

【任务分析】

当程序进入“我”的界面时，首先会判断用户是否登录，如果用户已登录，则“我”的界面中会显示登录的用户名信息，否则“我”的界面中的用户名控件上会显示“点击登录”信息。当用户已登录时，点击用户默认头像或用户名，程序会跳转到个人资料界面；点击播放记录条目，程序会跳转到播放记录界面；点击设置条目，程序会跳转到设置界面。当用户未登录时，点击默认头像或“点击登录”信息，程序会跳转到登录界面；点击播放记录条目或设置条目时，程序会提示用户“您还未登录，请先登录”。

【任务实施】

（1）创建MyInfoView类

选中com.boxuegu包，在该包中创建一个view包，在view包中创建MyInfoView类。

（2）获取登录时的用户名

由于“我”的界面需要显示登录时的用户名，所以需要创建一个readLoginUserName()方法，在该方法中实现从SharedPreferences文件中获取登录时的用户名的功能。由于获取登录时的用户名的方法在其他地方也需要使用，所以将readLoginUserName()方法创建在工具类UtilsHelper中，具体代码如下所示。

```
public static String readLoginUserName(Context context){
    SharedPreferences sp=context.getSharedPreferences("loginInfo",
                                                       Context.MODE_PRIVATE);
    String userName=sp.getString("loginUserName", "");// 获取登录时的用户名
    return userName;
}
```

（3）初始化界面控件

当程序进入“我”的界面时，首先需要获取界面控件，然后根据用户是否已登录来显示用户名信息或“点击登录”的文本信息，所以需要在MyInfoView类中创建initView()方法与setLoginParams()方法，这2个方法分别用于获取界面控件与设置界面中的用户名信息，具体代码如文件4-5所示。

【文件4-5】MyInfoView.java

```
package com.boxuegu.view;
......
public class MyInfoView {
    public ImageView iv_head_icon;
    private LinearLayout ll_head;
    private RelativeLayout rl_course_history, rl_setting;
    private TextView tv_user_name;
    private Activity mContext;
    private LayoutInflater mInflater;
    private View mCurrentView;
    private boolean isLogin = false; // 记录登录状态
    public MyInfoView(Activity context) {
        mContext = context;
        mInflater = LayoutInflater.from(mContext);
```

```
15     }
16     private void initView() {
17         mCurrentView = mInflater.inflate(R.layout.main_view_myinfo, null);
18         ll_head = mCurrentView.findViewById(R.id.ll_head);
19         iv_head_icon = mCurrentView.findViewById(R.id.iv_head_icon);
20         rl_course_history = mCurrentView.findViewById(R.id.rl_course_history);
21         rl_setting = mCurrentView.findViewById(R.id.rl_setting);
22         tv_user_name = mCurrentView.findViewById(R.id.tv_user_name);
23         mCurrentView.setVisibility(View.VISIBLE);
24         setLoginParams(isLogin);// 设置登录时界面控件的显示信息
25     }
26     /**
27      * 设置 " 我 " 的界面中用户名控件的显示信息
28      */
29     public void setLoginParams(boolean isLogin) {
30         if(isLogin) {
31             tv_user_name.setText(UtilsHelper.readLoginUserName(mContext));
32         } else {
33             tv_user_name.setText(" 点击登录 ");
34         }
35     }
36 }
```

上述代码中，第14行代码通过调用from()方法获取LayoutInflater类的对象mInflater，便于后续加载布局文件时使用。

第16~25行代码创建了一个initView()方法，该方法用于初始化界面控件。在initView()方法中首先调用inflate()方法加载“我”的界面的布局文件main_view_myinfo.xml，然后调用findViewById()方法获取“我”的界面的控件，最后先后调用setVisibility()方法与setLoginParams()方法，这2个方法分别用于显示“我”的界面的布局与界面中用户名控件的显示信息。

第29~35行代码创建了一个setLoginParams()方法，该方法用于设置“我”的界面中用户名控件的显示信息。在setLoginParams()方法中首先通过if条件语句判断变量isLogin的值是否为true，如果为true，表示当前用户处于登录状态，程序会调用setText()方法将用户名显示到界面控件tv_user_name上，否则，当前用户处于未登录状态，程序会调用setText()方法将“点击登录”信息显示到界面控件tv_user_name上。

（4）实现界面控件的点击事件

由于“我”的界面的默认头像、用户名或点击登录、播放记录条目和设置条目都需要实现点击功能，所以需要将MyInfoView类实现OnClickListener接口，并实现该接口中的onClick()方法，在onClick()方法中实现界面控件的点击事件，具体代码如文件4-6所示。

【文件4-6】MyInfoView.java

```
package com.boxuegu.view;
......
public class MyInfoView implements View.OnClickListener {
    ......
    private void initView() {
```

```
6           ......
7           ll_head.setOnClickListener(this);
8           rl_course_history.setOnClickListener(this);
9           rl_setting.setOnClickListener(this);
10      }
11      ......
12      @Override
13      public void onClick(View view) {
14          switch(view.getId()) {
15              case R.id.ll_head:
16                  if(UtilsHelper.readLoginStatus(mContext)) {
17                      //跳转到个人资料界面
18                  } else {
19                      //跳转到登录界面
20                      Intent intent = new Intent(mContext, LoginActivity.class);
21                      mContext.startActivityForResult(intent, 1);
22                  }
23                  break;
24              case R.id.rl_course_history:
25                  if(UtilsHelper.readLoginStatus(mContext)) {
26                      //跳转到播放记录界面
27                  } else {
28                      Toast.makeText(mContext, "您还未登录，请先登录",
29                                              Toast.LENGTH_SHORT).show();
30                  }
31                  break;
32              case R.id.rl_setting:
33                  if(UtilsHelper.readLoginStatus(mContext)) {
34                      //跳转到设置界面
35                  } else {
36                      Toast.makeText(mContext, "您还未登录，请先登录",
37                                              Toast.LENGTH_SHORT).show();
38                  }
39                  break;
40          }
41      }
42  }
```

上述代码中，第7~9行代码通过调用setOnClickListener()方法分别设置默认头像与用户名的布局、播放记录条目和设置条目的点击事件的监听器。

第15~23行代码实现了用户默认头像与用户名的布局的点击事件。点击用户默认头像与用户名的布局，程序会首先通过if条件语句判断UtilsHelper.readLoginStatus(mContext)的值是否为true，如果为true，表示用户当前处于登录状态，此时程序需要跳转到个人资料界面，由于该界面暂未创建，所以此处暂时不添加跳转代码。如果UtilsHelper.readLoginStatus(mContext)的值为false，表示用户当前处于未登录状态，此时程序需要调用startActivityForResult()方法跳转到登录界面。

第24~31行代码实现了播放记录条目的点击事件。点击播放记录条目，程序首先会判断UtilsHelper.readLoginStatus(mContext)的值是否为true，如果为true，则跳转到播放记录界面（此界面暂未创建），否则调用Toast类提示用户“您还未登录，请先登录”。

第32~39行代码实现了设置条目的点击事件。点击设置条目，程序首先会判断UtilsHelper.readLoginStatus(mContext)的值是否为true，如果为true，则跳转到设置界面（此界面暂未创建），否则调用Toast类提示用户“您还未登录，请先登录”。

（5）获取与显示“我”的界面

由于底部导航栏上方需要显示“我”的界面，所以需要在MyInfoView类中创建getView()方法与showView()方法分别获取与显示“我”的界面，具体代码如下所示。

```
public View getView() {
    //获取用户登录状态
    isLogin = UtilsHelper.readLoginStatus(mContext);
    if(mCurrentView == null) {
      initView();//初始化界面控件
    }
    return mCurrentView;
}
public void showView() {
    if(mCurrentView == null) {
        initView();//初始化界面控件
    }
    mCurrentView.setVisibility(View.VISIBLE);//设置"我"的界面为显示状态
}
```

（6）将“我”的界面加载到底部导航栏界面中

为了点击底部导航栏中“我”的按钮时，程序会将“我”的界面显示在底部导航栏上方，我们需要在MainActivity中找到createView()方法，在该方法中将“我”的界面显示在底部导航栏上方。在createView()方法中的注释“//我的界面”下方添加显示“我”的界面的代码，具体代码如下所示。

```
public class MainActivity extends AppCompatActivity implements View.
OnClickListener {
    private MyInfoView mMyInfoView;
    ......
    private void createView(int viewIndex) {
        switch(viewIndex) {
            ......
            case 2:
                //"我"的界面
                if(mMyInfoView == null) {
                  mMyInfoView = new MyInfoView(this);
                  // 加载"我"的界面
                  mBodyLayout.addView(mMyInfoView.getView());}
                else {
```

```
                    mMyInfoView.getView();                  // 获取"我"的界面
                }
                mMyInfoView.showView();                     // 显示"我"的界面
                break;
            }
        }
        ......
    }
```

（7）显示用户名到“我”的界面上

当用户登录成功或退出登录时，程序需要根据此时的登录状态设置“我”的界面上用户名控件显示的内容。当用户登录成功时，用户名控件上需要显示登录的用户名；当用户退出登录时，用户名控件上需要显示“点击登录”信息。为了显示“我”的界面中的用户名信息，我们需要找到程序中的MainActivity，在MainActivity中重写onActivityResult()方法，在该方法中接收设置界面（4.2小节创建该界面）与登录界面回传过来登录信息，从而设置“我”的界面中用户名控件上的文本信息，具体代码如下所示。

```
1  @Override
2  protected void onActivityResult(int requestCode, int resultCode, Intent data) {
3      super.onActivityResult(requestCode, resultCode, data);
4      if(data!=null){
5          //获取从设置界面或登录界面传递过来的登录状态
6          boolean isLogin=data.getBooleanExtra("isLogin",false);
7          if(isLogin){//登录成功时显示课程界面
8              setNotSelectedStatus();
9              selectDisplayView(0);
10         }
11         if(mMyInfoView != null) {
12             //登录成功或退出登录时根据 isLogin 的值设置"我"的界面
13             mMyInfoView.setLoginParams(isLogin);
14         }
15     }
16 }
```

上述代码中，第6行代码通过调用getBooleanExtra()方法获取从设置界面或登录界面传递过来的登录状态isLogin的值。

第7~10行代码用于判断用户登录成功时，程序需要显示课程界面的操作。该段代码中的变量isLogin的值为true时，则表示用户当前处于登录状态，此时程序会调用setNotSelectedStatus()方法与selectDisplayView(0)方法显示课程界面。

第13行代码调用setLoginParams()方法并根据登录状态isLogin的值设置“我”的界面上用户名控件的文本信息。

4.2　设置功能业务的实现

任务综述

根据设置界面的效果图可知，设置界面主要用于展示标题栏、修改密码条目、设置密保条目和退出登录条目。当点击修改密码条目与设置密保条目时，程序会跳转到条目对应的界面；当点击退出登录条目时，程序会退出当前登录的账号，并关闭设置界面。

【知识点】

- ImageView控件、TextView控件；
- SharedPreferences类；
- setResult()方法。

【技能点】

- 搭建与设计设置界面的布局；
- 清除SharedPreferences文件中的数据；
- 通过setResult()方法实现界面间的数据回传功能；
- 实现博学谷程序的退出登录功能。

【任务4-5】搭建设置界面布局

【任务分析】

根据任务综述可知，设置界面中需要展示1个标题栏和3个条目，其中3个条目分别是修改密码条目、设置密保条目和退出登录条目，修改密码条目和设置密保条目右侧都需要显示一个箭头图标，该箭头图标用于提示用户点击条目时，程序可以跳转到其他界面。设置界面的效果如图4-3所示。

图4-3　设置界面

【任务实施】

（1）创建设置界面

在com.boxuegu.activity包中创建一个SettingActivity，并将其布局文件名指定为activity_setting。

（2）添加界面控件

在activity_setting.xml布局文件中，首先通过<include />标签将main_title_bar.xml（标题栏）引入，然后添加5个View控件，用于显示5条灰色分割线；添加2个ImageView控件，用于显示条目右侧的箭头图标；添加3个TextView控件分别用于显示界面的修改密码、设置密保和退出登录文本信息，具体代码如文件4-7所示。

【文件4-7】activity_setting.xml

```
<?xml version="1.0" encoding="utf-8"?>
<LinearLayout xmlns:android="http://schemas.android.com/apk/res/android"
    android:layout_width="match_parent"
    android:layout_height="match_parent"
    android:background="@android:color/white"
    android:orientation="vertical">
    <include layout="@layout/main_title_bar" />
    <View
        style="@style/vMyinfoStyle"
        android:layout_marginTop="15dp" />
    <!-- 修改密码条目 -->
    <RelativeLayout
        android:id="@+id/rl_modify_psw"
        style="@style/rlMyinfoStyle">
        <TextView
            style="@style/tvMyinfoStyle"
            android:text=" 修改密码 " />
        <ImageView style="@style/ivMyinfoRightStyle" />
    </RelativeLayout>
    <View style="@style/vMyinfoStyle" />
    <!-- 设置密保条目 -->
    <RelativeLayout
        android:id="@+id/rl_security_setting"
        style="@style/rlMyinfoStyle">
        <TextView
            style="@style/tvMyinfoStyle"
            android:text=" 设置密保 " />
        <ImageView style="@style/ivMyinfoRightStyle" />
    </RelativeLayout>
    <View style="@style/vMyinfoStyle" />
    <View
        style="@style/vMyinfoStyle"
        android:layout_marginTop="15dp" />
    <!-- 退出登录条目 -->
    <RelativeLayout
```

```
        android:id="@+id/rl_exit_login"
        style="@style/rlMyinfoStyle">
        <TextView
            style="@style/tvMyinfoStyle"
            android:text=" 退出登录 " />
    </RelativeLayout>
    <View style="@style/vMyinfoStyle" />
</LinearLayout>
```

【任务4-6】实现设置界面功能

【任务分析】

当点击设置界面中的修改密码条目时，程序会跳转到修改密码界面；当点击设置密保条目时，程序会跳转到设置密保界面；当点击退出登录条目时，程序会清除登录状态与用户名，并将退出登录的状态传递到底部导航栏界面中，同时关闭设置界面。

【任务实施】

（1）初始化界面控件

由于设置界面在显示文本信息和实现界面中控件的点击事件之前，需要首先获取界面中的控件，才可以对其进行设置文本和实现点击事件的操作，所以我们需要在SettingActivity中创建init()方法，用于获取界面中的控件并设置标题栏的标题和背景颜色，具体代码如文件4-8所示。

【文件4-8】SettingActivity.java

```
package com.boxuegu.activity;
......
public class SettingActivity extends AppCompatActivity {
    private TextView tv_main_title;
    private TextView tv_back;
    private RelativeLayout rl_title_bar;
    private RelativeLayout rl_modify_psw, rl_security_setting, rl_exit_login;
    public static SettingActivity instance=null;
    @Override
    protected void onCreate(Bundle savedInstanceState) {
        super.onCreate(savedInstanceState);
        setContentView(R.layout.activity_setting);
        instance = this;
        init();
    }
    private void init() {
        tv_main_title = findViewById(R.id.tv_main_title);
        tv_main_title.setText(" 设置 ");
        tv_back = findViewById(R.id.tv_back);
        rl_title_bar = findViewById(R.id.title_bar);
        rl_title_bar.setBackgroundColor(Color.parseColor("#30B4FF"));
        rl_modify_psw = findViewById(R.id.rl_modify_psw);
        rl_security_setting = findViewById(R.id.rl_security_setting);
```

```
        rl_exit_login = findViewById(R.id.rl_exit_login);
    }
}
```

（2）实现界面控件的点击事件

由于设置界面中的“返回”按钮、修改密码条目、设置密保条目和退出登录条目都需要实现点击功能，所以将SettingActivity实现OnClickListener接口，并实现该接口中的onClick()方法，在onClick()方法中实现界面控件的点击事件，具体代码如文件4-9所示。

【文件4-9】SettingActivity.java

```
package com.boxuegu.activity;
......
public class SettingActivity extends AppCompatActivity implements
                                                   View.OnClickListener {
    ......
    private void init() {
        ......
        tv_back.setOnClickListener(this);
        rl_modify_psw.setOnClickListener(this);
        rl_security_setting.setOnClickListener(this);
        rl_exit_login.setOnClickListener(this);
    }
    @Override
    public void onClick(View view) {
        switch(view.getId()) {
            case R.id.tv_back:
                this.finish();
                break;
            case R.id.rl_modify_psw:
                //跳转到修改密码界面
                break;
            case R.id.rl_security_setting:
                //跳转到设置密保界面
                break;
            case R.id.rl_exit_login:
                Toast.makeText(SettingActivity.this, "退出登录成功",
                                             Toast.LENGTH_SHORT).show();
                //清除登录状态和登录时的用户名
                UtilsHelper.clearLoginStatus(SettingActivity.this);
                Intent data = new Intent();
                data.putExtra("isLogin", false);
                setResult(RESULT_OK, data);
                SettingActivity.this.finish();
                break;
        }
    }
}
```

上述代码中，第8~11行调用setOnClickListener()方法分别设置"返回"按钮、修改密码条目、设置密保条目和退出登录条目的点击事件的监听器。

第19~21行代码实现了修改密码条目的点击事件，当点击修改密码条目时，程序会跳转到修改密码界面，由于此界面暂时未创建，所以此处暂不添加跳转到修改密码界面的逻辑代码。

第22~24行代码实现了设置密保条目的点击事件，当点击设置密保条目时，程序会跳转到设置密保界面，由于此界面暂时未创建，所以此处暂不添加跳转到设置密保界面的逻辑代码。

第25~34行代码实现了退出登录条目的点击事件。点击退出登录条目，程序首先会调用makeText()方法提示用户"退出登录成功"，其次调用clearLoginStatus()方法清除SharedPreferences文件中的登录状态和用户名信息，然后调用putExtra()方法将退出登录的状态值false封装到Intent类的对象data中，并调用setResult()方法将对象data回传到底部导航栏界面（MainActivity）中，便于在MainActivity中根据回传的登录状态更新"我"的界面中的用户名信息，最后调用finish()方法关闭设置界面。

（3）添加跳转到设置界面的逻辑代码

由于点击"我"的界面中的设置条目，程序会跳转到设置界面，所以需要在程序中找到MyInfoView类的onClick()方法，在该方法中的注释"//跳转到设置界面"下方添加跳转到设置界面的逻辑代码，具体代码如下所示。

```
Intent intent=new Intent(mContext,SettingActivity.class);
mContext.startActivityForResult(intent,1);
```

4.3 修改密码功能业务的实现

任务综述

修改密码界面用于让用户能够在必要情况下修改自己的登录密码，保证用户信息的安全性。修改密码界面包含了3个输入框和1个"保存"按钮，3个输入框分别是用户的原始密码、新密码和再次输入新密码输入框。当点击"保存"按钮时，如果用户输入的原始密码与登录密码相同，输入的新密码与原始密码不相同，输入的新密码与再次输入的新密码相同，满足这3个条件后，密码才能修改成功，否则，密码修改失败。

【知识点】

- EditText控件、Button控件；
- SharedPreferences类。

【技能点】

- 搭建与设计修改密码界面的布局；
- 修改SharedPreferences文件中的数据；
- 实现修改密码功能。

【任务4-7】搭建修改密码界面布局

【任务分析】

修改密码界面主要用于展示标题栏、原始密码输入框、新密码输入框、再次输入新密码输入框和“保存”按钮，修改密码界面的效果如图4-4所示。

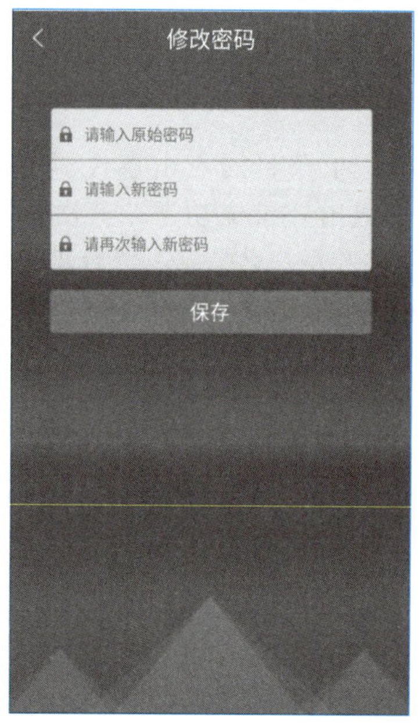

图4-4　修改密码界面

【任务实施】

（1）创建修改密码界面

在com.boxuegu.activity包中创建一个ModifyPswActivity，并将其布局文件名指定为activity_modify_psw。

（2）添加界面控件

在activity_modify_psw.xml布局文件中，首先通过<include />标签将main_title_bar.xml（标题栏）引入，然后添加3个EditText控件分别用于显示原始密码输入框、新密码输入框和再次输入新密码输入框，添加1个Button控件用于显示“保存”按钮，具体代码如文件4-10所示。

【文件4-10】activity_modify_psw.xml

```
<?xml version="1.0" encoding="utf-8"?>
<LinearLayout xmlns:android="http://schemas.android.com/apk/res/android"
    android:layout_width="match_parent"
    android:layout_height="match_parent"
    android:background="@drawable/register_bg"
    android:orientation="vertical">
    <include layout="@layout/main_title_bar" />
    <!-- 原始密码输入框 -->
    <EditText
        android:id="@+id/et_original_psw"
```

```
            style="@style/etRegisterStyle"
            android:layout_marginTop="35dp"
            android:background="@drawable/register_user_name_bg"
            android:drawableLeft="@drawable/psw_icon"
            android:hint=" 请输入原始密码 " />
        <!-- 新密码输入框 -->
        <EditText
            android:id="@+id/et_new_psw"
            style="@style/etRegisterStyle"
            android:background="@drawable/register_psw_bg"
            android:drawableLeft="@drawable/psw_icon"
            android:hint=" 请输入新密码 "
            android:inputType="textPassword" />
        <!-- 再次输入新密码输入框 -->
        <EditText
            android:id="@+id/et_new_psw_again"
            style="@style/etRegisterStyle"
            android:background="@drawable/register_psw_again_bg"
            android:drawableLeft="@drawable/psw_icon"
            android:drawablePadding="10dp"
            android:hint=" 请再次输入新密码 "
            android:inputType="textPassword" />
        <!--" 保存 " 按钮 -->
        <Button
            android:id="@+id/btn_save"
            style="@style/btnRegisterStyle"
            android:text=" 保存 " />
</LinearLayout>
```

【任务4-8】实现修改密码界面功能

【任务分析】

根据修改密码界面的效果图可知，修改密码界面需要输入原始密码、新密码和再次输入新密码信息。输入的这些信息中，如果满足了修改密码的判断条件，则程序会提示用户“修改密码成功”，然后将SharedPreferences文件中保存的原始密码替换为新密码。

【任务实施】

（1）初始化界面控件

由于修改密码界面在显示文本信息和实现界面中控件的点击事件之前，需要首先获取界面中的控件，才可以对其进行设置文本和实现点击事件的操作，所以需要在ModifyPswActivity中创建init()方法，用于获取界面中的控件并设置标题栏的标题和背景颜色，具体代码如文件4-11所示。

【文件4-11】ModifyPswActivity.java

```
package com.boxuegu.activity;
......
public class ModifyPswActivity extends AppCompatActivity {
```

```
    private TextView tv_main_title;
    private TextView tv_back;
    private EditText et_original_psw,et_new_psw,et_new_psw_again;
    private Button btn_save;
    @Override
    protected void onCreate(Bundle savedInstanceState) {
        super.onCreate(savedInstanceState);
        setContentView(R.layout.activity_modify_psw);
        init();
    }
    private void init(){
        tv_main_title= findViewById(R.id.tv_main_title);
        tv_main_title.setText("修改密码");
        tv_back= findViewById(R.id.tv_back);
        et_original_psw= findViewById(R.id.et_original_psw);
        et_new_psw= findViewById(R.id.et_new_psw);
        et_new_psw_again= findViewById(R.id.et_new_psw_again);
        btn_save= findViewById(R.id.btn_save);
    }
}
```

（2）实现界面控件的点击事件

由于设置界面中的“返回”按钮和“保存”按钮都需要实现点击功能，所以需要将ModifyPswActivity实现OnClickListener接口，并实现该接口中的onClick()方法，在onClick()方法中实现界面控件的点击事件，具体代码如文件4-12所示。

【文件4-12】ModifyPswActivity.java

```
package com.boxuegu.activity;
......
public class ModifyPswActivity extends AppCompatActivity implements
                                                        View.OnClickListener {
    ......
    private String originalPsw, newPsw, newPswAgain;
    private String spOriginalPsw, userName;
    @Override
    protected void onCreate(Bundle savedInstanceState) {
        ......
        userName = UtilsHelper.readLoginUserName(this);
        spOriginalPsw = UtilsHelper.readPsw(this, userName);
    }
    private void init() {
        ......
        tv_back.setOnClickListener(this);
        btn_save.setOnClickListener(this);
    }
    @Override
    public void onClick(View view) {
```

```
        switch(view.getId()) {
            case R.id.tv_back:
                ModifyPswActivity.this.finish();
                break;
            case R.id.btn_save:
                getEditString();
                if(TextUtils.isEmpty(originalPsw)) {
                    Toast.makeText(ModifyPswActivity.this, "请输入原始密码",
                    Toast.LENGTH_SHORT).show();
                    return;
                } else if(!MD5Utils.md5(originalPsw).equals(spOriginalPsw)) {
                    Toast.makeText(ModifyPswActivity.this, "输入的密码与原
                    始密码不相同",Toast.LENGTH_SHORT).show();
                    return;
                } else if(MD5Utils.md5(newPsw).equals(spOriginalPsw)) {
                    Toast.makeText(ModifyPswActivity.this, "输入的新密码与
                    原始密码不能相同",Toast.LENGTH_SHORT).show();
                    return;
                } else if(TextUtils.isEmpty(newPsw)) {
                    Toast.makeText(ModifyPswActivity.this, "请输入新密码",
                    Toast.LENGTH_SHORT).show();
                    return;
                } else if(TextUtils.isEmpty(newPswAgain)) {
                    Toast.makeText(ModifyPswActivity.this, "请再次输入新密
                    码",Toast.LENGTH_SHORT).show();
                    return;
                } else if (!newPsw.equals(newPswAgain)) {
                    Toast.makeText(ModifyPswActivity.this, "两次输入的新密
                    码不一致",Toast.LENGTH_SHORT).show();
                    return;
                } else {
                    Toast.makeText(ModifyPswActivity.this, "新密码设置成功",
                    Toast.LENGTH_SHORT).show();
                    //保存新密码到 SharedPreferences 文件中
                    UtilsHelper.saveUserInfo(ModifyPswActivity.this,
                    userName, newPsw);
                    Intent intent = new Intent(ModifyPswActivity.this,
                    LoginActivity.class);
                    startActivity(intent);
                    SettingActivity.instance.finish(); //关闭设置界面
                    ModifyPswActivity.this.finish(); //关闭修改密码界面
                }
                break;
        }
    }
    /**
     * 获取界面输入框控件上的字符串
```

```
68      */
69     private void getEditString() {
70         originalPsw = et_original_psw.getText().toString().trim();
71         newPsw = et_new_psw.getText().toString().trim();
72         newPswAgain = et_new_psw_again.getText().toString().trim();
73     }
74 }
```

上述代码中，第11~12行代码先后调用readLoginUserName()方法和readPsw()方法，分别用于获取SharedPreferences文件中的登录用户名和密码。

第16、17行代码通过调用setOnClickListener()方法设置“返回”按钮和“保存”按钮的点击事件的监听器。

第19~65行代码重写了onClick()方法，在该方法中实现了“返回”按钮和“保存”按钮的点击事件。其中第22~24行代码实现了“返回”按钮的点击事件，点击“返回”按钮，程序会调用finish()方法关闭修改密码界面。

第25~63行代码实现了“保存”按钮的点击事件。当点击“保存”按钮时，程序首先会判断界面输入框中输入的信息是否符合要求，如果界面输入的信息符合要求后，程序会执行第51~62行代码实现修改密码的功能。在第51~62行代码中，程序首先调用makeText()方法提示用户“新密码设置成功”，其次调用saveUserInfo()方法将新密码保存到SharedPreferences文件中，然后调用startActivity()方法跳转到登录界面，最后调用finish()方法分别关闭设置界面和修改密码界面。

（3）添加跳转到修改密码界面的逻辑代码

为了点击设置界面中的修改密码条目，程序会跳转到修改密码界面，我们需要在程序的SettingActivity中找到onClick()方法，在该方法中的注释“//跳转到修改密码界面”下方添加跳转到修改密码界面的逻辑代码，具体代码如下所示。

```
Intent intent=new Intent(SettingActivity.this,ModifyPswActivity.class);
startActivity(intent);
```

4.4 设置密保与找回密码功能业务的实现

任务综述

根据设置密保和找回密码界面的效果图可知，设置密保界面主要用于输入要设为密保的姓名信息，输入密保信息后，用户点击界面上的“保存”按钮，程序会提示用户“密保设置成功”。设置成功的密保主要用于后续找回密码时使用。找回密码界面主要用于输入用户名和密保姓名信息，输入这些信息后，用户点击界面上的“验证”按钮，程序会根据用户输入的用户名和密保信息将该用户的密码重置为初始密码“Czy34@com”。设置密保界面与找回密码界面中的控件相同的较多，所以将这两个界面使用同一个Activity与布局文件来实现。

需要注意的是，实际开发中找回密码时使用的密保信息为手机号或邮箱账号，通过手机号获取验证码的方式或邮箱账号收取邮件的方式来获取初始密码。为了教学方便，简化了设置的密保信息，以用户输入的姓名作为密保信息来找回初始密码。

【知识点】

- EditText控件、TextView控件、Button控件；
- SharedPreferences类。

【技能点】

- 搭建与设计设置密保和找回密码界面的布局；
- 获取和修改SharedPreferences文件中的数据；
- 实现设置密保功能；
- 实现找回密码功能。

【任务4-9】搭建设置密保界面与找回密码界面布局

【任务分析】

设置密保界面主要用于展示“您的姓名是？”文本、姓名信息的输入框和“保存”按钮。找回密码界面主要用于展示“您的用户名是？”文本、用户名信息的输入框、“您的姓名是？”文本、姓名信息的输入框和“验证”按钮，设置密保界面和找回密码界面的效果如图4-5所示。

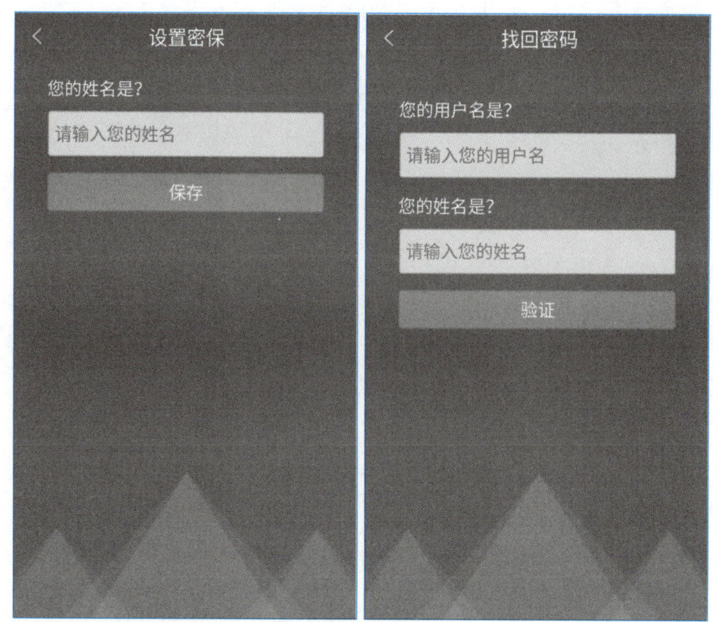

图4-5　设置密保界面和找回密码界面

【任务实施】

（1）创建设置密保界面和找回密码界面

在com.boxuegu.activity包中创建一个FindPswActivity，并将其布局文件名指定为activity_find_psw。

（2）导入界面图片

将设置密保界面与找回密码界面所需要的图片find_psw_icon.png导入到程序中的drawable-hdpi文件夹中。

（3）创建找回密码界面文本的样式tvFindPswStyle

设置密保界面与找回密码界面的文本信息是使用TextView控件显示的，这些TextView控件的宽度、高度、与父窗体左边的距离、与父窗体右边的距离、文本颜色和文本大小都是一致的，为了减少程序中代码的冗余，我们需要将这些样式代码抽取出来单独放在名为tvFindPswStyle的样式中。在程序的res/values/styles.xml文件中创建一个名为tvFindPswStyle的样式，具体代码如下所示。

```
<style name="tvFindPswStyle">
    <item name="android:layout_width">match_parent</item>
    <item name="android:layout_height">wrap_content</item>
    <item name="android:layout_marginLeft">35dp</item>
    <item name="android:layout_marginRight">35dp</item>
    <item name="android:textColor">@android:color/white</item>
    <item name="android:textSize">18sp</item>
</style>
```

（4）添加界面控件

在activity_find_psw.xml布局文件中，首先通过<include />标签将main_title_bar.xml（标题栏）引入，然后添加2个EditText控件，分别用于输入用户名和姓名信息；添加3个TextView控件，分别用于显示“您的用户名是？”文本、“您的姓名是？”文本和初始密码信息（显示初始密码信息的控件暂时为隐藏状态）；添加1个Button控件用于显示“保存”或“验证”按钮，具体代码如文件4-13所示。

【文件4-13】activity_find_psw.xml

```
<?xml version="1.0" encoding="utf-8"?>
<LinearLayout xmlns:android="http://schemas.android.com/apk/res/android"
    android:layout_width="match_parent"
    android:layout_height="match_parent"
    android:background="@drawable/login_bg"
    android:orientation="vertical">
    <include layout="@layout/main_title_bar" />
     <!--"您的用户名是？"文本 -->
    <TextView
        android:id="@+id/tv_user_name"
        style="@style/tvFindPswStyle"
        android:layout_marginTop="35dp"
        android:text="您的用户名是？"
        android:visibility="gone" />
    <!-- 用户名输入框 -->
    <EditText
        android:id="@+id/et_user_name"
        style="@style/etRegisterStyle"
        android:layout_marginTop="10dp"
        android:background="@drawable/find_psw_icon"
        android:hint="请输入您的用户名"
        android:textSize="18sp"
```

```
            android:visibility="gone" />
        <!--" 您的姓名是？ " 文本 -->
        <TextView
            style="@style/tvFindPswStyle"
            android:layout_marginTop="15dp"
            android:text=" 您的姓名是？ " />
        <!-- 您的姓名输入框 -->
        <EditText
            android:id="@+id/et_validate_name"
            style="@style/etRegisterStyle"
            android:layout_marginTop="10dp"
            android:background="@drawable/find_psw_icon"
            android:hint=" 请输入您的姓名 "
            android:textSize="18sp" />
        <!-- 显示初始密码的文本控件 -->
        <TextView
            android:id="@+id/tv_reset_psw"
            style="@style/tvFindPswStyle"
            android:layout_marginTop="10dp"
            android:gravity="center_vertical"
            android:visibility="gone" />
        <!--" 验证 " 按钮 -->
        <Button
            android:id="@+id/btn_validate"
            style="@style/btnRegisterStyle" />
</LinearLayout>
```

【任务4-10】实现设置密保界面与找回密码界面功能

【任务分析】

根据任务综述可知，设置密保界面和找回密码界面用的是同一个Activity，该Activity就是我们创建的FindPswActivity。在FindPswActivity中主要是根据从设置界面或登录界面传递过来的参数from的值来判断要实现哪个界面的功能。如果from的值为security，则程序需要实现设置密保界面的功能；否则，程序需要实现找回密码界面的功能。设置密保界面的逻辑主要是保存用户输入的姓名到SharedPreferences文件中，找回密码界面的逻辑是判断密保和用户名输入是否正确，如果正确，则将SharedPreferences文件中用户名对应的原始密码修改为“Czy34@com”（由于原来的密码不能获取明文，所以重置账户的密码为初始密码Czy34@com）。

扩展阅读

中国独立研发核能技术的拓荒者——王大中

【任务实施】

（1）初始化界面控件

设置密保界面和找回密码界面中的控件需要显示文本信息与实现点击功能，在实现这些功能之前，我们首先需要获取界面中的控件，才可以对其进行设置文本和实现点击事件的操作，所以需要在FindPswActivity中创建一个init()方法用于获取界面中的控件并设置标题栏的标题和背景颜色，具体代码如文件4-14所示。

【文件4-14】FindPswActivity.java

```
1  package com.boxuegu.activity;
2  ......
3  public class FindPswActivity extends AppCompatActivity {
4      private EditText et_validate_name, et_user_name;
5      private Button btn_validate;
6      private TextView tv_main_title;
7      private TextView tv_back;
8      private String from;
9      private TextView tv_reset_psw, tv_user_name;
10     @Override
11     protected void onCreate(Bundle savedInstanceState) {
12         super.onCreate(savedInstanceState);
13         setContentView(R.layout.activity_find_psw);
14         //获取从登录界面和设置界面传递过来的数据
15         from = getIntent().getStringExtra("from");
16         init();
17     }
18     private void init() {
19         tv_main_title = findViewById(R.id.tv_main_title);
20         tv_back = findViewById(R.id.tv_back);
21         et_validate_name = findViewById(R.id.et_validate_name);
22         btn_validate = findViewById(R.id.btn_validate);
23         tv_reset_psw = findViewById(R.id.tv_reset_psw);
24         et_user_name = findViewById(R.id.et_user_name);
25         tv_user_name = findViewById(R.id.tv_user_name);
26         if("security".equals(from)) {
27             tv_main_title.setText("设置密保");
28             btn_validate.setText("保存");
29         } else {
30             tv_main_title.setText("找回密码");
31             tv_user_name.setVisibility(View.VISIBLE);
32             et_user_name.setVisibility(View.VISIBLE);
33             btn_validate.setText("验证");
34         }
35     }
36 }
```

上述代码中，第26~34行代码通过if条件语句判断变量from的值是否为security来分辨设置的是哪个界面的信息。如果from的值为security，则表示需要实现设置密保界面的功能，程序会调用setText()方法设置界面的标题为“设置密保”，界面按钮的文本信息为“保存”。如果from的值不为security，则表示需要实现找回密码界面的功能，程序会首先调用setText()方法设置界面的标题为“找回密码”，然后调用setVisibility()方法将“您的用户名是”文本控件与用户名的输入框控件设置为显示状态，最后调用setText()方法设置界面按钮的文本为“验证”。

（2）实现保存密保功能

由于设置密保界面需要将界面中输入的姓名信息作为密保保存到SharedPreferences文件中，所以需要在FindPswActivity中创建saveSecurity()方法，在该方法中实现保存密保的功能，具体代码如下所示。

```
private void saveSecurity(String validateName) {
    SharedPreferences sp = getSharedPreferences("loginInfo", MODE_PRIVATE);
    SharedPreferences.Editor editor = sp.edit();          //获取编辑器
    String userName= UtilsHelper.readLoginUserName(this); //获取登录用户名
    //保存密保信息
    editor.putString(userName+ "_security",validateName);
    editor.commit(); //提交修改
}
```

（3）实现获取密保功能

由于找回密码界面需要获取SharedPreferences文件中保存的密保与界面中输入的密保信息进行对比，所以需要在FindPswActivity中创建readSecurity()方法，在该方法中获取SharedPreferences文件中的密保信息，具体代码如下所示。

```
private String readSecurity(String userName) {
    SharedPreferences sp = getSharedPreferences("loginInfo", MODE_PRIVATE);
    String security = sp.getString(userName + "_security", "");
    return security;
}
```

（4）实现界面控件的点击事件

由于设置密保界面与找回密码界面中的“返回”按钮、“保存”或“验证”按钮都需要实现点击功能，所以需要将FindPswActivity实现OnClickListener接口，并实现该接口中的onClick()方法，在onClick()方法中实现界面控件的点击事件，具体代码如文件4-15所示。

【文件4-15】FindPswActivity.java

```
package com.boxuegu.activity;
......
public class FindPswActivity extends AppCompatActivity implements
                                                    View.OnClickListener {
    ......
    private void init() {
        ......
        tv_back.setOnClickListener(this);
        btn_validate.setOnClickListener(this);
    }
    @Override
    public void onClick(View view) {
        switch(view.getId()) {
            case R.id.tv_back:
                FindPswActivity.this.finish();
                break;
            case R.id.btn_validate:
                String validateName =
                et_validate_name.getText().toString().trim();
                if("security".equals(from)) {//设置密保界面
                    if(TextUtils.isEmpty(validateName)) {
```

```
                    Toast.makeText(FindPswActivity.this,"请输入您的姓名",
                                            Toast.LENGTH_SHORT).show();
                    return;
                } else {
                    Toast.makeText(FindPswActivity.this,"密保设置成功",
                                            Toast.LENGTH_SHORT).show();
                    //保存密保到 SharedPreferences 文件中
                    saveSecurity(validateName);
                    FindPswActivity.this.finish();
                }
            } else {//找回密码界面
                String userName =
                et_user_name.getText().toString().trim();
                String sp_security = readSecurity(userName);
                if(TextUtils.isEmpty(userName)) {
                     Toast.makeText(FindPswActivity.this,"请输入您的用
                     户名",Toast.LENGTH_SHORT).show();
                    return;
                } else if(!UtilsHelper.isExistUserName
                          (FindPswActivity.this,userName)) {
                    Toast.makeText(FindPswActivity.this, "您输入的用户
                    名不存在",Toast.LENGTH_SHORT).show();
                    return;
                } else if(TextUtils.isEmpty(validateName)) {
                     Toast.makeText(FindPswActivity.this,"请输入要验证
                     的姓名",Toast.LENGTH_SHORT).show();
                    return;
                } else if(!validateName.equals(sp_security)) {
                     Toast.makeText(FindPswActivity.this,"输入的姓名不
                     正确",Toast.LENGTH_SHORT).show();
                    return;
                } else {
                    //输入的密保正确，重新给用户设置一个密码
                    tv_reset_psw.setVisibility(View.VISIBLE);
                    tv_reset_psw.setText("初始密码: Czy34@com");
                    UtilsHelper.saveUserInfo(FindPswActivity.this, userName,
                                                           "Czy34@com");
                }
            }
            break;
        }
    }
}
```

上述代码中，第17~59行代码实现了设置密保界面的“保存”按钮与找回密码界面的“验证”按钮的点击事件。由于“保存”按钮与“验证”按钮使用的是同一个控件btn_validate显示的，所以我们需要在btn_validate控件的点击事件中通过判断变量from的值是否为security来确定处理的是哪个按钮的点击事件。当变量from的值为security时，处理的是设置密保界面的“保存”按钮的点击事件，否则，处理的就是找回密码界面的“验证”按钮的点击事件。

第19~31行代码处理的是设置密保界面的“保存”按钮的点击事件。点击“保存”按钮，程序会首先调用isEmpty()方法判断界面中输入的姓名信息是否为空，如果为空，则调用makeText()方法提示用户“请输入您的姓名”，否则，调用makeText()方法提示用户“密保设置成功”，然后调用saveSecurity()方法将姓名信息作为密保保存到SharedPreferences文件中，最后调用finish()方法关闭设置密保界面。

第31~58行代码处理的是找回密码界面的“验证”按钮的点击事件。点击“验证”按钮，程序会首先判断用户输入的用户名是否为空、用户名是否存在、验证姓名是否为空、姓名是否正确，如果界面上输入的这些信息都正确且不为空，则程序会执行第51~57行代码来实现找回密码的功能。在第51~57行代码中程序首先调用setVisibility()方法将显示初始密码的控件设置为显示状态，然后调用setText()方法将文本信息“初始密码：Czy34@com”显示到界面上，最后调用saveUserInfo()方法将新密码“Czy34@com”保存到SharedPreferences文件中替换原始密码。

（5）添加跳转到找回密码界面的逻辑代码

为了点击登录界面中的“找回密码？”文本，程序会跳转到找回密码界面，需要在程序中找到LoginActivity中的onClick ()方法，在该方法中的注释“//跳转到找回密码界面”下方添加跳转到找回密码界面的逻辑代码，具体代码如下所示。

```
Intent findPswIntent = new Intent(LoginActivity.this,FindPswActivity.class);
startActivity(findPswIntent);
```

（6）添加跳转到设置密保界面的逻辑代码

由于点击设置界面的设置密保条目，程序会跳转到设置密保界面，所以需要找到SettingActivity中的onClick()方法，在该方法中的注释“//跳转到设置密保界面”下方添加跳转到设置密保界面的逻辑代码，具体代码如下所示。

```
    Intent securityIntent = new Intent(SettingActivity.this,
FindPswActivity.class);
    securityIntent.putExtra("from", "security");
    startActivity(securityIntent);
```

本章小结

本章主要讲解了博学谷程序中的“我”的模块部分，该部分内容包括“我”的功能业务实现、设置功能业务实现、修改密码功能业务实现、设置密保和找回密码功能业务实现，通过对这些内容的学习，希望读者能够掌握SharedPreferences类与setResult()方法的使用，同时掌握界面布局的搭建和界面功能的实现方式。

习　　题

1. 请阐述实现底部导航栏功能的核心步骤。
2. 请阐述实现设置密保功能的核心步骤。

第5章 个人资料模块

学习目标

◎ 掌握个人资料界面的搭建方式，能够独立搭建个人资料界面

◎ 掌握SQLite数据库的使用，能够使用SQLite数据库保存用户信息

◎ 掌握实现个人资料界面功能的方式，能够独立实现个人资料显示功能

◎ 掌握个人资料修改界面的搭建方式，能够独立搭建个人资料修改界面

◎ 掌握实现个人资料修改界面功能的方式，能够独立实现个人资料修改功能

由前面章节中的内容可知，博学谷程序中包含了用户的注册和登录功能。为了能修改用户注册的个人资料信息，我们为博学谷程序设计了个人资料模块，该模块中主要包含两部分内容，分别是个人资料显示功能业务的实现和个人资料修改功能业务的实现。个人资料显示功能业务的实现部分主要用于将用户的基本信息显示到个人资料界面，个人资料修改功能业务的实现部分主要用于对个人资料中的昵称、性别和签名进行修改。本章将针对个人资料模块进行详细讲解。

5.1 个人资料显示功能业务实现

任务综述

根据个人资料界面的效果图可知，个人资料界面主要用于显示用户默认头像、用户名、昵称、性别和签名信息。当用户注册账号后，第一次进入个人资料界面时，个人资料界面显示的信息中除用户名以外的信息均使用默认值，这些个人资料信息需要保存在SQLite数据库中。

【知识点】

- TextView控件、ImageView控件；
- SQLite数据库。

【技能点】

- 搭建与设计个人资料界面的布局；
- 通过SQLite数据库实现保存与修改用户信息的功能；

扩展阅读

中国超算彰显“中国速度”

- 实现个人资料界面的显示功能。

【任务5-1】搭建个人资料界面布局

【任务分析】

个人资料界面主要用于显示头像、用户名、昵称、性别和签名信息，该界面的效果如图5-1所示。

图5-1　个人资料界面

【任务实施】

（1）创建个人资料界面

在com.boxuegu.activity包中创建UserInfoActivity，并将其布局文件名指定为activity_user_info。

（2）创建显示个人资料信息的布局样式rlUserInfoStyle

根据个人资料界面的效果可知，个人资料界面的头像、用户名、昵称、性别、签名等信息都是占用一行进行显示的，每一行信息都是放在相对布局RelativeLayout中的。个人资料界面中添加了5个RelativeLayout，由于这些RelativeLayout的宽度、高度、距离父窗体左边和右边的距离都是一致的，为了减少程序中代码的冗余，我们需要将这些样式代码抽取出来单独放在名为rlUserInfoStyle的样式中。在程序的res/values/styles.xml文件中创建一个名为rlUserInfoStyle的样式，具体代码如下所示。

```
<style name="rlUserInfoStyle">
    <item name="android:layout_width">match_parent</item>
    <item name="android:layout_height">60dp</item>
    <item name="android:layout_marginLeft">15dp</item>
    <item name="android:layout_marginRight">15dp</item>
</style>
```

（3）创建个人资料信息的文本样式与数据信息样式

个人资料界面中显示的头像、用户名、昵称、性别、签名等文本信息控件的宽度、高度、水平居中、文本颜色和文本大小都是一致的，同时显示个人资料数据信息的控件的宽度、高度、位置在垂直方向居中、文本颜色和文本大小也都是一致的，为了减少程序中代码的冗余，我们将显示文本信息与数据信息的样式代码分别抽取出来放在名为tvUserInfoStyle（文本信息样式）与tvValueUserInfoStyle（数据信息样式）的样式中，这2个样式都是在程序的res/values/styles.xml文件中创建的，具体代码如下所示。

```
<style name="tvUserInfoStyle">
    <item name="android:layout_width">wrap_content</item>
    <item name="android:layout_height">wrap_content</item>
    <item name="android:layout_centerVertical">true</item>
    <item name="android:textColor">#000000</item>
    <item name="android:textSize">16sp</item>
</style>
<style name="tvValueUserInfoStyle">
    <item name="android:layout_width">wrap_content</item>
    <item name="android:layout_height">wrap_content</item>
    <item name="android:layout_alignParentRight">true</item>
    <item name="android:layout_centerVertical">true</item>
    <item name="android:layout_marginRight">5dp</item>
    <item name="android:singleLine">true</item>
    <item name="android:textColor">#a3a3a3</item>
    <item name="android:textSize">14sp</item>
</style>
```

（4）添加界面控件

在activity_user_info.xml布局文件中，首先通过<include />标签将main_title_bar.xml（标题栏）引入，然后添加5个TextView控件分别用于显示头像、用户名、昵称、性别和签名文本信息；添加1个ImageView控件，用于显示用户默认头像；添加4个TextView控件分别用于显示用户名、昵称、性别和签名信息的具体内容；添加5个View控件分别用于显示5条灰色的分割线，具体代码如文件5-1所示。

【文件5-1】activity_user_info.xml

```
<?xml version="1.0" encoding="utf-8"?>
<LinearLayout xmlns:android="http://schemas.android.com/apk/res/android"
    android:layout_width="match_parent"
    android:layout_height="match_parent"
    android:background="@android:color/white"
    android:orientation="vertical">
    <include layout="@layout/main_title_bar" />
    <!-- 显示头像的条目 -->
    <RelativeLayout
        android:id="@+id/rl_head"
        style="@style/rlUserInfoStyle">
        <TextView
            style="@style/tvUserInfoStyle"
            android:text="头    像" />
        <ImageView
```

```
            android:id="@+id/iv_head_icon"
            android:layout_width="40dp"
            android:layout_height="40dp"
            android:layout_alignParentRight="true"
            android:layout_centerVertical="true"
            android:src="@drawable/default_icon" />
    </RelativeLayout>
    <View style="@style/vMyinfoStyle" />
    <!-- 显示用户名的条目 -->
    <RelativeLayout
        android:id="@+id/rl_account"
        style="@style/rlUserInfoStyle">
        <TextView
            style="@style/tvUserInfoStyle"
            android:text="用户名" />
        <TextView
            android:id="@+id/tv_user_name"
            style="@style/tvValueUserInfoStyle"/>
    </RelativeLayout>
    <View style="@style/vMyinfoStyle" />
    <!-- 显示昵称的条目 -->
    <RelativeLayout
        android:id="@+id/rl_nickName"
        style="@style/rlUserInfoStyle">
        <TextView
            style="@style/tvUserInfoStyle"
            android:text="昵    称" />
        <TextView
            android:id="@+id/tv_nickName"
            style="@style/tvValueUserInfoStyle"/>
    </RelativeLayout>
    <View style="@style/vMyinfoStyle" />
    <!-- 显示性别的条目 -->
    <RelativeLayout
        android:id="@+id/rl_sex"
        style="@style/rlUserInfoStyle">
        <TextView
            style="@style/tvUserInfoStyle"
            android:text="性    别" />
        <TextView
            android:id="@+id/tv_sex"
            style="@style/tvValueUserInfoStyle"/>
    </RelativeLayout>
    <View style="@style/vMyinfoStyle" />
    <!-- 显示签名的条目 -->
    <RelativeLayout
        android:id="@+id/rl_signature"
```

```
        style="@style/rlUserInfoStyle">
        <TextView
            style="@style/tvUserInfoStyle"
            android:text="签    名" />
        <TextView
            android:id="@+id/tv_signature"
            style="@style/tvValueUserInfoStyle"/>
    </RelativeLayout>
    <View style="@style/vMyinfoStyle" />
</LinearLayout>
```

【任务5-2】封装用户信息的实体类

【任务分析】

由于博学谷程序中的所有用户都包含的属性有用户名、昵称、性别和签名，为了设置与获取这些属性的值，我们将这些属性封装在用户信息实体类UserBean中，并在该类中通过定义字段的方式来设置这些用户属性的信息。

【任务实施】

选中程序中的com.boxuegu包，在该包中创建bean包，在bean包中创建UserBean类，在该类中创建用户信息的属性对应的字段，具体代码如文件5-2所示。

【文件5-2】UserBean.java

```
package com.boxuegu.bean;
public class UserBean {
    private String userName;        // 用户名
    private String nickName;        // 昵称
    private String sex;             // 性别
    private String signature;       // 签名
    public String getUserName() {
        return userName;
    }
    public void setUserName(String userName) {
        this.userName = userName;
    }
    public String getNickName() {
        return nickName;
    }
    public void setNickName(String nickName) {
        this.nickName = nickName;
    }
    public String getSex() {
        return sex;
    }
    public void setSex(String sex) {
        this.sex = sex;
    }
    public String getSignature() {
```

```
        return signature;
    }
    public void setSignature(String signature) {
        this.signature = signature;
    }
}
```

【任务5-3】创建数据库与用户信息表

【任务分析】

由于用户会经常对个人资料界面中显示的用户信息进行保存、获取和修改操作，所以为了方便用户对个人资料信息的频繁操作，我们需要创建一个数据库bxg.db，在该数据库中创建数据库表userinfo，在该表中存放用户信息。

【任务实施】

（1）创建SQLiteHelper类

选中程序中的com.boxuegu包，在该包中创建sqlite包。在sqlite包中首先创建SQLiteHelper类，该类主要用于创建数据库与数据库表，然后将SQLiteHelper类继承SQLiteOpenHelper类，同时在SQLiteHelper类中重写onCreate()方法与onUpgrade()方法，其中onCreate()方法用于创建数据库表，onUpgrade()方法用于在数据库版本更新时，清除数据库中原有的数据库表。SQLiteHelper类的具体代码如文件5-3所示。

【文件5-3】SQLiteHelper.java

```
1  package com.boxuegu.sqlite;
2  ......
3  public class SQLiteHelper extends SQLiteOpenHelper {
4      private static final int DB_VERSION = 1; // 数据库版本号
5      public static String DB_NAME = "bxg.db"; // 数据库名称
6      public SQLiteHelper(Context context) {
7          super(context, DB_NAME, null, DB_VERSION);
8      }
9      @Override
10     public void onCreate(SQLiteDatabase sqLiteDatabase) {
11     }
12     @Override
13     public void onUpgrade(SQLiteDatabase sqLiteDatabase, int i, int i1) {
14     }
15 }
```

上述代码中，第7行代码调用super()方法创建一个名为bxg.db，版本号为1的数据库。

（2）创建用户信息表

由于个人资料界面显示的用户信息数据需要单独放在一个表中进行存储，所以我们需要在SQLiteHelper类的onCreate()方法中通过调用execSQL()方法来创建用户信息表userinfo，具体代码如下所示。

```
package com.boxuegu.sqlite;
......
public class SQLiteHelper extends SQLiteOpenHelper {
```

```
4       public static final String U_USERINFO = "userinfo";// 用户信息表的名称
5       ......
6       @Override
7       public void onCreate(SQLiteDatabase sqLiteDatabase) {
8           // 创建用户信息表
9           sqLiteDatabase.execSQL("CREATE TABLE  IF NOT EXISTS " + U_USERINFO + "( "
10                  + "_id INTEGER PRIMARY KEY AUTOINCREMENT, "
11                  + "userName VARCHAR, "     // 用户名
12                  + "nickName VARCHAR, "     // 昵称
13                  + "sex VARCHAR, "          // 性别
14                  + "signature VARCHAR"      // 签名
15                  + ")");
16      }
17      /**
18       * 当数据库版本号增加时，程序会调用此方法
19       */
20      @Override
21      public void onUpgrade(SQLiteDatabase sqLiteDatabase, int oldVersion,
22                                                   int newVersion) {
23          sqLiteDatabase.execSQL("DROP TABLE IF EXISTS " + U_USERINFO);
24          onCreate(sqLiteDatabase);
25      }
26 }
```

上述代码中，第9~15行代码调用execSQL()方法执行创建数据库表userinfo的SQL语句。

第20~25行代码重写了onUpgrade()方法，在该方法中通过调用execSQL()方法执行删除数据库表userinfo的SQL语句。

【任务5-4】创建数据库的工具类

【任务分析】

由于个人资料界面需要实现保存、获取与修改用户信息的功能，为了减少个人资料界面的逻辑代码，将实现这些功能的方法抽取出来存放在定义的类DBUtils中，该类称为数据库的工具类。

【任务实施】

（1）保存用户信息

在程序的com.boxuegu.utils包中创建DBUtils类，在该类中创建saveUserInfo()方法用于保存用户信息，具体代码如文件5-4所示。

【文件5-4】DBUtils.java

```
package com.boxuegu.utils;
......
public class DBUtils {
    private static DBUtils instance = null;
    private static SQLiteHelper helper;
    private static SQLiteDatabase db;
```

```
7        public DBUtils(Context context) {
8            helper = new SQLiteHelper(context);
9            db = helper.getWritableDatabase();
10       }
11       public static DBUtils getInstance(Context context) {
12           if (instance == null) {
13               instance = new DBUtils(context);
14           }
15           return instance;
16       }
17       /**
18        * 保存用户信息
19        */
20       public void saveUserInfo(UserBean bean) {
21           ContentValues cv = new ContentValues();
22           cv.put("userName", bean.getUserName());
23           cv.put("nickName", bean.getNickName());
24           cv.put("sex", bean.getSex());
25           cv.put("signature", bean.getSignature());
26           db.insert(SQLiteHelper.U_USERINFO, null, cv);
27       }
28   }
```

上述代码中，第8~9行代码首先创建SQLiteHelper类的对象helper，然后调用getWritableDatabase()方法获取SQLiteDatabase类的对象db，后续会调用该对象的指定方法对数据库中的数据进行指定的操作。

第11~16行代码创建了一个静态方法getInstance()，该方法用于获取DBUtils类的对象。在getInstance()方法中首先判断DBUtils类的对象instance是否为null，如果为null，则通过new关键字创建对象instance，否则将对象instance返回。

第20~27行代码创建了一个saveUserInfo()方法，该方法用于保存用户信息到数据库表userinfo中。在saveUserInfo()方法中首先创建ContentValues类的对象cv，然后调用put()方法将用户名、昵称、性别和签名信息封装到对象cv中，最后调用insert()方法将用户信息的数据插入到数据库表userinfo中。insert()方法中传递了3个参数，第1个参数SQLiteHelper.U_USERINFO（常量）表示数据库表的名称，第2个参数null表示如果插入的数据为空时，此时插入数据库中的值为null，第3个参数cv表示要插入的数据对象。

（2）获取用户信息

由于个人资料界面需要显示用户信息，所以我们要在DBUtils类中创建getUserInfo()方法用于获取用户信息，具体代码如下所示。

```
public UserBean getUserInfo(String userName) {
    String sql = "SELECT * FROM" + SQLiteHelper.U_USERINFO + "WHERE userName=?";
    Cursor cursor = db.rawQuery(sql, new String[]{userName});
    UserBean bean = null;
    while (cursor.moveToNext()) {
        bean = new UserBean();
```

```
7              bean.setUserName(cursor.getString(cursor.getColumnIndex("userName")));
8              bean.setNickName(cursor.getString(cursor.getColumnIndex("nickName")));
9              bean.setSex(cursor.getString(cursor.getColumnIndex("sex")));
10             bean.setSignature(cursor.getString(cursor.getColumnIndex("signature")));
11         }
12         cursor.close();
13         return bean;
14 }
```

上述代码中，第2行代码编写了一个根据用户名username从用户信息表userinfo中获取用户信息的SQL语句。

第3行代码调用rawQuery()方法查询数据库中的用户信息，并将获取到的用户信息存放在cursor对象中。rawQuery()方法中传递了2个参数，第1个参数sql表示编写的获取用户信息的SQL语句，第2个参数new String[]{userName}表示SQL语句中的userName的值。

（3）修改用户信息

由于个人资料界面需要修改用户的昵称、性别和签名，所以需要在DBUtils类中创建一个updateUserInfo()方法，用于修改用户信息，具体代码如下所示。

```
1  public void updateUserInfo(String key, String value, String userName) {
2      ContentValues cv = new ContentValues();
3      cv.put(key, value);
4      db.update(SQLiteHelper.U_USERINFO, cv, "userName=?", new String[]
       {userName});
5  }
```

上述代码中，第3行代码调用put()方法将需要修改的值value封装到ContentValues类的对象cv中。

第4行代码调用update()方法更新数据库表userinfo中的信息，其中update()方法中传递了4个参数，第1个参数SQLiteHelper.U_USERINFO表示要更新的数据库表userinfo，第2个参数cv表示要更新的数据，第3个参数userName=?表示要更新的数据的条件，第4个参数new String[]{userName}表示要更新的条件的值。

【任务5-5】实现个人资料界面功能

【任务分析】

个人资料界面主要用于展示用户的头像、用户名、昵称、性别和签名信息。当第一次进入个人资料界面时，首先要调用getUserInfo()方法查询数据库中是否有当前用户的个人资料数据，如果有，则可以直接调用setText()方法设置界面控件的数据，否则，需要首先设置一些默认数据到UserBean对象中，然后调用saveUserInfo()方法将默认数据保存到数据库中便于后续查看个人资料信息时使用，最后调用setText()方法将这些默认数据显示到界面上。除了显示用户信息之外，在个人资料界面的逻辑代码中我们还可以通过AlertDialog对话框实现修改用户性别的功能。

【任务实施】

（1）初始化界面控件

在UserInfoActivity中创建init()方法，在该方法中获取界面控件并设置界面标题信息和标题栏背景颜色，对界面控件进行初始化，具体代码如文件5-5所示。

【文件5-5】UserInfoActivity.java

```
package com.boxuegu.activity;
......
public class UserInfoActivity extends AppCompatActivity {
    private TextView tv_back;
    private TextView tv_main_title;
    private TextView tv_nickName, tv_signature, tv_user_name, tv_sex;
    private RelativeLayout rl_nickName, rl_sex, rl_signature, rl_title_bar;
    private String spUserName;
    @Override
    protected void onCreate(Bundle savedInstanceState) {
        super.onCreate(savedInstanceState);
        setContentView(R.layout.activity_user_info);
        //从SharedPreferences文件中获取登录时的用户名
        spUserName = UtilsHelper.readLoginUserName(this);
        init();
    }
    /**
     * 初始化界面控件
     */
    private void init() {
        tv_back = findViewById(R.id.tv_back);
        tv_main_title = findViewById(R.id.tv_main_title);
        tv_main_title.setText("个人资料");
        rl_title_bar = findViewById(R.id.title_bar);
        rl_title_bar.setBackgroundColor(Color.parseColor("#30B4FF"));
        rl_nickName = findViewById(R.id.rl_nickName);
        rl_sex = findViewById(R.id.rl_sex);
        rl_signature = findViewById(R.id.rl_signature);
        tv_nickName = findViewById(R.id.tv_nickName);
        tv_user_name = findViewById(R.id.tv_user_name);
        tv_sex = findViewById(R.id.tv_sex);
        tv_signature = findViewById(R.id.tv_signature);
    }
}
```

（2）设置界面数据

由于个人资料界面上需要显示用户信息的数据，所以需要在UserInfoActivity中创建一个setData()方法，在该方法中设置界面的数据，具体代码如下所示。

```
private void setData() {
    UserBean bean = null;
    bean = DBUtils.getInstance(this).getUserInfo(spUserName);
    // 首先判断一下数据库是否有数据
    if(bean == null) {
        bean = new UserBean();
```

```
7            bean.setUserName(spUserName);
8            bean.setNickName("小智");
9            bean.setSex("男");
10           bean.setSignature("世界这么大，我想去看看");
11           // 保存用户信息到数据库中
12           DBUtils.getInstance(this).saveUserInfo(bean);
13       }
14       tv_nickName.setText(bean.getNickName());
15       tv_user_name.setText(bean.getUserName());
16       tv_sex.setText(bean.getSex());
17       tv_signature.setText(bean.getSignature());
18   }
```

上述代码中，第3行代码调用getUserInfo()方法获取数据库中当前用户的信息，并将获取的这些信息存储在UserBean类的对象bean中。

第5~13行代码通过判断对象bean是否为null，来判断数据库中是否有当前用户信息的数据。如果bean为null，则说明数据库中没有存放当前用户信息的数据，此时需要给当前用户设置一些默认的数据信息，比如昵称默认设置为“小智”，性别默认设置为“男”，签名默认设置为“世界这么大，我想去看看”，设置完默认数据后，调用saveUserInfo()方法将这些默认数据保存到数据库中供后续查看个人资料信息时使用。

第14~17行代码通过调用setText()方法将用户的昵称、用户名、性别和签名设置到界面控件上。

（3）实现修改用户性别的功能

当用户点击个人资料界面中的性别条目时，程序会弹出一个对话框，在对话框中对用户的性别进行选择，因此需要在UserInfoActivity中创建sexDialog()方法与setSex()方法，其中sexDialog()方法用于实现弹出对话框并选择用户性别，setSex()方法用于实现将选择的性别数据显示到界面上并更新数据库中的性别信息。具体代码如下所示。

```
private void sexDialog(String sex) {
    int checkItem = 0;
    if("男".equals(sex)) {
        checkItem = 0;
    } else if("女".equals(sex)) {
        checkItem = 1;
    }
    final String items[] = {"男", "女"};
    // 先得到构造器
    AlertDialog.Builder builder = new AlertDialog.Builder(this);
    builder.setTitle("性别");                          // 设置标题
    builder.setSingleChoiceItems(items, checkItem,
                                 new DialogInterface.OnClickListener() {
        @Override
        public void onClick(DialogInterface dialog, int which) {
            dialog.dismiss();
            Toast.makeText(UserInfoActivity.this, items[which],
                                                   Toast.LENGTH_SHORT).show();
```

```
18                setSex(items[which]);
19            }
20        });
21        builder.create().show();
22    }
23 private void setSex(String sex) {
24        tv_sex.setText(sex);
25        // 更新数据库中的性别数据
26        DBUtils.getInstance(UserInfoActivity.this).updateUserInfo("sex", sex,
          spUserName);
27    }
```

上述代码中，第2行代码定义了一个int类型的变量checkItem，该变量用于存储被选中的性别数据编号。默认情况下变量checkItem的值为0。如果选择的性别数据为男，则设置checkItem的值为0；如果选择的性别数据为女，则设置checkItem的值为1。

第8~20行代码用于创建AlertDialog对话框，并实现在对话框中选择性别的功能。其中第8行代码定义了一个字符串数组items，该数组中的数据“男”和“女”是性别对话框上需要显示的数据。第9行代码调用Builder()方法获取AlertDialog.Builder类的对象builder。第10行代码调用setTitle()方法设置对话框的标题为性别。

第11~20行代码调用setSingleChoiceItems()方法实现在单选对话框中选择性别的功能。setSingleChoiceItems()方法中的第1个参数items表示对话框中的单选数据，第2个参数checkItem表示被选中的性别选项的编号，第3个参数new DialogInterface.OnClickListener() {}表示一个匿名内部类，在该类中实现了OnClickListener接口中的onClick()方法，也就是实现了单选对话框的点击事件。当用户点击对话框中的性别选项后，程序会首先调用dismiss()方法关闭当前对话框，然后调用makeText()方法提示用户选择了哪个性别，最后调用setSex()方法将选择的性别数据设置到个人资料界面上。

第21行代码调用show()方法显示单选对话框。

第23~27行代码创建了一个setSex()方法，在该方法中首先调用setText()方法将传递过来的性别数据sex设置到界面控件tv_sex上，然后调用updateUserInfo()方法更新数据库中的性别数据。

（4）实现界面控件的点击事件

由于个人资料界面中的“返回”按钮、昵称条目、性别条目和签名条目都需要实现点击功能，所以需要将UserInfoActivity实现OnClickListener接口，并实现该接口中的onClick()方法，在onClick()方法中实现界面控件的点击事件，具体代码如下所示。

```
package com.boxuegu.activity;
......
public class UserInfoActivity extends AppCompatActivity implements
                                                   View.OnClickListener {
    ......
    @Override
    protected void onCreate(Bundle savedInstanceState) {
        ......
        setData();
        setListener();
```

```
    }
    ......
    private void setListener() {
        tv_back.setOnClickListener(this);
        rl_nickName.setOnClickListener(this);
        rl_sex.setOnClickListener(this);
        rl_signature.setOnClickListener(this);
    }
    @Override
    public void onClick(View v) {
        switch(v.getId()) {
            case R.id.tv_back:       // "返回"按钮的点击事件
                this.finish();
                break;
            case R.id.rl_nickName: // 昵称条目的点击事件
                break;
            case R.id.rl_sex:        // 性别条目的点击事件
                // 获取性别控件上的数据
                String sex = tv_sex.getText().toString();
                sexDialog(sex);      // 设置性别数据
                break;
            case R.id.rl_signature:// 签名条目的点击事件
                break;
            default:
                break;
        }
    }
}
```

（5）修改“我”的界面代码

为了点击“我”的界面的头像或用户名程序会跳转到个人资料界面，需要在程序的MyInfoView类中找到onClick()方法，在该方法中的注释“//跳转到个人资料界面”下方添加跳转到个人资料界面的逻辑代码，具体代码如下所示。

```
Intent intent = new Intent(mContext,UserInfoActivity.class);
mContext.startActivity(intent);
```

5.2　个人资料修改功能业务实现

任务综述

个人资料修改界面主要用于修改用户的昵称和签名信息。由于修改昵称和签名的界面布局搭建与逻辑代码比较类似，所以可以使用同一个Activity和布局文件。在Activity中根据个人资料界面传递过来的参数flag判断需要修改用户的昵称或签名信息，进而实现个人资料修改功能。

【知识点】

- EditText控件、ImageView控件；
- setResult()方法；
- TextWatcher接口。

【技能点】

- 搭建与设计个人资料修改界面的布局；
- 通过setResult()方法实现界面间的数据回传功能；
- 通过TextWatcher接口实现监听EditText控件输入信息的功能；
- 实现个人资料修改界面的功能。

【任务5-6】搭建个人资料修改界面布局

【任务分析】

个人资料修改界面主要用于展示1个标题栏、1个文本输入框和1张快速清空输入框内容的图片，界面效果如图5-2所示。

图5-2 个人资料修改界面

【任务实施】

（1）创建个人资料修改界面

在com.boxuegu.activity包中创建ModifyUserInfoActivity，并将其布局文件名指定为activity_modify_ user_info。

（2）导入界面图片

将个人资料修改界面所需要的图片info_delete.png导入到程序中的drawable-hdpi文件夹中。

（3）放置界面控件

在activity_modify_ user_info.xml布局文件中，首先通过<include />标签将main_title_bar.xml（标题栏）引入，然后添加1个EditText控件用于显示输入修改信息的输入框；添加1个

ImageView控件用于显示清空输入框内容的图片，具体代码如文件5-6所示。

【文件5-6】activity_modify_ user_info.xml

```
<?xml version="1.0" encoding="utf-8"?>
<LinearLayout xmlns:android="http://schemas.android.com/apk/res/android"
    android:layout_width="match_parent"
    android:layout_height="match_parent"
    android:background="#eeeeee"
    android:orientation="vertical" >
    <include layout="@layout/main_title_bar" />
    <LinearLayout
        android:layout_width="fill_parent"
        android:layout_height="wrap_content"
        android:gravity="center_vertical"
        android:orientation="horizontal" >
        <!-- 文本输入框 -->
        <EditText
            android:id="@+id/et_content"
            android:layout_width="match_parent"
            android:layout_height="50dp"
            android:layout_gravity="center_horizontal"
            android:background="@android:color/white"
            android:gravity="center_vertical"
            android:paddingLeft="10dp"
            android:singleLine="true"
            android:textColor="#737373"
            android:textSize="14sp" />
        <!-- 快速清空输入框内容的图片 -->
        <ImageView
            android:id="@+id/iv_delete"
            android:layout_width="27dp"
            android:layout_height="27dp"
            android:layout_marginLeft="-40dp"
            android:src="@drawable/info_delete" />
    </LinearLayout>
</LinearLayout>
```

（4）在标题栏中添加“保存”按钮

根据个人资料修改界面效果图可知，该界面的标题栏右上角需要放置一个显示“保存”按钮的文本框，因此需要在main_title_bar.xml（标题栏）文件中添加1个TextView控件用于显示“保存”按钮。TextView控件放置在main_title_bar.xml文件中tv_main_title控件的下方，具体代码如下所示。

```
<TextView
    android:id="@+id/tv_save"
    android:layout_width="wrap_content"
    android:layout_height="30dp"
    android:layout_alignParentRight="true"
```

```
6        android:layout_marginTop="10dp"
7        android:layout_marginRight="20dp"
8        android:layout_centerVertical="true"
9        android:gravity="center"
10       android:textSize="16sp"
11       android:textColor="@android:color/white"
12       android:text=" 保存 "
13       android:visibility="gone" />
```

上述代码中，第13行代码通过设置属性visibility的值为gone，将TextView控件设置为隐藏状态。当需要使用该控件时，会将该控件的状态设置为显示状态。

【任务5-7】实现个人资料修改界面功能

【任务分析】

由于个人资料修改界面只需要修改用户的昵称和签名信息，并且修改昵称和签名的逻辑代码都在ModifyUserInfoActivity中编写，所以需要在ModifyUserInfoActivity中首先根据传递的变量flag来判断需要修改的是昵称还是签名信息，然后调用onTextChanged()方法监听输入框中输入的信息状态，如果修改的是昵称信息，则限制昵称信息不能超过8个字；如果修改的是签名信息，则限制签名信息不能超过16个字，输入完信息后，点击标题栏中的“保存”按钮，程序会提示用户保存成功，并关闭当前界面，调用setResult()方法将要修改的数据回传到个人资料界面。

【任务实施】

（1）初始化界面控件

在ModifyUserInfoActivity中创建init()方法，在该方法中获取界面控件并设置界面标题信息和标题栏背景颜色，对界面控件进行初始化，具体代码如文件5-7所示。

【文件5-7】ModifyUserInfoActivity.java

```
package com.boxuegu.activity;
......
public class ModifyUserInfoActivity extends AppCompatActivity {
    private TextView tv_main_title, tv_save;
    private RelativeLayout rl_title_bar;
    private TextView tv_back;
    private String title, content;
    private int flag;        //flag 为 1 时表示修改昵称，为 2 时表示修改签名
    private EditText et_content;
    private ImageView iv_delete;
    @Override
    protected void onCreate(Bundle savedInstanceState) {
        super.onCreate(savedInstanceState);
        setContentView(R.layout.activity_modify_user_info);
        init();
    }
    private void init() {
        title = getIntent().getStringExtra("title");
        content = getIntent().getStringExtra("content");
```

```
20          flag = getIntent().getIntExtra("flag", 0);
21          tv_main_title = findViewById(R.id.tv_main_title);
22          tv_main_title.setText(title);
23          rl_title_bar = findViewById(R.id.title_bar);
24          rl_title_bar.setBackgroundColor(Color.parseColor("#30B4FF"));
25          tv_back = findViewById(R.id.tv_back);
26          tv_save = findViewById(R.id.tv_save);
27          tv_save.setVisibility(View.VISIBLE);
28          et_content = findViewById(R.id.et_content);
29          iv_delete = findViewById(R.id.iv_delete);
30          if(!TextUtils.isEmpty(content)) {
31              et_content.setText(content);
32              et_content.setSelection(content.length());
33          }
34      }
35  }
```

上述代码中，第18~20行代码用于获取个人资料界面传递过来的信息，其中第18行代码调用getStringExtra()方法获取传递过来的昵称或签名的标题信息，第19行代码调用getStringExtra()方法获取传递过来的昵称或签名的内容信息，第20行代码调用getIntExtra()方法获取传递过来的记录昵称或签名的变量，通过判断该变量的值来确定需要修改的内容是昵称还是签名。

第32行代码调用setSelection()方法设置界面输入框中的光标显示在内容后面。

（2）实现监听输入框中信息的功能

由于昵称的内容不能超过8个字，签名的内容不能超过16个字，所以需要在ModifyUserInfoActivity中创建contentListener()方法与modifyContent()方法，其中modifyContent()方法用于处理超过8个字的昵称与超过16个字的签名信息，将这些信息设置为规定的字数。contentListener()方法用于实现监听输入框中输入的信息，如果用户输入的信息超过了规定的字数，程序会调用modifyContent()方法限制用户输入的字数信息，具体代码如下所示。

```
private void contentListener() {
    et_content.addTextChangedListener(new TextWatcher() {
        @Override
        public void onTextChanged(CharSequence s, int start, int before,
        int count) {
            Editable editable = et_content.getText();// 获取输入框中的文本信息
            int len = editable.length();         // 获取输入的文本长度
            if(len > 0) {
                // 显示清空输入框内容的图片
                iv_delete.setVisibility(View.VISIBLE);
            } else {
                // 隐藏清空输入框内容的图片
                iv_delete.setVisibility(View.GONE);
            }
            switch(flag) {
                case 1:    // 修改昵称
                    // 昵称限制最多 8 个文字，超过 8 个需要截取掉多余的文字
```

```
15                     if(len > 8) {
16                         modifyContent(editable, 8);
17                     }
18                     break;
19                 case 2:   //修改签名
20                     //签名最多是16个文字，超过16个需要截取掉多余的文字
21                     if(len > 16) {
22                         modifyContent(editable, 16);
23                     }
24                     break;
25                 default:
26                     break;
27             }
28         }
29         @Override
30         public void beforeTextChanged(CharSequence s, int start, int count,
31                                                             int after) {
32         }
33         @Override
34         public void afterTextChanged(Editable arg0) {
35         }
36     };
37 }
38 private void modifyContent(Editable editable, int length) {
39     int selEndIndex = Selection.getSelectionEnd(editable);
40     String str = editable.toString();
41     //截取新字符串
42     String newStr = str.substring(0, length);
43     et_content.setText(newStr);
44     editable = et_content.getText();
45     //新字符串的长度
46     int newLen = editable.length();
47     if(selEndIndex > newLen) {
48         selEndIndex = editable.length();
49     }
50     //设置新光标所在的位置
51     Selection.setSelection(editable, selEndIndex);
52 }
```

上述代码中，第2~36行代码通过调用addTextChangedListener()方法设置输入框控件输入信息时的监听器。其中第3~28行代码重写了onTextChanged()方法，该方法用于监听输入框中输入的文本信息。第12~27行代码通过switch语句来判断变量flag的值，当flag的值为1时，需要实现的是修改昵称的功能；当flag的值为2时，需要实现的是修改签名的功能。

第38~52行代码创建了一个modifyContent()方法，该方法用于修改界面输入框中超过8个文字的昵称和16个文字的签名信息。其中第39~40行代码先后调用getSelectionEnd()方法与toString()方法分别用于获取光标在字符串后的位置与将输入框中的信息转换为字符串。第42行代码调用

substring()方法截取超过规定字数的字符串信息。

第47~49行代码通过if条件语句判断截取新字符串之前光标的位置selEndIndex是否大于新字符串的长度newLen，如果大于，则说明输入框中输入的信息超过了规定的字数，此时调用length()方法获取新字符串的长度，并将该长度设置给变量selEndIndex。

第51行代码调用setSelection()方法设置截取字符串之后光标的位置。

（3）实现界面控件的点击事件

由于个人资料修改界面中的“返回”按钮、清空图片和“保存”按钮都需要实现点击功能，所以需要将ModifyUserInfoActivity实现OnClickListener接口，并实现该接口中的onClick()方法，在onClick()方法中实现界面控件的点击事件，具体代码如文件5-8所示。

【文件5-8】ModifyUserInfoActivity.java

```
package com.boxuegu.activity;
......
public class ModifyUserInfoActivity extends AppCompatActivity implements
 View.OnClickListener {
    ......
    private void init() {
        ......
        contentListener();
        tv_back.setOnClickListener(this);
        iv_delete.setOnClickListener(this);
        tv_save.setOnClickListener(this);
    }
    @Override
    public void onClick(View view) {
        switch(view.getId()) {
            case R.id.tv_back:
                ModifyUserInfoActivity.this.finish();
                break;
            case R.id.iv_delete:
                et_content.setText("");
                break;
            case R.id.tv_save:
                Intent data = new Intent();
                String etContent = et_content.getText().toString().trim();
                switch(flag) {
                    case 1:
                        if(!TextUtils.isEmpty(etContent)) {
                          EnterActivity(data, etContent, "nickName");
                        } else {
                          Toast.makeText(ModifyUserInfoActivity.this,
                          "昵称不能为空", Toast.LENGTH_SHORT).show();
                        }
                        break;
                    case 2:
                        if(!TextUtils.isEmpty(etContent)) {
```

```
36                              EnterActivity(data, etContent, "signature");
37                          } else {
38                              Toast.makeText(ModifyUserInfoActivity.this,
39                               "签名不能为空", Toast.LENGTH_SHORT).show();
40                          }
41                          break;
42                  }
43                  break;
44          }
45      }
46      private void EnterActivity(Intent data, String etContent, String name) {
47          data.putExtra(name, etContent);
48          setResult(RESULT_OK, data);
49          Toast.makeText(ModifyUserInfoActivity.this, "保存成功",
50                                          Toast.LENGTH_SHORT).show();
51          ModifyUserInfoActivity.this.finish();
52      }
53  }
```

上述代码中，第19~21行代码实现了清空输入框内容的图片控件的点击事件，点击清空图片，程序会调用setText()方法将输入框中的内容清空。

第22~43行代码实现了“保存”按钮的点击事件，点击“保存”按钮，程序首先会调用getText()方法获取界面输入框中输入的信息，然后通过switch语句判断变量flag的值，当flag的值为1时，程序首先会调用isEmpty()方法判断界面中输入的内容etContent是否为空，如果不为空，则程序会调用EnterActivity()方法跳转到个人资料界面，否则程序会调用makeText()方法提示用户“昵称不能为空”。当flag的值为2时，程序的处理方式与flag值为1时是类似的，所以此处不再讲述flag值为2时，程序的处理情况。

第46~52行代码创建了一个EnterActivity()方法，该方法用于将程序跳转到个人资料界面。在EnterActivity()方法中，程序首先调用putExtra()方法将需要回传到个人资料界面的信息封装到data对象中，然后调用setResult()方法将数据回传到个人资料界面，最后程序先后调用makeText()方法与finish()方法，这2个方法分别用于提示用户“保存成功”与关闭当前界面。

（4）实现界面之间的跳转功能

为了在个人资料修改界面修改完昵称或签名信息后，将修改后的数据信息回传到个人资料界面进行显示，所以在UserInfoActivity中创建enterActivityForResult()方法来实现界面之间的跳转功能，具体代码如下所示。

```
/**
 * 获取回传数据时需使用的跳转方法，第一个参数 to 表示需要跳转到的界面，
 * 第 2 个参数 requestCode 表示一个请求码，第 3 个参数 b 表示跳转时传递的数据
 */
public void enterActivityForResult(Class<?> to,int requestCode,Bundle b) {
    Intent i = new Intent(this, to);
    i.putExtras(b);
    startActivityForResult(i, requestCode);
}
```

（5）添加跳转到个人资料修改界面的逻辑代码

为了用户点击昵称条目或签名条目时，程序会跳转到个人资料修改界面，我们需要在UserInfoActivity中找到onClick()方法，在该方法中的注释“//昵称条目的点击事件”与“//签名的点击事件”下方分别添加跳转到个人资料修改界面的逻辑代码，具体实现如下所示。

首先需要在UserInfoActivity文件中定义2个常量CHANGE_NICKNAME与CHANGE_SIGNATURE，这2个常量分别表示跳转到个人资料修改界面的请求码，根据请求码识别从个人资料修改界面回传过来的数据是昵称还是签名信息，具体代码如下所示。

```
private static final int CHANGE_NICKNAME = 1;    //修改昵称的自定义常量
private static final int CHANGE_SIGNATURE = 2;   //修改签名的自定义常量
```

然后在onClick()方法中的注释“//昵称条目的点击事件”下方添加跳转到个人资料修改界面的逻辑代码如下所示。

```
String name = tv_nickName.getText().toString();   //获取昵称控件上的数据
Bundle bdName = new Bundle();
bdName.putString("content", name);                //传递界面上的昵称数据
bdName.putString("title", "昵称");                //传递个人资料修改界面的标题
bdName.putInt("flag", 1);                         //flag 传递 1 时表示修改昵称
enterActivityForResult(ModifyUserInfoActivity.class, CHANGE_NICKNAME,
bdName);
```

最后在onClick()方法中的注释“//签名条目的点击事件”下方添加跳转到个人资料修改界面的逻辑代码如下所示。

```
String signature = tv_signature.getText().toString(); //获取签名控件上的数据
Bundle bdSignature = new Bundle();
bdSignature.putString("content", signature);      //传递界面上的签名数据
bdSignature.putString("title", "签名");           //传递个人资料修改界面的标题
bdSignature.putInt("flag", 2);                    //flag 传递 2 时表示修改签名
enterActivityForResult(ModifyUserInfoActivity.class, CHANGE_SIGNATURE,
bdSignature);
```

（6）实现接收个人资料修改界面回传过来的数据功能

为了个人资料修改界面修改完昵称或签名信息后，会将修改后的数据信息回传到个人资料界面进行显示，我们需要在UserInfoActivity中重写onActivityResult()方法，该方法用于接收回传过来的数据信息。当程序接收到回传的数据信息后，会将接收到的新数据显示到个人资料界面控件上，并调用updateUserInfo()方法更新数据中的昵称或签名信息，具体代码如下所示。

```
private String new_info; //修改后的最新数据
@Override
protected void onActivityResult(int requestCode, int resultCode, Intent
data) {
     super.onActivityResult(requestCode, resultCode, data);
     switch (requestCode) {
         case CHANGE_NICKNAME:  //个人资料修改界面回传过来的昵称数据
             if(data != null) {
                 new_info = data.getStringExtra("nickName");
                 if(TextUtils.isEmpty(new_info)) {
```

```
                    return;
                }
                tv_nickName.setText(new_info);
                //更新数据库中的昵称字段
                DBUtils.getInstance(UserInfoActivity.this).updateUserInfo(
                                            "nickName", new_info, spUserName);
            }
            break;
        case CHANGE_SIGNATURE: //个人资料修改界面回传过来的签名数据
            if(data != null) {
                new_info = data.getStringExtra("signature");
                if(TextUtils.isEmpty(new_info)) {
                    return;
                }
                tv_signature.setText(new_info);
                //更新数据库中的签名字段
                DBUtils.getInstance(UserInfoActivity.this).updateUserInfo(
                                          "signature", new_info, spUserName);
            }
            break;
    }
}
```

本章小结

本章主要讲解了博学谷程序中的个人资料模块，该部分内容包括个人资料显示功能业务的实现与个人资料修改功能业务的实现，通过对这些内容的学习，希望读者能够熟练掌握如何创建SQLite数据库与数据库表、通过onActivityResult()方法如何接收回传的数据信息以及搭建界面的布局和界面的开发过程。

习　　题

1. 请阐述创建数据库与数据表的步骤。
2. 请阐述修改用户昵称和性别的步骤。

第6章 习题模块

学习目标

◎ 掌握习题界面的搭建方式，能够独立搭建习题界面

◎ 掌握习题详情界面的搭建方式，能够独立搭建习题详情界面

◎ 掌握列表适配器的编写方式，能够独立编写习题列表与习题详情列表的适配器

◎ 掌握习题界面功能的实现方式，能够独立实现习题界面功能

◎ 掌握习题详情界面功能的实现方式，能够独立实现习题详情界面功能

习题模块主要用于展示《Android移动开发基础案例教程（第2版）》教材中第1~11章的习题信息，通过这些习题可以巩固用户对教材中知识点的掌握。当用户点击习题列表时，程序会跳转到习题详情界面，在该界面显示对应章节中的习题信息。点击习题详情界面中的任意选项后，界面上会立即显示正确答案。习题模块主要包含2部分内容，分别是习题功能业务的实现和习题详情功能业务的实现。本章将针对习题模块进行详细讲解。

6.1 习题功能业务实现

任务综述

习题界面主要用于展示《Android移动开发基础案例教程（第2版）》第1~11章的选择题。当点击习题列表中的任意条目后，程序会跳转到习题详情界面，在该界面显示对应章节的习题信息。习题界面是以列表的形式显示每章的习题标题和习题数量的，由于列表是由若干个条目组成的，所以需要将每个条目中显示的习题标题和习题数量封装在一个实体类ExercisesBean中便于习题信息的显示。由于习题界面中使用了列表控件RecyclerView，所以还需要编写一个数据适配器ExercisesAdapter对列表控件进行数据填充。

【知识点】

- RecyclerView控件、TextView控件；
- 数据适配器Adapter。

扩展阅读

中国汉字激光照排之父

【技能点】

- 搭建与设计习题界面的布局；
- 通过RecyclerView控件实现数据的列表展示功能；
- 通过适配器Adapter实现对RecyclerView控件填充数据的功能。

【任务6-1】搭建习题界面布局

【任务分析】

习题界面主要是以列表的形式展示每章习题中章节的序号、章节的名称和习题数量，界面效果如图6-1所示。

图6-1 习题界面

【任务实施】

（1）创建习题界面的布局文件

在res/layout文件夹中，创建布局文件main_view_exercises.xml。

（2）导入界面图片

将习题界面所需要的图片exercises_bg_1.png、exercises_bg_2.png、exercises_bg_3.png、exercises_bg_4.png导入程序中的drawable-hdpi的文件夹中。

（3）添加recyclerview-v7库

由于习题列表界面中使用了RecyclerView控件，该控件存在于com.android.support:recyclerview-v7库（简称recyclerview-v7库）中，所以需要将该库添加到程序中。首先选中程序名称，右击选择Open Module Settings选项，在Project Structure窗口左侧选择app选项，接着选中Dependencies选项卡，单击右上角的绿色加号并选择Library dependency选项，会弹出Choose Library Dependency窗口。在该窗口中找到recyclerview-v7库，双击该库将其添加到程序中。

添加完recyclerview-v7库后，查看程序中的build.gradle文件，在该文件中的dependencies{}节点中，会看到添加recyclerview-v7库的语句，具体代码如下所示。

```
dependencies {
```

```
......
    implementation 'com.android.support:recyclerview-v7:28.0.0'
}
```

（4）添加界面控件

在布局文件main_view_exercises.xml中，添加1个RecyclerView控件用于显示习题列表，具体代码如文件6-1所示。

【文件6-1】main_view_exercises.xml

```
<?xml version="1.0" encoding="utf-8"?>
<LinearLayout xmlns:android="http://schemas.android.com/apk/res/android"
    android:layout_width="match_parent"
    android:layout_height="match_parent"
    android:background="@android:color/white"
    android:orientation="vertical">
    <android.support.v7.widget.RecyclerView
        android:id="@+id/rv_list"
        android:layout_width="match_parent"
        android:layout_height="match_parent"
        android:layout_marginBottom="55dp"/>
</LinearLayout>
```

【任务6-2】搭建习题列表条目界面布局

【任务分析】

由于习题界面使用RecyclerView控件展示列表信息，并且列表是由若干个条目组成的，所以我们需要为RecyclerView控件搭建一个条目界面，在该条目界面中需要展示章节序号、章节名称和习题数量，以习题列表中的第1个条目为例，习题列表条目界面效果如图6-2所示。

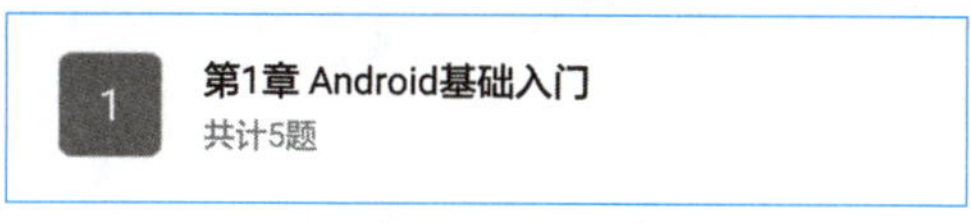

图6-2　习题列表条目界面

【任务实施】

（1）创建习题列表条目界面的布局文件

在res/layout文件夹中，创建布局文件exercises_list_item.xml。

（2）添加界面控件

在布局文件exercises_list_item.xml中，添加3个TextView控件分别用于显示带有背景色的章节序号、章节名称和习题数量，具体代码如文件6-2所示。

【文件6-2】exercises_list_item.xml

```
<?xml version="1.0" encoding="utf-8"?>
<LinearLayout xmlns:android="http://schemas.android.com/apk/res/android"
    android:layout_width="fill_parent"
    android:layout_height="wrap_content"
    android:background="@android:color/white"
```

```
    android:orientation="horizontal"
    android:paddingBottom="15dp"
    android:paddingLeft="10dp"
    android:paddingRight="10dp"
    android:paddingTop="15dp" >
    <!-- 章节序号 -->
    <TextView
        android:id="@+id/tv_order"
        android:layout_width="40dp"
        android:layout_height="40dp"
        android:layout_gravity="center_vertical"
        android:layout_marginLeft="10dp"
        android:gravity="center"
        android:textColor="@android:color/white"
        android:textSize="16sp" />
    <LinearLayout
        android:layout_width="match_parent"
        android:layout_height="match_parent"
        android:layout_marginLeft="15dp"
        android:gravity="center_vertical"
        android:orientation="vertical" >
        <!-- 章节名称 -->
        <TextView
            android:id="@+id/tv_chapterName"
            android:layout_width="wrap_content"
            android:layout_height="wrap_content"
            android:singleLine="true"
            android:textColor="#000000"
            android:textSize="14sp" />
        <!-- 习题数量 -->
        <TextView
            android:id="@+id/tv_totalNum"
            android:layout_width="wrap_content"
            android:layout_height="wrap_content"
            android:layout_marginTop="2dp"
            android:singleLine="true"
            android:textColor="#a3a3a3"
            android:textSize="12sp" />
    </LinearLayout>
</LinearLayout>
```

【任务6-3】准备习题数据

博学谷项目涉及的数据都存放在一个小型简易的服务器（以Tomcat 8.5.59为例）中，服务器中存放数据的目录结构如图6-3所示。

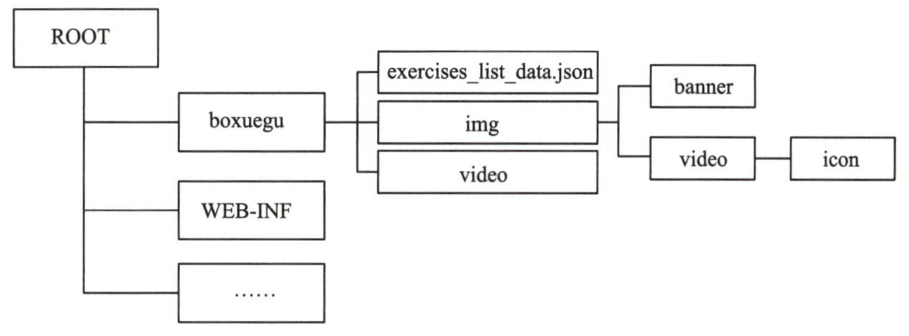

图6-3　存放数据的目录结构

在图6-3中，ROOT文件夹在apache-tomcat-8.5.59/webapps/目录下，ROOT文件夹表示Tomcat的根目录。boxuegu文件夹中存放的是博学谷项目中用到的所有数据，其中，exercises_list_data.json文件中存放的是习题列表与习题详情界面中的数据，boxuegu/img文件夹中存放的是图片资源，img/banner文件夹中存放的是课程界面（第7章中会讲解）中的广告栏图片，img/video文件夹中存放的是课程界面中的视频列表图片，img/video/icon文件夹中存放的是每个视频的图片，boxuegu/video文件夹中存放的是视频文件。exercises_list_data.json文件夹中存放的数据如文件6-3所示。

【文件6-3】exercises_list_data.json

```
[
{
"id":1,
"chapterName":"第 1 章 Android 基础入门 ",
"totalNum":5,
"background":1,
"detailList":[
    {
    "subjectId":"1",
    "subject":"1.Android 安装包文件简称 APK，其后缀名是（）。",
    "a":".exe",
    "b":".txt",
    "c":".apk",
    "d":".app",
    "answer":3
    },
    ......
    {
    "subjectId":"5",
    "subject":"5. 创建程序时，填写的 Application Name 表示（）。",
    "a":" 应用名称 ",
    "b":" 项目名称 ",
    "c":" 项目的包名 ",
    "d":" 类的名字 ",
    "answer":1
    }
    ]
```

```
},
......
{
"id":3,
"chapterName":"第 3 章 Android 常见界面控件",
"totalNum":5,
"background":3,
"detailList":[
    {
    "subjectId":"1",
    "subject":"1. 一个应用程序默认会包含 () 个 Activity。",
    "a":"1 个",
    "b":"5 个",
    "c":"10 个",
    "d":"若干个",
    "answer":1
    },
    ......
    {
    "subjectId":"5",
    "subject":"5. 下列关于 Activity 的描述，错误的是 ()。",
    "a":"Activity 是 Android 四大组件之一",
    "b":"Activity 有四种启动模式",
    "c":"Activity 通常用于开启一个广播事件",
    "d":"Activity 就像一个界面管理员，用户在界面上的操作是通过 Activity 来管理",
    "answer":3
    }
    ]
}
]
```

上述代码中的“detailList”节点中的数据是习题详情界面的数据。

【任务6-4】封装习题信息的实体类

【任务分析】

习题列表中每个章节的习题都包含的属性有章节id、章节标题、习题数量、章节序号背景、习题Id、题干、A选项、B选项、C选项、D选项、正确答案以及被用户选中的选项。根据习题数据在exercises_list_data.json文件中存放的格式，我们需要创建2个实体类来存放习题的属性。习题的章节id、章节标题、习题数量、章节序号背景属性存放在创建的实体类ExercisesBean中，剩余的习题属性存放在创建的实体类ExercisesDetailBean中。

【任务实施】

（1）创建实体类ExercisesBean

在com.boxuegu.bean包中创建ExercisesBean类，在该类中创建习题属性对应的字段。由于ExercisesBean类的对象中存储的数据需要在Activity之间进行传输，所以需要将ExercisesBean类进行序列化（实现Serializable接口）保证该类中存储的数据可以在Activity之间进行传输，具体代码如文件6-4所示。

【文件6-4】ExercisesBean.java

```
package com.boxuegu.bean;
......
public class ExercisesBean implements Serializable {
    //序列化时保持 ExercisesBean 类版本的兼容性
    private static final long serialVersionUID = 1L;
    private int id;                                         // 章节 id
    private String chapterName;                             // 章节名称
    private int totalNum;                                   // 习题总数
    private int background;                                 // 章节序号背景
    private List<ExercisesDetailBean> detailList;           //习题详情列表
    public int getId() {
        return id;
    }
    public void setId(int id) {
        this.id = id;
    }
    public String getChapterName() {
        return chapterName;
    }
    public void setChapterName(String chapterName) {
        this.chapterName = chapterName;
    }
    ......
    public List<ExercisesDetailBean> getDetailList() {
        return detailList;
    }
    public void setDetailList(List<ExercisesDetailBean> detailList) {
        this.detailList = detailList;
    }
}
```

（2）创建实体类ExercisesDetailBean

在com.boxuegu.bean包中创建ExercisesDetailBean类，在该类中创建习题属性对应的字段。由于ExercisesDetailBean类的对象中存储的数据需要在Activity之间进行传输，所以需要将ExercisesDetailBean类进行序列化（实现Serializable接口）保证该类中存储的数据可以在Activity之间进行传输，具体代码如文件6-5所示。

【文件6-5】ExercisesDetailBean.java

```
package com.boxuegu.bean;
......
public class ExercisesDetailBean implements Serializable {
    //序列化时保持 ExercisesDetailBean 类版本的兼容性
    private static final long serialVersionUID = 1L;
    private int subjectId;          //习题 Id
```

```
    private String subject;          // 题干
    private String a;                // A选项
    private String b;                // B选项
    private String c;                // C选项
    private String d;                // D选项
    private int answer;              // 正确答案
    /**
     * select为0表示所选项是对的，1表示选中的A选项是错的，2表示选中的B选项是错的，
     * 3表示选中的C选项是错的，4表示选中的D选项是错的
     */
    private int select;
    public int getSubjectId() {
        return subjectId;
    }
    public void setSubjectId(int subjectId) {
        this.subjectId = subjectId;
    }
    ......
    public int getSelect() {
        return select;
    }
    public void setSelect(int select) {
        this.select = select;
    }
}
```

【任务6-5】编写习题列表的适配器

【任务分析】

由于习题界面中的列表是用RecyclerView控件展示的，所以需要在程序中创建一个数据适配器ExercisesAdapter对RecyclerView控件进行数据适配。

【任务实施】

（1）创建数据适配器ExercisesAdapter

选中com.boxuegu包，在该包中创建adapter包，在adapter包中创建ExercisesAdapter类继承RecyclerView.Adapter<RecyclerView.ViewHolder>类，并重写onCreateViewHolder()、onBindViewHolder()、getItemCount()方法，这些方法分别用于创建列表条目视图、绑定数据到条目视图中和获取列表条目总数。具体代码如文件6-6所示。

【文件6-6】ExercisesAdapter.java

```
package com.boxuegu.adapter;
......
public class ExercisesAdapter extends RecyclerView.Adapter <RecyclerView.
ViewHolder> {
    private Context mContext;
    private List<ExercisesBean> ExercisesList;
    public ExercisesAdapter(Context context) {
```

```
        this.mContext = context;
    }
    public void setData(List<ExercisesBean> ExercisesList){
        this.ExercisesList = ExercisesList; //接收传递过来的习题列表数据
        notifyDataSetChanged();                    //刷新界面数据
    }
    @Override
    public RecyclerView.ViewHolder onCreateViewHolder(@NonNull ViewGroup
                                                  parent,int viewType) {
        View itemView = LayoutInflater.from(mContext).inflate(R.layout.
                                    exercises_list_item, parent, false);
        RecyclerView.ViewHolder holder = new MyViewHolder(itemView);
        return holder;
    }
    @Override
    public void onBindViewHolder(@NonNull RecyclerView.ViewHolder holder,
                                                      int position) {
        final ExercisesBean bean=ExercisesList.get(position);
        if(bean != null) {
            ((MyViewHolder) holder).tv_order.setText(position + 1 + "");
            ((MyViewHolder) holder).tv_chapterName.setText(
            bean.getChapterName());
            ((MyViewHolder) holder).tv_totalNum.setText("共计"+
            bean.getTotalNum()+"题");
            switch(bean.getBackground()){
                case 1:
                    ((MyViewHolder) holder).tv_order.setBackgroundResource(
                                          R.drawable.exercises_bg_1);
                    break;
                case 2:
                    ((MyViewHolder) holder).tv_order.setBackgroundResource(
                                          R.drawable.exercises_bg_2);
                    break;
                case 3:
                    ((MyViewHolder) holder).tv_order.setBackgroundResource(
                                          R.drawable.exercises_bg_3);
                    break;
                case 4:
                    ((MyViewHolder) holder).tv_order.setBackgroundResource(
                                          R.drawable.exercises_bg_4);
                    break;
            }
    }
        //每个列表条目的点击事件
        holder.itemView.setOnClickListener(new View.OnClickListener() {
            @Override
            public void onClick(View v) {
```

```
52                  if(bean == null) return;
53                  //跳转到习题详情界面
54              }
55          });
56      }
57      @Override
58      public int getItemCount() {
59          return ExercisesList == null? 0:ExercisesList.size();
60      }
61      class MyViewHolder extends RecyclerView.ViewHolder {
62          TextView tv_order,tv_chapterName,tv_totalNum;
63          public MyViewHolder(View view) {
64              super(view);
65              tv_order = view.findViewById(R.id.tv_order);
66              tv_chapterName = view.findViewById(R.id.tv_chapterName);
67              tv_totalNum = view.findViewById(R.id.tv_totalNum);
68          }
69      }
70  }
```

上述代码中，第29~46行代码通过根据习题的章节序号背景属性background的值来设置章节序号的背景图片。

第61~69行代码定义了MyViewHolder类，在该类中通过findViewById()方法获取习题列表条目界面的控件。

【任务6-6】实现习题界面功能

【任务分析】

习题界面主要用于展示《Android移动开发基础案例教程（第2版）》第1~11章的习题，这些习题数据存放在Tomcat服务器中，我们需要在习题界面的逻辑代码中使用OkHttpClient类向服务器请求数据，获取到数据之后还需要通过gson库解析获取到的JSON数据并显示到习题列表界面上。

【任务实施】

（1）添加okhttp库

由于习题界面中需要用OkHttpClient类向服务器请求数据，所以需要将okhttp库添加到项目中。右击项目名称，选择Open Module Settings→Dependencies选项，点击右上角的绿色加号并选择Library dependency选项，然后找到com.squareup.okhttp3:okhttp:3.12.0库并添加到项目中。添加完okhttp库之后，此时查看程序中的build.gradle文件，在dependencies{}节点中，会出现已添加的com.squareup.okhttp3:okhttp:3.12.0库，具体代码如下所示。

```
implementation 'com.squareup.okhttp3:okhttp:3.12.0'
```

（2）添加gson库

由于博学谷项目中需要用gson库解析获取的JSON数据，所以需要将gson库添加到项目中。右击项目选择Open Module Settings→Dependencies选项，点击右上角绿色加号选择Library dependency选项，把com.google.code.gson:gson:2.8.5库添加到项目中。添加完gson库后，此时查看程序中的build.gradle文件，在dependencies{}节点中，会出现已添加的com.google.code.gson:gson:2.8.6库，具体代码如下所示。

```
implementation 'com.google.code.gson:gson:2.8.6'
```

（3）创建Constant类

由于博学谷项目中的数据需要通过网络请求从Tomcat（一个小型服务器）上获取，所以在博学谷程序中需要创建一个Constant类，在该类中存放各界面请求数据时使用的接口地址。在程序的com.boxuegu.utils包中创建Constant类，并在该类中添加获取习题列表数据的请求地址，具体代码如文件6-7所示。

【文件6-7】Constant.java

```
package com.boxuegu.utils;
public class Constant {
    //内网接口
    public static final String WEB_SITE = "http://172.16.43.20:8080/boxuegu";
    //获取习题列表数据的请求地址
    public static final String REQUEST_EXERCISES_URL = "/exercises_list_data.json";
}
```

注意：

上述类中的IP地址需要修改为自己PC上的IP地址，否则访问不到Tomcat服务器中的数据。

（4）创建JsonParse类

由于从Tomcat服务器上获取的习题数据是JSON类型的，不能直接显示到界面上，所以需要在程序的com.boxuegu.utils包中创建JsonParse类，该类用于解析从服务器上获取的JSON数据，具体代码如文件6-8所示。

【文件6-8】JsonParse.java

```
package com.boxuegu.utils;
......
public class JsonParse {
    private static JsonParse instance;
    private JsonParse() {
    }
    public static JsonParse getInstance() {
        if(instance == null) {
            instance = new JsonParse();
        }
        return instance;
    }
    public List<ExercisesBean> getExercisesList(String json) {
        Gson gson = new Gson();
        // 创建一个 TypeToken 的匿名子类对象，并调用该对象的 getType() 方法
        Type listType = new TypeToken<List<ExercisesBean>>() {
        }.getType();
        // 把获取到的数据存放到集合 exercisesList 中
```

```
        List<ExercisesBean> exercisesList = gson.fromJson(json, listType);
        return exercisesList;
    }
}
```

（5）初始化界面控件

在com.boxuegu.view包中创建ExercisesView类。在该类中创建界面控件的初始化方法initView()，在该方法中获取习题界面所要用到的控件并完成数据的初始化操作，具体代码如文件6-9所示。

【文件6-9】ExercisesView.java

```
1  package com.boxuegu.view;
2  ......
3  public class ExercisesView {
4      private RecyclerView rv_list;
5      private ExercisesAdapter adapter;
6      private Activity mContext;
7      private LayoutInflater mInflater;
8      private View mCurrentView;
9      private List<ExercisesBean> ebl;
10     public ExercisesView(Activity context) {
11         mContext = context;
12         mInflater = LayoutInflater.from(mContext);
13     }
14     private void initView() {
15         ebl=new ArrayList<>();
16         mCurrentView = mInflater.inflate(R.layout.main_view_exercises, null);
17         rv_list = mCurrentView.findViewById(R.id.rv_list);
18         rv_list.setLayoutManager(new LinearLayoutManager(mContext));
19         adapter = new ExercisesAdapter(mContext);
20         rv_list.setAdapter(adapter);
21     }
22 }
```

上述代码中，第14~21行代码定义了一个initView()方法，在该方法中首先通过new关键字实例化一个List集合ebl，其次调用inflate()方法加载习题界面的布局文件main_view_exercises.xml，然后调用findViewById()方法获取界面的列表控件rv_list，调用setLayoutManager()方法设置列表控件rv_list中的内容在垂直方向排列。最后创建适配器ExercisesAdapter的对象adapter，并调用setAdapter()方法将对象adapter设置到列表控件rv_list上。

（6）从服务器中获取习题数据

由于习题界面与习题详情界面的数据都需要从服务器上获取，所以需要在ExercisesView类中创建getExercisesData()方法，在该方法中通过异步线程访问网络，进而请求服务器上的习题数据，该数据包含了习题界面的数据和习题详情界面的数据。获取到数据后，程序会在创建的MHandler类中调用getExercisesList()方法解析获取到的JSON数据，并将数据设置到界面上。具体代码如文件6-10所示。

【文件6-10】ExercisesView.java

```java
package com.boxuegu.view;
......
public class ExercisesView {
    ......
    private MHandler mHandler;
    public static final int MSG_EXERCISES_OK = 1; //获取习题数据
    ......
    private void initView() {
        mHandler=new MHandler();
        getExercisesData();
        ......
    }
    private void getExercisesData() {
        OkHttpClient okHttpClient = new OkHttpClient();
        Request request = new Request.Builder().url(Constant.WEB_SITE +
                             Constant.REQUEST_EXERCISES_URL).build();
        Call call = okHttpClient.newCall(request);
        // 开启异步线程访问网络
        call.enqueue(new Callback() {
            @Override
            public void onResponse(Call call, Response response) throws
                                                            IOException {
                String res = response.body().string(); //获取习题数据
                Message msg = new Message();
                msg.what = MSG_EXERCISES_OK;
                msg.obj = res;
                mHandler.sendMessage(msg);
            }
            @Override
            public void onFailure(Call call, IOException e){
            }
        });
    }
    class MHandler extends Handler {
        @Override
        public void dispatchMessage(Message msg) {
            super.dispatchMessage(msg);
            switch (msg.what) {
                case MSG_EXERCISES_OK:
                    if(msg.obj != null) {
                        String vlResult = (String) msg.obj;
                        if(ebl!=null)ebl.clear();
                        //解析获取的 JSON 数据
                        ebl =
                        JsonParse.getInstance().getExercisesList(vlResult);
```

```
45                         adapter.setData(ebl);
46                     }
47                     break;
48                 }
49             }
50         }
51 }
```

上述代码中，第15~16行代码调用build()方法创建请求对象request，其中url()方法中传递的参数“Constant.WEB_SITE + Constant.REQUEST_EXERCISES_URL”表示请求习题数据的接口地址。

第20~28行代码重写了onResponse()方法，在该方法中获取服务器返回过来的数据。在onResponse()方法中首先调用body()方法获取习题数据，然后创建Message类的对象msg，将该对象的what值设置为MSG_EXERCISES_OK，便于后续根据该值更新习题界面的数据信息，将对象msg的obj的值设置为res（从服务器返回的数据），最后调用sendMessage()方法将对象msg传递到主线程中，在主线程的MHandler类中接收传递的msg对象。

第38~48行代码调用switch语句判断msg.what的值，如果该值为MSG_EXERCISES_OK，说明传递过来的是习题数据，此时通过if条件语句判断msg.obj的值是否为null，如果不为null，则程序首先获取msg.obj中的值，其次调用clear()方法清除集合ebl中的数据，然后调用getExercisesList()方法获取解析后的习题数据，并将该数据存储在集合ebl中，最后调用setData()方法将集合ebl设置到adapter中。

（7）获取与显示习题界面

由于程序需要获取并显示习题界面，所以我们需要在ExercisesView类中创建getView()方法与showView()方法，这2个方法分别用于获取习题界面与显示习题界面，具体代码如下所示。

```
/**
 * 获取习题界面
 */
public View getView() {
    if(mCurrentView == null) {
        initView();                                  // 初始化界面控件
    }
    return mCurrentView;
}
/**
 * 显示习题界面
 */
public void showView() {
    if(mCurrentView == null) {
        initView();                                  // 初始化界面控件
    }
    mCurrentView.setVisibility(View.VISIBLE);    // 显示当前界面
}
```

（8）添加跳转到习题界面的逻辑代码

为了点击底部导航栏中的“习题”按钮时，程序会将习题界面显示在底部导航栏上方，我们需要在MainActivity中找到createView()方法，在该方法中将习题界面显示在底部导航栏上方。在createView()方法中的注释“//习题界面”下方添加显示习题界面的代码，具体代码如下所示。

```
public class MainActivity extends AppCompatActivity implements
View.OnClickListener {
    private ExercisesView mExercisesView;
    ......
    private void createView(int viewIndex) {
        switch (viewIndex) {
            ......
            case 1:
                // 习题界面
                if(mExercisesView == null) {
                    mExercisesView = new ExercisesView(this);
                    // 加载习题界面
                    mBodyLayout.addView(mExercisesView.getView());
                } else {
                    mExercisesView.getView();              // 获取习题界面
                }
                mExercisesView.showView();                 // 显示习题界面
                break;
            ......
        }
    }
    ......
}
```

6.2　习题详情功能业务实现

任务综述

习题详情界面主要用于展示《Android移动开发基础案例教程（第2版）》教材中每章的所有选择题，每道题由题干、A选项、B选项、C选项、D选项组成，当用户选择某个选项后，程序会自动判断选项的对错，从而显示正确答案（用户选择选项后不能重复进行选择）。习题详情界面的数据是以JSON文件的形式存放在Tomcat服务器中的。当程序需要显示数据到界面上时，首先需要通过网络请求的方式从服务器获取JSON数据，获取后通过gson库解析这些数据，并将数据显示到界面上。

【知识点】

- ImageView控件、TextView控件；
- ListView控件；
- 数据适配器Adapter；
- gson库；
- JSON数据。

【技能点】

- 搭建与设计习题详情界面的布局；
- 通过ListView控件实现数据的列表展示功能；
- 通过适配器Adapter实现对ListView控件填充数据的功能；
- 通过gson库解析JSON数据并获取每章的习题数据；
- 实现习题详情界面功能。

【任务6-7】搭建习题详情界面布局

【任务分析】

习题详情界面主要用于展示习题的类型、题干、A选项、B选项、C选项和D选项，以显示第1章Android基础入门的习题详情界面为例，习题详情界面效果如图6-4所示。

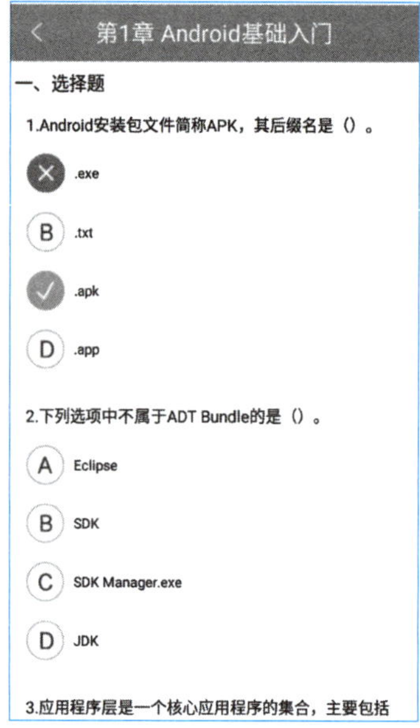

图6-4　习题详情界面

【任务实施】

（1）创建习题详情界面

在com.boxuegu.activity包中创建ExercisesDetailActivity，并将其布局文件名指定为activity_exercises_detail。

（2）添加界面控件

在布局文件activity_exercises_detail.xml中，首先通过<include />标签将main_title_bar.xml（标题栏）引入，然后添加1个TextView控件用于显示每章习题的类型；添加1个ListView控件用于显示习题的内容，具体代码如文件6-11所示。

【文件6-11】activity_exercises_detail.xml

```
<?xml version="1.0" encoding="utf-8"?>
<LinearLayout xmlns:android="http://schemas.android.com/apk/res/android"
    android:layout_width="match_parent"
```

```
    android:layout_height="match_parent"
    android:background="@android:color/white"
    android:orientation="vertical">
    <include layout="@layout/main_title_bar" />
    <TextView
        android:layout_width="match_parent"
        android:layout_height="wrap_content"
        android:layout_marginLeft="10dp"
        android:layout_marginTop="15dp"
        android:text="一、选择题"
        android:textColor="#000000"
        android:textSize="16sp"
        android:textStyle="bold"
        android:visibility="gone" />
   <ListView
        android:id="@+id/lv_list"
        android:layout_width="fill_parent"
        android:layout_height="fill_parent"
        android:divider="@null" />
</LinearLayout>
```

【任务6-8】搭建习题详情列表条目界面布局

【任务分析】

由于习题详情界面使用ListView控件展示习题列表信息，并且列表是由若干个条目组成的，所以我们需要为ListView控件搭建一个条目界面，在该条目界面中需要展示题干、选项A的图片与内容、选项B的图片与内容、选项C的图片与内容和选项D的图片与内容。以习题详情列表中的第2个条目为例，习题详情列表条目界面效果如图6-5所示。

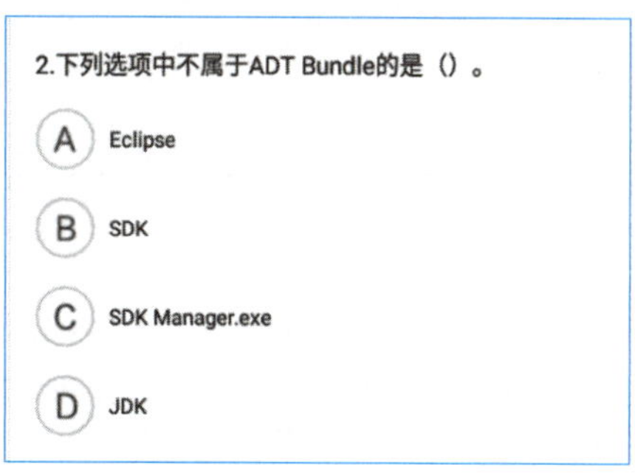

图6-5　习题详情列表条目界面

【任务实施】

（1）创建习题详情列表条目界面

在res/layout文件夹中，创建布局文件exercises_detail_list_item.xml。

（2）导入界面图片

将习题详情列表条目界面所需要的图片exercises_a.png、exercises_b.png、exercises_c.png、exercises_d.png、exercises _error_icon.png、exercises_right_icon.png导入程序中的drawable-hdpi文

件夹中。

（3）创建条目的布局样式

由于习题详情列表条目中通过4个线性布局LinearLayout显示了4个答案选项，这些线性布局的宽度、高度、距父窗体顶部的距离和布局内控件的排列方向都是一致的，为了减少程序中代码的冗余，我们将这些样式代码抽取出来放在名为rlDetailStyle的样式中。在程序中的res/values/styles.xml文件中创建一个名为rlDetailStyle的样式，具体代码如下所示。

```
<style name="rlDetailStyle">
    <item name="android:layout_width">match_parent</item>
    <item name="android:layout_height">wrap_content</item>
    <item name="android:layout_marginTop">15dp</item>
    <item name="android:orientation">horizontal</item>
</style>
```

（4）创建条目中的选项图片样式

由于习题详情列表条目中的4个选项的图片的宽度和高度都是35 dp，为了减少程序中代码的冗余，我们将这些样式代码抽取出来放在名为DetailStyle的样式中。在程序中的res/values/styles.xml文件中创建一个名为DetailStyle的样式，具体代码如下所示。

```
<style name="DetailStyle">
    <item name="android:layout_width">35dp</item>
    <item name="android:layout_height">35dp</item>
</style>
```

（5）创建条目中的选项内容样式

由于习题详情列表条目中显示了4个选项内容，这些显示选项内容的控件的宽度、高度、垂直方向的位置、距左边父窗体的距离、控件中文本的行间距、文本的颜色和文本的字体大小都是一致的。为了减少程序中代码的冗余，我们将这些样式代码抽取出来放在名为tvDetailStyle的样式中。在程序中的res/values/styles.xml文件中创建一个名为tvDetailStyle的样式，具体代码如下所示。

```
<style name="tvDetailStyle">
    <item name="android:layout_width">match_parent</item>
    <item name="android:layout_height">wrap_content</item>
    <item name="android:layout_gravity">center_vertical</item>
    <item name="android:layout_marginLeft">8dp</item>
    <item name="android:lineSpacingMultiplier">1.5</item>
    <item name="android:textColor">#000000</item>
    <item name="android:textSize">12sp</item>
</style>
```

（6）添加界面控件

在布局文件exercises_detail_list_item.xml中，添加5个TextView控件分别用于显示习题的题干、A选项、B选项、C选项、D选项的内容；添加4个ImageView控件分别用于显示A、B、C、D 4个选项的图片，具体代码如文件6-12所示。

【文件6-12】exercises_detail_list_item.xml

```
<?xml version="1.0" encoding="utf-8"?>
<LinearLayout xmlns:android="http://schemas.android.com/apk/res/android"
    android:layout_width="match_parent"
    android:layout_height="match_parent"
    android:background="@android:color/white"
    android:orientation="vertical"
    android:padding="15dp">
    <!-- 题干 -->
    <TextView
        android:id="@+id/tv_subject"
        android:layout_width="match_parent"
        android:layout_height="wrap_content"
        android:lineSpacingMultiplier="1.5"
        android:textColor="#000000"
        android:textSize="14sp" />
    <LinearLayout style="@style/rlDetailStyle">
        <!--A 选项图片 -->
        <ImageView
            android:id="@+id/iv_a"
            style="@style/DetailStyle"
            android:src="@drawable/exercises_a" />
        <!--A 选项的内容 -->
        <TextView
            android:id="@+id/tv_a"
            style="@style/tvDetailStyle" />
    </LinearLayout>
    <LinearLayout style="@style/rlDetailStyle">
        <!--B 选项图片 -->
        <ImageView
            android:id="@+id/iv_b"
            style="@style/DetailStyle"
            android:src="@drawable/exercises_b" />
        <!--B 选项的内容 -->
        <TextView
            android:id="@+id/tv_b"
            style="@style/tvDetailStyle" />
    </LinearLayout>
    <LinearLayout style="@style/rlDetailStyle">
        <!--C 选项图片 -->
        <ImageView
            android:id="@+id/iv_c"
            style="@style/DetailStyle"
            android:src="@drawable/exercises_c" />
        <!--C 选项的内容 -->
        <TextView
```

```
            android:id="@+id/tv_c"
            style="@style/tvDetailStyle" />
    </LinearLayout>
    <LinearLayout style="@style/rlDetailStyle">
        <!--D选项图片 -->
        <ImageView
            android:id="@+id/iv_d"
            style="@style/DetailStyle"
            android:src="@drawable/exercises_d" />
        <!--D选项的内容 -->
        <TextView
            android:id="@+id/tv_d"
            style="@style/tvDetailStyle" />
    </LinearLayout>
</LinearLayout>
```

【任务6-9】编写习题详情列表的适配器

【任务分析】

由于习题详情界面使用了ListView控件，所以需要创建一个数据适配器ExercisesDetailAdapter对ListView控件进行数据填充。由于在习题界面中，当用户选择完习题选项后，不允许用户再次选择此习题的答案，所以我们需要在适配器ExercisesDetailAdapter中使用集合selectedPosition记录选择过答案的习题。当用户点击习题选项后，程序会提示正确答案，因此程序需要在适配器ExercisesDetailAdapter中判断用户所选的答案是否正确，若正确，则设置被选中的选项图片为绿色图片，若不正确，则设置被选中的选项图片为红色图片。

【任务实施】

（1）创建适配器ExercisesDetailAdapter

在com.boxuegu.adapter包中创建适配器ExercisesDetailAdapter，并重写getCount()、getItem()、getItemId()、getView()方法，这些方法分别用于获取条目总数、条目对象、条目Id和条目视图，具体代码如文件6-13所示。

【文件6-13】ExercisesDetailAdapter.java

```
package com.boxuegu.adapter;
......
public class ExercisesDetailAdapter extends BaseAdapter {
    private Context mContext;
    private List<ExercisesDetailBean> edbl;
    public ExercisesDetailAdapter(Context context) {
        this.mContext = context;
    }
    public void setData(List<ExercisesDetailBean> edbl) {
        this.edbl = edbl;                      //接收传递过来的习题数据
        notifyDataSetChanged();                //刷新界面信息
    }
    @Override
```

```
    public int getCount() {
        return edbl == null ? 0 : edbl.size();
    }
    @Override
    public ExercisesDetailBean getItem(int position) {
        return edbl == null ? null : edbl.get(position);
    }
    @Override
    public long getItemId(int position) {
        return position;
    }
    @Override
    public View getView(final int position,View convertView,ViewGroupparent) {
        final ViewHolder vh;
        if (convertView == null) {
            vh = new ViewHolder();
            convertView = LayoutInflater.from(mContext).inflate(
                         R.layout.exercises_detail_list_item, null);
            vh.subject = convertView.findViewById(R.id.tv_subject);
            vh.tv_a = convertView.findViewById(R.id.tv_a);
            vh.tv_b = convertView.findViewById(R.id.tv_b);
            vh.tv_c = convertView.findViewById(R.id.tv_c);
            vh.tv_d = convertView.findViewById(R.id.tv_d);
            vh.iv_a = convertView.findViewById(R.id.iv_a);
            vh.iv_b = convertView.findViewById(R.id.iv_b);
            vh.iv_c = convertView.findViewById(R.id.iv_c);
            vh.iv_d = convertView.findViewById(R.id.iv_d);
            convertView.setTag(vh);
        } else {
            vh = (ViewHolder) convertView.getTag();
        }
        return convertView;
    }
    class ViewHolder {
        public TextView subject, tv_a, tv_b, tv_c, tv_d;
        public ImageView iv_a, iv_b, iv_c, iv_d;
    }
}
```

（2）创建监听选择题选项的接口OnSelectListener

由于当用户点击习题详情界面中某个选择题的选项后，程序需要设置该选择题的A、B、C、D选项的图片，所以我们需要在适配器ExercisesDetailAdapter中创建接口OnSelectListener，在该接口中创建onSelectA()、onSelectB()、onSelectC()、onSelectD()方法分别用于传递A、B、C、D选项的控件，便于后续设置选项的图片，具体代码如下所示。

```
public interface OnSelectListener {
    void onSelectA(int position, ImageView iv_a, ImageView iv_b,
```

```
                                        ImageView iv_c, ImageView iv_d);
    void onSelectB(int position, ImageView iv_a, ImageView iv_b,
                                        ImageView iv_c, ImageView iv_d);
    void onSelectC(int position, ImageView iv_a, ImageView iv_b,
                                        ImageView iv_c, ImageView iv_d);
    void onSelectD(int position, ImageView iv_a, ImageView iv_b,
                                        ImageView iv_c, ImageView iv_d);
}
```

（3）设置A、B、C、D选项是否可被点击

由于在习题详情界面中，当用户点击完某道题的选项后，程序不允许用户再次点击此题的选项，所以在程序中需要创建setABCDEnable()方法来控制A、B、C、D选项是否可被点击。在程序的UtilsHelper类中创建setABCDEnable()方法，具体代码如下所示。

```
public static void setABCDEnable(boolean value,ImageView iv_a,ImageView
                                        iv_b,ImageView iv_c,ImageView iv_d){
    iv_a.setEnabled(value); //设置选项A的图片是否可被点击
    iv_b.setEnabled(value); //设置选项B的图片是否可被点击
    iv_c.setEnabled(value); //设置选项C的图片是否可被点击
    iv_d.setEnabled(value); //设置选项D的图片是否可被点击
}
```

（4）设置习题详情列表界面的数据

由于习题详情列表界面需要显示对应章节的习题数据信息，所以需要在适配器ExercisesDetailAdapter的getView()方法中实现设置习题详情列表界面数据的功能，具体代码如下所示。

```
package com.boxuegu.adapter;
......
public class ExercisesDetailAdapter extends BaseAdapter {
    ......
    //记录点击的位置
    private ArrayList<String> selectedPosition = new ArrayList<String>();
    @Override
    public View getView(final int position, View convertView, ViewGroup
    parent) {
        ......
        final ExercisesDetailBean bean = getItem(position);
        if(bean != null) {
            vh.subject.setText(bean.getSubject());    //设置题干信息
            vh.tv_a.setText(bean.getA());             //设置A选项数据
            vh.tv_b.setText(bean.getB());             //设置B选项数据
            vh.tv_c.setText(bean.getC());             //设置C选项数据
            vh.tv_d.setText(bean.getD());             //设置D选项数据
        }
        if(!selectedPosition.contains("" + position)) {
            vh.iv_a.setImageResource(R.drawable.exercises_a);
            vh.iv_b.setImageResource(R.drawable.exercises_b);
```

```
            vh.iv_c.setImageResource(R.drawable.exercises_c);
            vh.iv_d.setImageResource(R.drawable.exercises_d);
            UtilsHelper.setABCDEnable(true,vh.iv_a,vh.iv_b,vh.iv_c,vh.iv_d);
        } else {
          UtilsHelper.setABCDEnable(false,vh.iv_a,vh.iv_b,vh.iv_c, vh. iv_d);
            switch(bean.getSelect()) {
                case 0:
                    //用户选择的选项是正确的
                    if(bean.getAnswer() == 1) {
                        vh.iv_a.setImageResource(R.drawable.exercises_right_icon);
                        vh.iv_b.setImageResource(R.drawable.exercises_b);
                        vh.iv_c.setImageResource(R.drawable.exercises_c);
                        vh.iv_d.setImageResource(R.drawable.exercises_d);
                    } else if(bean.getAnswer() == 2) {
                        vh.iv_a.setImageResource(R.drawable.exercises_a);
                        vh.iv_b.setImageResource(R.drawable.exercises_right_ icon);
                        vh.iv_c.setImageResource(R.drawable.exercises_c);
                        vh.iv_d.setImageResource(R.drawable.exercises_d);
                    } else if(bean.getAnswer() == 3) {
                        vh.iv_a.setImageResource(R.drawable.exercises_a);
                        vh.iv_b.setImageResource(R.drawable.exercises_b);
                        vh.iv_c.setImageResource(R.drawable.exercises_right_icon);
                        vh.iv_d.setImageResource(R.drawable.exercises_d);
                    } else if(bean.getAnswer() == 4) {
                        vh.iv_a.setImageResource(R.drawable.exercises_a);
                        vh.iv_b.setImageResource(R.drawable.exercises_b);
                        vh.iv_c.setImageResource(R.drawable.exercises_c);
                        vh.iv_d.setImageResource(R.drawable.exercises_right_icon);
                    }
                    break;
                case 1:
                    //用户选择的选项A是错误的
                    vh.iv_a.setImageResource(R.drawable.exercises_error_icon);
                    if(bean.getAnswer() == 2) {
                        vh.iv_b.setImageResource(R.drawable.exercises_right_icon);
                        vh.iv_c.setImageResource(R.drawable.exercises_c);
                        vh.iv_d.setImageResource(R.drawable.exercises_d);
                    } else if(bean.getAnswer() == 3) {
                        vh.iv_b.setImageResource(R.drawable.exercises_b);
                        vh.iv_c.setImageResource(R.drawable.exercises_right_icon);
```

```
                    vh.iv_d.setImageResource(R.drawable.exercises_d);
                } else if(bean.getAnswer()== 4) {
                    vh.iv_b.setImageResource(R.drawable.exercises_b);
                    vh.iv_c.setImageResource(R.drawable.exercises_c);
                    vh.iv_d.setImageResource(R.drawable.exercises_right_icon);
                }
                break;
            case 2:
                //用户选择的选项B是错误的
                vh.iv_b.setImageResource(R.drawable.exercises_error_icon);
                if(bean.getAnswer() == 1) {
                    vh.iv_a.setImageResource(R.drawable.exercises_right_icon);
                    vh.iv_c.setImageResource(R.drawable.exercises_c);
                    vh.iv_d.setImageResource(R.drawable.exercises_d);
                } else if(bean.getAnswer() == 3) {
                    vh.iv_a.setImageResource(R.drawable.exercises_a);
                    vh.iv_c.setImageResource(R.drawable.exercises_right_icon);
                    vh.iv_d.setImageResource(R.drawable.exercises_d);
                } else if(bean.getAnswer() == 4) {
                    vh.iv_a.setImageResource(R.drawable.exercises_a);
                    vh.iv_c.setImageResource(R.drawable.exercises_c);
                    vh.iv_d.setImageResource(R.drawable.exercises_right_icon);
                }
                break;
            case 3:
                //用户选择的选项C是错误的
                vh.iv_c.setImageResource(R.drawable.exercises_error_icon);
                if(bean.getAnswer() == 1) {
                    vh.iv_a.setImageResource(R.drawable.exercises_right_icon);
                    vh.iv_b.setImageResource(R.drawable.exercises_b);
                    vh.iv_d.setImageResource(R.drawable.exercises_d);
                } else if(bean.getAnswer() == 2) {
                    vh.iv_a.setImageResource(R.drawable.exercises_a);
                    vh.iv_b.setImageResource(R.drawable.exercises_right_icon);
                    vh.iv_d.setImageResource(R.drawable.exercises_d);
                } else if(bean.getAnswer() == 4) {
                    vh.iv_a.setImageResource(R.drawable.exercises_a);
                    vh.iv_b.setImageResource(R.drawable.exercises_b);
                    vh.iv_d.setImageResource(R.drawable.exercises_right_icon);
```

```
100                 }
101                 break;
102             case 4:
103                 //用户选择的选项D是错误的
104                 vh.iv_d.setImageResource(R.drawable.exercises_error_icon);
105                 if(bean.getAnswer() == 1) {
106                     vh.iv_a.setImageResource(R.drawable.exercises
                        _right_icon);
107                     vh.iv_b.setImageResource(R.drawable.exercises_b);
108                     vh.iv_c.setImageResource(R.drawable.exercises_c);
109                 } else if(bean.getAnswer() == 2) {
110                     vh.iv_a.setImageResource(R.drawable.exercises_a);
111                     vh.iv_b.setImageResource(R.drawable.exercises
                        _right_icon);
112                     vh.iv_c.setImageResource(R.drawable.exercises_c);
113                 } else if(bean.getAnswer() == 3) {
114                     vh.iv_a.setImageResource(R.drawable.exercises_a);
115                     vh.iv_b.setImageResource(R.drawable.exercises_b);
116                     vh.iv_c.setImageResource(R.drawable.exercises_
                        right_icon);
117                 }
118                 break;
119             default:
120                 break;
121         }
122     }
123     return convertView;
124   }
125}
```

上述代码中，第18~24行代码通过if条件语句判断集合selectedPosition中是否包含了当前习题的位置position，如果没有包含，说明当前的习题还没有被选择过，那么需要设置A、B、C、D选项的图片，并调用setABCDEnable()方法设置习题的选项是可以被选择的；如果包含，说明当前的习题选项已经被选择过，那么需要调用setABCDEnable()方法设置习题选项是不可以被选择的，并根据选择的答案显示习题被选过后的效果。

第27~50行代码用于实现用户选择习题选项正确的情况下的逻辑。当用户选择的选项正确时，此时程序的逻辑需要分为4种情况，也就是用户选择的A选项正确、B选项正确、C选项正确和D选项正确，所以在程序中需要通过if条件语句判断这4种情况，这4种情况中需要调用setImageResource()方法将正确选项的图片设置为exercises_right_icon.png，其余选项设置为对应选项的初始图片。

第51~67行代码用于实现当用户选择A选项时，A选项是错误选项，此时程序首先需要调用setImageResource()方法将A选项的图片设置为exercises_error_icon.png，然后判断剩余3个选项分别是正确选项的情况，在这些情况中，程序需要调用setImageResource()方法将正确选项的图片设置为exercises_right_icon.png，其余选项设置为对应选项的初始图片。

第68~84行代码用于实现当用户选择B选项时，该选项是错误选项的情况；第85~101行代码用于实现当用户选择C选项时，该选项是错误选项的情况；第102~118行代码用于实现当用户选择D选项时，该选项是错误选项的情况。这些B、C、D选项分别为错误选项的逻辑与A选项是错误选项的逻辑是类似的，此处不再重复描述。

（5）设置习题列表中每个选项的点击事件

由于习题详情列表中的每个习题选项都需要实现点击事件，所以需要在适配器ExercisesDetailAdapter的getView()方法中实现设置习题详情列表中每个选项的点击事件，具体代码如下所示。

```
package com.boxuegu.adapter;
......
public class ExercisesDetailAdapter extends BaseAdapter {
    ......
    // 记录点击的位置
    private ArrayList<String> selectedPosition = new ArrayList<>();
    private OnSelectListener onSelectListener;
    public ExercisesDetailAdapter(Context context, OnSelectListener onSelectListener) {
        this.mContext = context;
        this.onSelectListener = onSelectListener;
    }
    @Override
    public View getView(final int position, View convertView, ViewGroup parent) {
        ......
       // A选项的点击事件
        vh.iv_a.setOnClickListener(new View.OnClickListener() {
            @Override
            public void onClick(View v) {
                selectedPosition(position);
                // 调用接口中的onSelectA()方法，在该方法中实现A选项的点击事件
                onSelectListener.onSelectA(position, vh.iv_a, vh.iv_b,
                                                     vh.iv_c, vh.iv_d);
            }
        });
        // B选项的点击事件
        vh.iv_b.setOnClickListener(new View.OnClickListener() {
            @Override
            public void onClick(View v) {
                selectedPosition(position);
                // 调用接口中的onSelectB()方法，在该方法中实现B选项的点击事件
                onSelectListener.onSelectB(position, vh.iv_a, vh.iv_b,
                                                     vh.iv_c, vh.iv_d);
            }
```

```
34         });
35         // C 选项的点击事件
36         vh.iv_c.setOnClickListener(new View.OnClickListener() {
37             @Override
38             public void onClick(View v) {
39                 selectedPosition(position);
40                 // 调用接口中的 onSelectC() 方法，在该方法中实现 C 选项的点击事件
41                 onSelectListener.onSelectC(position, vh.iv_a, vh.iv_b,
42                                                        vh.iv_c, vh.iv_d);
43             }
44         });
45         // D 选项的点击事件
46         vh.iv_d.setOnClickListener(new View.OnClickListener() {
47             @Override
48             public void onClick(View v) {
49                 selectedPosition(position);
50                 // 调用接口中的 onSelectD() 方法，在该方法中实现 D 选项的点击事件
51                 onSelectListener.onSelectD(position, vh.iv_a, vh.iv_b,
52                                                        vh.iv_c, vh.iv_d);
53             }
54         });
55         return convertView;
56     }
57     private void selectedPosition(int position){
58         if(!selectedPosition.contains("" + position)) {
59             selectedPosition.add(position + "");
60         }
61     }
62 }
```

上述代码中，第57~61行代码定义了一个selectedPosition()方法，该方法用于将当前被选中的选项位置position添加到集合selectedPosition中。在selectedPosition()方法中，首先调用contains()方法判断集合selectedPosition中是否包含当前被选中的选项位置position，如果不包含，则程序会调用add()方法将当前的position添加到集合selectedPosition中，否则，程序不做任何处理。

【任务6-10】实现习题详情界面的功能

【任务分析】

在习题列表界面中，当用户点击任意一个条目时，程序会跳转到习题详情界面并显示对应章节的习题详情信息。在跳转到习题详情界面的过程中，程序需要将习题数据传递到习题详情界面，在该界面中实现点击A、B、C、D选项时，程序会为对应的选项设置正确和错误图片的功能。当用户选择习题答案后，该习题的选项不能被再次选择。

【任务实施】

（1）初始化界面控件

在ExercisesDetailActivity中创建init()方法用于初始化界面控件。在init()方法中获取习题详情界面需要用的控件并完成数据的初始化操作，具体代码如文件6-14所示。

【文件6-14】ExercisesDetailActivity.java

```
package com.boxuegu.activity;
......
public class ExercisesDetailActivity extends AppCompatActivity {
    private TextView tv_main_title;
    private TextView tv_back;
    private RelativeLayout rl_title_bar;
    private ListView lv_list;
    private String title;
    private ExercisesBean bean;
    private List<ExercisesDetailBean> detailList;
    private ExercisesDetailAdapter adapter;
    @Override
    protected void onCreate(Bundle savedInstanceState) {
        super.onCreate(savedInstanceState);
        setContentView(R.layout.activity_exercises_detail);
        //获取从习题界面传递过来的习题数据
        bean = (ExercisesBean) getIntent().getSerializableExtra(
        "detailList");
        if(bean != null) {
            title = bean.getChapterName();       //获取习题所在的章节名称
            detailList = bean.getDetailList(); //获取习题详情界面的数据
        }
        init();
    }
    private void init() {
        tv_main_title = findViewById(R.id.tv_main_title);
        tv_back = findViewById(R.id.tv_back);
        rl_title_bar = findViewById(R.id.title_bar);
        rl_title_bar.setBackgroundColor(Color.parseColor("#30B4FF"));
        lv_list = findViewById(R.id.lv_list);
        TextView tv = new TextView(this);
        tv.setTextColor(Color.parseColor("#000000"));
        tv.setTextSize(16.0f);
        tv.setText("一、选择题");
        tv.setPadding(10, 15, 0, 0);
        lv_list.addHeaderView(tv); //将控件tv添加到列表控件lv_list的上方
        tv_main_title.setText(title);
        tv_back.setOnClickListener(new View.OnClickListener() {
            @Override
            public void onClick(View v) {
                ExercisesDetailActivity.this.finish();
```

```
            }
        });
    }
}
```

（2）实现A、B、C、D选项的点击事件

在ExercisesDetailActivity的init()方法中创建适配器ExercisesDetailAdapter的对象，在创建对象的过程中，程序需要实现习题的A、B、C、D选项的点击事件，因此我们需要在init()方法中实现A、B、C、D选项的点击事件，具体代码如下所示。

```
package com.boxuegu.activity;
......
public class ExercisesDetailActivity extends AppCompatActivity {
    ......
    private void init() {
        ......
        adapter = new ExercisesDetailAdapter(ExercisesDetailActivity.this,
                new ExercisesDetailAdapter.OnSelectListener() {
                    @Override
                    public void onSelectD(int position, ImageView iv_a,
                    ImageView iv_b, ImageView iv_c, ImageView iv_d) {
                        //判断如果答案不是4即D选项
                        SelectValue(position,4);
                        switch(detailList.get(position).getAnswer()) {
                            case 1:
                                iv_a.setImageResource(R.drawable.exercises_right_icon);
                                iv_d.setImageResource(R.drawable.exercises_error_icon);
                                break;
                            case 2:
                                iv_d.setImageResource(R.drawable.exercises_error_icon);
                                iv_b.setImageResource(R.drawable.exercises_right_icon);
                                break;
                            case 3:
                                iv_d.setImageResource(R.drawable.exercises_error_icon);
                                iv_c.setImageResource(R.drawable.exercises_right_icon);
                                break;
                            case 4:
                                iv_d.setImageResource(R.drawable.exercises_right_icon);
                                break;
                        }
```

```
            UtilsHelper.setABCDEnable(false, iv_a, iv_b, iv_c, iv_d);
        }
        @Override
        public void onSelectC(int position, ImageView iv_a,
                ImageView iv_b,ImageView iv_c, ImageViewiv_d){
            //判断如果答案不是3即C选项
            SelectValue(position,3);
            switch(detailList.get(position).getAnswer()) {
                case 1:
                    iv_a.setImageResource(R.drawable.exercises_right_icon);
                    iv_c.setImageResource(R.drawable.exercises_error_icon);
                    break;
                case 2:
                    iv_b.setImageResource(R.drawable.exercises_right_icon);
                    iv_c.setImageResource(R.drawable.exercises_error_icon);
                    break;
                case 3:
                    iv_c.setImageResource(R.drawable.exercises_right_icon);
                    break;
                case 4:
                    iv_c.setImageResource(R.drawable.exercises_error_icon);
                    iv_d.setImageResource(R.drawable.exercises_righct_icon);
                    break;
            }
            UtilsHelper.setABCDEnable(false, iv_a, iv_b, iv_c, iv_d);
        }
        @Override
        public void onSelectB(int position, ImageView iv_a,
        ImageView iv_b, ImageView iv_c, ImageView iv_d) {
            //判断如果答案不是2即B选项
            SelectValue(position,2);
            switch(detailList.get(position).getAnswer()) {
                case 1:
                    iv_a.setImageResource(R.drawable.exercises_right_icon);
                    iv_b.setImageResource(R.drawable.exercises_error_icon);
```

```
                    break;
                case 2:
                    iv_b.setImageResource(R.drawable.exercises_right_icon);
                    break;
                case 3:
                    iv_b.setImageResource(R.drawable.exercises_error_icon);
                    iv_c.setImageResource(R.drawable.exercises_right_icon);
                    break;
                case 4:
                    iv_b.setImageResource(R.drawable.exercises_error_icon);
                    iv_d.setImageResource(R.drawable.exercises_right_icon);
                    break;
            }
            UtilsHelper.setABCDEnable(false, iv_a, iv_b, iv_c, iv_d);
        }
        @Override
        public void onSelectA(int position, ImageView iv_a, ImageView iv_b, ImageView iv_c, ImageView iv_d) {
            //判断如果答案不是1即A选项
            SelectValue(position,1);
            switch(detailList.get(position).getAnswer()) {
                case 1:
                    iv_a.setImageResource(R.drawable.exercises_right_icon);
                    break;
                case 2:
                    iv_a.setImageResource(R.drawable.exercises_error_icon);
                    iv_b.setImageResource(R.drawable.exercises_right_icon);
                    break;
                case 3:
                    iv_a.setImageResource(R.drawable.exercises_error_icon);
                    iv_c.setImageResource(R.drawable.exercises_right_icon);
                    break;
                case 4:
                    iv_a.setImageResource(R.drawable.exercises_error_icon);
```

```
100                                 iv_d.setImageResource(R.drawable.exercises
                                    _right_icon);
101                                 break;
102                         }
103                         UtilsHelper.setABCDEnable(false, iv_a, iv_b,
                            iv_c, iv_d);
104                     }
105                 });
106         adapter.setData(detailList);
107         lv_list.setAdapter(adapter);
108     }
109     private void SelectValue(int position,int option){
110         if(detailList.get(position).getAnswer() != option) {
111             detailList.get(position).setSelect(option);
112         } else {
113             detailList.get(position).setSelect(0);
114         }
115     }
116}
```

上述代码中，第9~32行代码重写了onSelectD()方法，在该方法中实现了选项D的点击事件。在该方法中首先调用SelectValue()方法设置习题的select属性的值，然后调用getAnswer()方法获取习题的答案，根据答案设置错误选项与正确选项的图片，最后调用setABCDEnable()方法设置各习题选项是否可以被点击的状态。

第33~56行代码重写了onSelectC()方法，在该方法中实现了选项C的点击事件。第57~80行代码重写了onSelectB()方法，在该方法中实现了选项B的点击事件。第81~104行代码重写了onSelectA()方法，在该方法中实现了选项A的点击事件。这些A、B、C选项的点击事件的逻辑与D选项的点击事件的逻辑是类似的，此处不再重复描述。

第109~115行代码定义了SelectValue()方法用于实现设置习题的select属性的值。在SelectValue()方法中传递了2个参数，第1个参数position表示习题在列表中的位置，第2个参数option表示用户选择选项对应的值。在SelectValue()方法中首先通过if条件语句判断当前习题的答案与用户选择的选项是否一致，如果不一致，则说明当前被选中的选项是错误的，此时程序需要调用setSelect()方法将属性select的值设置为当前的选项序号，否则说明当前被选中的选项是正确的，此时程序需要调用setSelect()方法将属性select的值设置为0。

（3）添加跳转到习题详情界面的逻辑代码

为了点击习题列表中的任意条目时，程序会跳转到习题详情界面，我们需要在程序中找到ExercisesAdapter中的onBindViewHolder()方法，在该方法中的注释“//跳转到习题详情界面”下方添加跳转到习题详情界面的逻辑代码，具体代码如下所示。

```
Intent intent = new Intent(mContext, ExercisesDetailActivity.class);
//将习题数据传递到习题详情界面中
intent.putExtra("detailList",bean);
mContext.startActivity(intent);
```

本章小结

本章主要讲解了博学谷项目中的习题模块，该模块中主要包括了习题功能业务的实现与习题详情功能业务的实现。其中习题详情功能业务实现中的习题选项对错的逻辑以及选项图片的设置逻辑比较复杂，需要读者认真仔细地分析与思考。

习　　题

1. 请阐述实现习题列表展示功能的步骤。
2. 请阐述实现习题详情界面功能的步骤。

第7章 课程模块

学习目标

◎ 掌握界面的搭建方式，能够独立搭建课程模块中的所有界面

◎ 掌握列表适配器的编写方式，能够独立编写界面列表的适配器

◎ 掌握课程界面功能的实现方式，能够独立实现课程界面功能

◎ 掌握课程详情界面功能的实现方式，能够独立实现课程详情界面功能

◎ 掌握视频播放界面功能的实现方式，能够独立实现视频播放界面功能

◎ 掌握播放记录界面功能的实现方式，能够独立实现播放界面功能

博学谷项目的课程模块主要用于展示课程中的视频信息，当点击课程列表中的任意条目时，程序会跳转到课程详情界面，在该界面中可以播放相应章节的视频。为了方便用户查看自己已学习的视频，在“我”的界面中还添加了一个播放记录的功能，本章将针对课程模块进行详细讲解。

7.1 课程功能业务实现

任务综述

当打开博学谷程序时，程序会首先展示欢迎界面，然后进入主界面也就是课程界面。课程界面主要分为两部分内容，分别是广告栏与视频列表，广告栏主要用于展示广告图片信息，视频列表主要用于展示《Android移动开发基础案例教程（第2版）》第1~12章的课程视频信息。由于博学谷项目的数据存放在Tomcat服务器中，所以程序需要通过gson库解析从服务器获取到的JSON数据并显示到课程界面上。

【知识点】

- ViewPager控件、自定义控件；
- Fragment；
- JSON文件；
- gson库。

【技能点】

- 搭建与设计课程界面的布局；
- 通过Fragment与ViewPager控件实现广告栏的滑动效果；
- 通过解析JSON文件获取每章的课程数据；
- 通过自定义控件实现广告栏底部的小圆点效果。

【任务7-1】搭建广告栏界面布局

【任务分析】

广告栏界面主要用于展示广告图片信息与底部的3个小圆点，界面效果如图7-1所示。

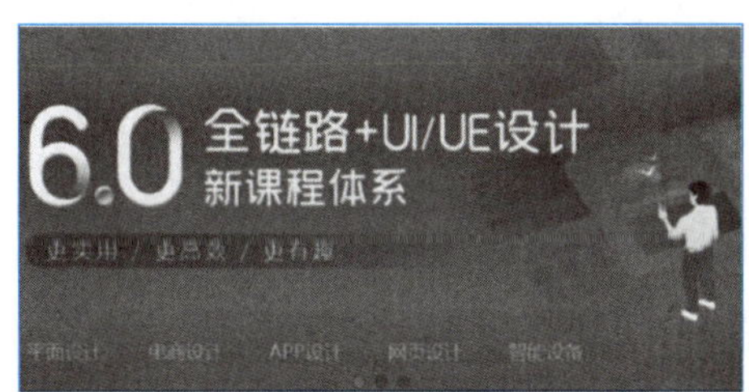

图7-1　广告栏界面

【任务实施】

（1）创建广告栏界面的布局文件

在res/layout文件夹中，创建一个布局文件main_adbanner.xml。

（2）导入界面图片

将广告栏界面所需要的图片default_img.png导入程序的drawable-hdpi文件夹中。

（3）创建蓝色与灰色小圆点图片

由于广告栏底部需要显示蓝色与灰色的小圆点，所以我们需要在程序的drawable文件夹中创建indicator_on.xml文件与indicator_off.xml文件，这2个文件分别用于实现蓝色与灰色的小圆点效果，具体代码如文件7-1和文件7-2所示。

【文件7-1】indicator_on.xml

```
<?xml version="1.0" encoding="utf-8"?>
<shape xmlns:android="http://schemas.android.com/apk/res/android"
    android:shape="oval">
    <size android:height="6dp" android:width="6dp" />
    <solid android:color="#00ABF8" />
</shape>
```

【文件7-2】indicator_off.xml

```
<?xml version="1.0" encoding="utf-8"?>
<shape xmlns:android="http://schemas.android.com/apk/res/android"
    android:shape="oval">
    <size android:height="6dp" android:width="6dp" />
    <solid android:color="#737373" />
</shape>
```

上述代码中，<shape>标签用于设定形状，当该标签中的属性shape的值为oval时，表示定义一个形状为椭圆的图形，<size />标签中的属性height与width分别用于设置形状的宽度与高度，<solid />标签中的属性color用于设置形状的填充色。

（4）自定义小圆点控件

在实际开发中，很多时候Android自带的控件都不能满足用户的需求，此时程序就需要自定义一个控件。在博学谷项目中，广告栏底部的小圆点控件就需要通过自定义控件来完成，因此需要在com.boxuegu.view包中创建一个ViewPagerIndicator类并继承LinearLayout类，具体代码如文件7-3所示。

【文件7-3】ViewPagerIndicator.java

```
package com.boxuegu.view;
......
public class ViewPagerIndicator extends LinearLayout {
    private int mCount; // 小圆点的个数
    private int mIndex; // 当前小圆点的位置
    private Context context;
    public ViewPagerIndicator(Context context) {
        this(context, null);
    }
    public ViewPagerIndicator(Context context, AttributeSet attrs) {
        super(context, attrs);
        this.context = context;
        setGravity(Gravity.CENTER); // 设置此布局居中
    }
    /**
     * 设置滑动到当前小圆点时其他圆点的位置
     */
    public void setCurrentPosition(int currentIndex) {
        mIndex = currentIndex;  // 当前小圆点的位置
        removeAllViews();        // 移除界面上存在的 view
        int pex = 5;
        for(int i = 0; i < mCount; i++) {
            // 创建一个 ImageView 控件来放置小圆点
            ImageView imageView = new ImageView(context);
            if(mIndex == i) { // 滑动到当前界面
                // 设置小圆点的图片为蓝色图片
                imageView.setImageResource(R.drawable.indicator_on);
            }else {
                // 设置小圆点的图片为灰色图片
                imageView.setImageResource(R.drawable.indicator_off);
            }
            imageView.setPadding(pex, 0, pex, 0); // 设置小圆点图片的上下左右的内边距
            addView(imageView); // 把小圆点添加到自定义控件 ViewPagerIndicator 上
        }
    }
    /**
```

```
         * 设置小圆点的数目
         */
        public void setCount(int count) {
            this.mCount = count;
        }
}
```

（5）添加界面控件

在布局文件main_adbanner.xml中，添加1个ViewPager控件用于显示左右滑动的广告图片；添加1个自定义控件ViewPagerIndicator用于显示广告栏底部的小圆点，具体代码如文件7-4所示。

【文件7-4】main_adbanner.xml

```
<?xml version="1.0" encoding="utf-8"?>
<RelativeLayout xmlns:android="http://schemas.android.com/apk/res/android"
    android:id="@+id/rl_adBanner"
    android:layout_width="match_parent"
    android:layout_height="160dp"
    android:background="#eeeeee"
    android:orientation="vertical">
    <android.support.v4.view.ViewPager
        android:id="@+id/vp_advertBanner"
        android:layout_width="match_parent"
        android:layout_height="match_parent"
        android:layout_alignParentLeft="true"
        android:layout_alignParentTop="true"
        android:layout_marginBottom="1dp"
        android:background="@drawable/default_img"
        android:gravity="center" />
    <LinearLayout
        android:layout_width="match_parent"
        android:layout_height="wrap_content"
        android:layout_alignParentBottom="true"
        android:background="@android:color/transparent">
        <!-- 小圆点 -->
        <com.boxuegu.view.ViewPagerIndicator
            android:id="@+id/vpi_advert_indicator"
            android:layout_width="0dp"
            android:layout_height="match_parent"
            android:layout_gravity="center"
            android:layout_weight="1"
            android:gravity="center"
            android:padding="4dp" />
    </LinearLayout>
</RelativeLayout>
```

上述代码中，添加ViewPager控件与自定义控件ViewPagerIndicator时，需要引用这些控件的绝对路径。

【任务7-2】搭建课程界面布局

【任务分析】

课程界面主要用于展示广告栏与视频列表信息，其中视频列表主要用于展示《Android 移动开发基础案例教程（第2版）》第1~12章的视频信息，界面效果如图7-2所示。

图7-2 课程界面

【任务实施】

（1）创建课程界面的布局文件

在res/layout文件夹中，创建一个布局文件main_view_course.xml。

（2）导入界面图片

将课程界面所需要的图片course_intro_icon.png导入程序的drawable-hdpi文件夹中。

（3）添加界面控件

在布局文件main_view_course.xml中，添加1个ImageView控件用于显示视频列表标题的图标；添加1个TextView控件用于显示视频列表的标题；添加1个RecyclerView控件用于显示视频列表，具体代码如文件7-5所示。

【文件7-5】main_view_course.xml

```
<?xml version="1.0" encoding="utf-8"?>
<LinearLayout xmlns:android="http://schemas.android.com/apk/res/android"
    android:layout_width="match_parent"
    android:layout_height="match_parent"
    android:background="@android:color/white"
    android:orientation="vertical" >
    <include layout="@layout/main_adbanner" />
    <LinearLayout
        android:layout_width="fill_parent"
```

```
        android:layout_height="45dp" >
        <ImageView
            android:layout_width="25dp"
            android:layout_height="25dp"
            android:layout_gravity="center_vertical"
            android:layout_marginLeft="8dp"
            android:src="@drawable/course_intro_icon" />
        <TextView
            android:layout_width="wrap_content"
            android:layout_height="fill_parent"
            android:layout_marginLeft="5dp"
            android:gravity="center_vertical"
            android:text="Android 基础案例教程 1~12 章视频 "
            android:textColor="@android:color/black"
            android:textSize="16sp"
            android:textStyle="bold" />
    </LinearLayout>
    <View
        android:layout_width="fill_parent"
        android:layout_height="1dp"
        android:layout_marginLeft="8dp"
        android:layout_marginRight="8dp"
        android:background="#E4E4E4" />
    <android.support.v7.widget.RecyclerView
        android:id="@+id/rv_list"
        android:layout_width="match_parent"
        android:layout_height="match_parent"
        android:layout_gravity="center"
        android:layout_marginBottom="55dp"/>
</LinearLayout>
```

【任务7-3】搭建课程列表条目界面布局

【任务分析】

由于课程界面使用了RecyclerView控件展示视频列表，并且列表是由若干个条目组成的，所以我们需要为RecyclerView控件搭建一个条目界面，在该条目界面中包含两个章节信息，每个章节信息中包含章节图片和章节名称，以第1章和第2章的课程信息为例，课程列表条目界面效果如图7-3所示。

图7-3　课程列表条目界面

【任务实施】

（1）创建课程列表条目界面的布局文件

在res/layout文件夹中，创建一个布局文件course_list_item.xml。

（2）添加界面控件

在布局文件course_list_item.xml中，添加1个ImageView控件用于显示章节图片；添加1个TextView控件用于显示章节名称，具体代码如文件7-6所示。

【文件7-6】course_list_item.xml

```
<?xml version="1.0" encoding="utf-8"?>
<LinearLayout xmlns:android="http://schemas.android.com/apk/res/android"
    android:layout_width="match_parent"
    android:layout_height="match_parent"
    android:background="@android:color/white"
    android:orientation="horizontal">
    <LinearLayout
        android:layout_width="match_parent"
        android:layout_height="125dp"
        android:orientation="vertical">
        <!-- 章节图片 -->
        <ImageView
            android:id="@+id/iv_img"
            android:layout_width="match_parent"
            android:layout_height="105dp"
            android:paddingTop="8dp"
            android:paddingBottom="4dp" />
        <!-- 章节名称 -->
        <TextView
            android:id="@+id/tv_title"
            android:layout_width="wrap_content"
            android:layout_height="wrap_content"
            android:layout_gravity="center_horizontal"
            android:singleLine="true"
            android:textColor="@android:color/black"
            android:textSize="12sp" />
    </LinearLayout>
</LinearLayout>
```

【任务7-4】准备课程界面数据

【任务分析】

由于课程界面分为两部分内容，分别是广告栏与课程列表，所以我们需要准备广告栏数据和课程列表数据。由于课程界面的数据是存放在Tomcat服务器上的，所以我们需要在apache-tomcat-8.5.59/webapps/ROOT/boxuegu文件夹中创建banner_list_data.json文件与course_list_data.json文件，这2个文件分别用于存放广告栏数据与课程列表数据。

【任务实施】

（1）创建广告栏数据

由于广告栏中的广告具有的属性有广告id与广告图片，所以我们在apache-tomcat-8.5.59/webapps/ROOT/boxuegu文件夹中创建banner_list_data.json文件，在该文件中定义广告的id属性与广告图片属性bannerImg的值，具体代码如文件7-7所示。

【文件7-7】banner_list_data.json

```
[
{
"id":1,
"bannerImg":"http://172.16.43.20:8080/boxuegu/img/banner/banner1.png"
},
{
"id":2,
"bannerImg":"http://172.16.43.20:8080/boxuegu/img/banner/banner2.png"
},
{
"id":3,
"bannerImg":"http://172.16.43.20:8080/boxuegu/img/banner/banner2.png"
}
]
```

需要注意的是，上述文件中的IP地址需要修改为自己PC上的IP地址，否则访问不到Tomcat服务器中的数据。

（2）创建课程列表数据

课程列表中的每个课程信息都包含的属性有章节id、章节名称、章节简介、章节图片和章节视频，其中章节视频中每个视频包含的属性有视频Id、视频名称、视频图标和视频地址。根据课程的属性信息，我们在apache-tomcat-8.5.59/webapps/ROOT/boxuegu文件夹中创建course_list_data.json文件，在该文件中准备一些课程信息的数据，具体代码如文件7-8所示。

【文件7-8】course_list_data.json

```
[
{
"id":1,
"chapterName":"第 1 章 Android 基础入门",
"chapterIntro":"Android 是 Google 公司基于 Linux 平台开发的手机及平板电脑的操作系统。
自问世以来，受到了前所未有的关注，并成为移动平台最受欢迎的操作系统之一。本章将针对Android 的基础知识进行详细地讲解。",
"chapterImg":"http://172.16.43.20:8080/boxuegu/img/video/img1.png",
"videoList":[
    {
    "videoId":"1",
    "videoName":"Android 系统简介",
    "videoIcon":"http://172.16.43.20:8080/boxuegu/img/video/icon/icon1.png",
    "videoPath":"http://172.16.43.20:8080/boxuegu/video/011.mp4"
    },
    {
```

```
        "videoId":"2",
        "videoName":" 笔记软件 ",
        "videoIcon":"http://172.16.43.20:8080/boxuegu/img/video/icon/icon2.png",
        "videoPath":"http://172.16.43.20:8080/boxuegu/video/012.mp4"
        }
        ]
},
......
{
"id":12,
"chapterName":" 第 12 章  综合项目 - 仿美团外卖 ",
"chapterIntro":" 为了巩固第 1~11 章的 Android 基础知识，本章要开发一款仿美团外卖的项目，
该项目与我们平常看到的美团外卖项目界面比较类似，展示的内容包括店铺、菜单、购物车、订单
与支付等信息。为了让大家能够熟练掌握仿美团外卖项目中用到的知识点，接下来我们将从项目分
析开始，一步一步带领大家开发仿美团外卖项目的各个功能。",
"chapterImg":"http://172.16.43.20:8080/boxuegu/img/video/img4.png",
"videoList":[
        {
        "videoId":"1",
        "videoName":" 项目分析 ",
        "videoIcon":"http://172.16.43.20:8080/boxuegu/img/video/icon/icon7.png",
        "videoPath":"http://172.16.43.20:8080/boxuegu/video/121.mp4"
        },
        {
        "videoId":"2",
        "videoName":" 项目效果展示 ",
        "videoIcon":"http://172.16.43.20:8080/boxuegu/img/video/icon/icon8.png",
        "videoPath":"http://172.16.43.20:8080/boxuegu/video/122.mp4"
        }
        ]
}
]
```

上述代码中的“videoList”节点中的数据是课程详情界面中的视频列表数据信息。

由于文章篇幅的限制，文件7-8中只展示了第1章和第12章的具体内容，读者在项目开发过程中需要将文件内容补充完整。

【任务7-5】封装课程信息的实体类

【任务分析】

课程界面由广告栏与课程列表组成，广告栏中的广告信息都包含的属性有广告id和广告图片，课程列表中的课程信息都包含的属性有章节id、章节名称、章节简介、章节图片和视频列表。章节的视频信息都包含的属性有视频Id、视频名称、视频图标和视频播放地址，由于播放记录界面需要显示视频所在的章节名称，所以视频信息属性中需要添加一个章节名称属性。广告栏与课程信息的数据分别存放在banner_list_data.json文件和course_list_data.json文件中，为了获取这2个文件中的数据，需要创建实体类BannerBean、CourseBean和VideoBean来分别存放广告信息

的属性、课程信息的属性和视频信息的属性。

【任务实施】

（1）创建实体类BannerBean

在com.boxuegu.bean包中创建BannerBean类，在该类中创建广告信息的所有属性。由于BannerBean类的对象中存储的数据需要在Activity之间进行传输，所以需要将BannerBean类进行序列化（实现Serializable接口）保证该类中存储的数据可以在Activity之间进行传输，具体代码如文件7-9所示。

【文件7-9】BannerBean.java

```
package com.boxuegu.bean;
public class BannerBean implements Serializable {
    //序列化时保持 BannerBean 类版本的兼容性
    private static final long serialVersionUID = 1L;
    private int id;                        //广告 id
    private String bannerImg;              //广告图片
    public int getId() {
        return id;
    }
    public void setId(int id) {
        this.id = id;
    }
    public String getBannerImg() {
        return bannerImg;
    }
    public void setBannerImg(String bannerImg) {
        this.bannerImg = bannerImg;
    }
}
```

（2）创建实体类CourseBean

在com.boxuegu.bean包中创建CourseBean类，在该类中创建课程信息的所有属性。由于CourseBean类的对象中存储的数据需要在Activity之间进行传输，所以需要将CourseBean类进行序列化（实现Serializable接口）保证该类中存储的数据可以在Activity之间进行传输，具体代码如文件7-10所示。

【文件7-10】CourseBean.java

```
package com.boxuegu.bean;
......
public class CourseBean implements Serializable {
    //序列化时保持 CourseBean 类版本的兼容性
    private static final long serialVersionUID = 1L;
    private int id;                                      // 章节 id
    private String chapterName;                          // 章节名称
    private String chapterIntro;                         // 章节简介
    private String chapterImg;                           // 章节图片
    private List<VideoBean> videoList;                   //视频列表
    public int getId() {
```

```
        return id;
    }
    public void setId(int id) {
        this.id = id;
    }
    public String getChapterName() {
        return chapterName;
    }
    public void setChapterName(String chapterName) {
        this.chapterName = chapterName;
    }
   ......//省略其他属性的getXx()和setXx()方法
    public List<VideoBean> getVideoList() {
        return videoList;
    }
    public void setVideoList(List<VideoBean> videoList) {
        this.videoList = videoList;
    }
}
```

（3）创建实体类VideoBean

在com.boxuegu.bean包中创建VideoBean类，在该类中创建视频信息的所有属性。由于VideoBean类中存储的数据需要在Activity之间进行传输，所以需要将VideoBean类进行序列化（实现Serializable接口）保证该类中存储的数据可以在Activity之间进行传输，具体代码如文件7-11所示。

【文件7-11】VideoBean.java

```
public class VideoBean implements Serializable {
    //序列化时保持VideoBean类版本的兼容性
    private static final long serialVersionUID = 1L;
    private int videoId;            // 视频Id
    private String chapterName;     // 章节名称
    private String videoName;       // 视频名称
    private String videoIcon;       // 视频图标
    private String videoPath;       // 视频播放地址
    public int getVideoId() {
        return videoId;
    }
    public void setVideoId(int videoId) {
        this.videoId = videoId;
    }
    public String getChapterName() {
        return chapterName;
    }
    public void setChapterName(String chapterName) {
        this.chapterName = chapterName;
    }
```

```
    public String getVideoName() {
        return videoName;
    }
    public void setVideoName(String videoName) {
        this.videoName = videoName;
    }
    public String getVideoIcon() {
        return videoIcon;
    }
    public void setVideoIcon(String videoIcon) {
        this.videoIcon = videoIcon;
    }
    public String getVideoPath() {
        return videoPath;
    }
    public void setVideoPath(String videoPath) {
        this.videoPath = videoPath;
    }
}
```

【任务7-6】编写广告栏的适配器

【任务分析】

由于课程界面中的广告栏使用了ViewPager控件，所以需要在程序中创建一个数据适配器AdBannerAdapter对ViewPager控件进行数据适配。

【任务实施】

在com.boxuegu.adapter包中创建一个AdBannerAdapter类继承FragmentStatePagerAdapter类并重写getItem()方法、getCount()方法和getItemPosition()方法，这3个方法分别用于获取每个广告对象、广告总数的最大值和防止刷新界面时，界面上显示缓存数据。适配器AdBannerAdapter的具体代码如文件7-12所示。

【文件7-12】AdBannerAdapter.java

```
package com.boxuegu.adapter;
......
public class AdBannerAdapter extends FragmentStatePagerAdapter {
    private List<BannerBean> bbl;
    public AdBannerAdapter(FragmentManager fm) {
        super(fm);
        bbl = new ArrayList<>();
    }
    public void setData(List<BannerBean> bbl) {
        this.bbl = bbl;                 //获取传递过来的广告数据
        notifyDataSetChanged();     //更新界面数据
    }
    @Override
    public Fragment getItem(int index) {
```

```
15            Bundle args = new Bundle();
16            if(bbl.size() > 0)
17                args.putSerializable("ad", bbl.get(index % bbl.size()));
18            return AdBannerFragment.newInstance(args);
19        }
20        @Override
21        public int getCount() {
22            return Integer.MAX_VALUE;
23        }
24        public int getSize() {
25            return bbl == null ? 0 : bbl.size();
26        }
27        @Override
28        public int getItemPosition(Object object) {
29            return POSITION_NONE;
30        }
31  }
```

上述代码中，第13~19行代码重写了getItem()方法，该方法用于获取广告栏中每个广告的对象。在getItem()方法中首先创建了Bundle类的对象args，然后调用size()方法判断广告栏数据集合bbl中是否有数据，如果有，则调用putSerializable()方法将广告数据封装到对象args中，最后调用newInstance()方法将对象args传递到AdBannerFragment（后续创建）中，同时返回了一个Fragment类的对象也就是广告对象。

第24~26行代码定义了一个getSize()方法，该方法用于获取广告数据集合bbl中元素的总数。

第27~30行代码重写了getItemPosition()方法，将该方法的返回值设置为POSITION_NONE，可以防止刷新界面时，界面上显示缓存数据的情况。

【任务7-7】实现设置广告栏数据功能

【任务分析】

由于广告栏适配器AdBannerAdapter中的getItem()方法用于获取每个广告对象，该方法的返回值是Fragment对象，也就是每个广告对象是一个Fragment对象，所以我们需要在程序中创建AdBannerFragment来设置每个广告对象的数据。

【任务实施】

（1）添加框架glide-3.7.0.jar

由于这些广告栏图片是网络图片，需要借助Glide类将网络图片显示到界面上，Glide类存在于glide-3.7.0.jar包中，所以需要在项目中导入该包。在项目的libs文件夹中导入glide-3.7.0.jar包，选中glide-3.7.0.jar包，右击选择Add As Library命令会弹出一个Create Library窗口，如图7-4所示。

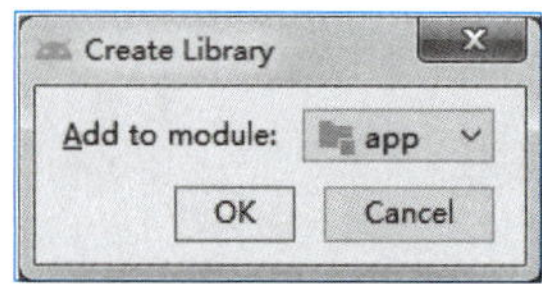

图7-4　Create Library窗口

单击图7-4中的OK按钮，即可将glide-3.7.0.jar包添加到项目中。

（2）设置广告栏数据

选中程序中的com.boxuegu包，在该包中创建fragment包。在fragment包中创建AdBannerFragment类并继承android.support.v4.app.Fragment类。在AdBannerFragment中重写onCreate()方法、onResume()方法和onCreateView()方法，这3个方法分别用于获取广告数据、加载广告图片和创建广告视图，具体代码如文件7-13所示。

【文件7-13】AdBannerFragment.java

```java
package com.boxuegu.fragment;
......
public class AdBannerFragment extends Fragment {
    private BannerBean bb;
    private ImageView iv;
    public static AdBannerFragment newInstance(Bundle args) {
        AdBannerFragment af = new AdBannerFragment();
        af.setArguments(args);
        return af;
    }
    @Override
    public void onCreate(Bundle savedInstanceState) {
        super.onCreate(savedInstanceState);
        Bundle arg = getArguments();
        bb = (BannerBean) arg.getSerializable("ad"); //获取广告对象的数据
    }
    @Override
    public void onResume() {
        super.onResume();
        if (bb != null) {
            Glide
                    .with(getActivity())
                    .load(bb.getBannerImg())
                    .error(R.mipmap.ic_launcher)
                    .into(iv);
        }
    }
    @Override
    public View onCreateView(LayoutInflater inflater, ViewGroup container,
                             Bundle savedInstanceState) {
        iv = new ImageView(getActivity()); //创建一个ImageView控件的对象
        ViewGroup.LayoutParams lp = new ViewGroup.LayoutParams(
                                    ViewGroup.LayoutParams.MATCH_PARENT,
                                    ViewGroup.LayoutParams.MATCH_PARENT);
        iv.setLayoutParams(lp);              //设置ImageView控件的宽和高
        iv.setScaleType(ImageView.ScaleType.FIT_XY); //把图片填满整个控件
        return iv;
    }
}
```

上述代码中，第21~25行代码通过Glide类实现加载广告图片的功能，其中，with()方法中传递的参数getActivity()表示上下文，load()方法中传递的参数bb.getBannerImg()是广告图片的网络地址，error()方法中传递的参数R.mipmap.ic_launcher表示当网络图片加载失败时，界面上默认显示的图片。into()方法中传递的参数iv表示广告图片的控件。

第32~34行代码调用LayoutParams()方法设置控件的宽度和高度，该方法中的第1个参数ViewGroup.LayoutParams.MATCH_PARENT用于设置控件的宽度为填充父窗体，第2个参数ViewGroup.LayoutParams.MATCH_PARENT用于设置控件的高度为填充父窗体。

【任务7-8】编写课程列表的适配器

【任务分析】

由于课程界面中的课程列表是用RecyclerView控件展示的，所以需要在程序中创建一个数据适配器CourseAdapter对RecyclerView控件进行数据适配。

【任务实施】

在com.boxuegu.adapter包中创建适配器CourseAdapter，在该适配器中重写onCreateViewHolder()、onBindViewHolder()、getItemCount()方法，这些方法分别用于创建列表条目视图、绑定数据到条目视图中和获取列表条目总数。具体代码如文件7-14所示。

【文件7-14】CourseAdapter.java

```
package com.boxuegu.adapter;
......
public class CourseAdapter extends RecyclerView.Adapter<CourseAdapter.MyViewHolder> {
    private Context mContext;
    private List<CourseBean> cbl;
    public CourseAdapter(Context context) {
        this.mContext = context;
    }
    public void setData(List<CourseBean> cbl) {
        this.cbl = cbl;                             //获取课程集合数据
        notifyDataSetChanged();                     //刷新界面信息
    }
    @Override
    public MyViewHolder onCreateViewHolder(ViewGroup viewGroup, int i) {
        View itemView = LayoutInflater.from(mContext).inflate(
                                        R.layout.course_list_item,null);
        MyViewHolder holder = new MyViewHolder(itemView);
        return holder;
    }
    @Override
    public void onBindViewHolder(MyViewHolder holder, int position) {
        final CourseBean bean = cbl.get(position);//获取课程列表条目的数据
        holder.tv_title.setText(bean.getChapterName());    //设置章节名称
        Glide
                .with(mContext)
                .load(bean.getChapterImg())
```

```
27                 .error(R.mipmap.ic_launcher)
28                 .into(holder.iv_img);
29         holder.iv_img.setOnClickListener(new View.OnClickListener() {
30             @Override
31             public void onClick(View v) {
32                 // 跳转到课程详情界面
33             }
34         });
35     }
36     @Override
37     public int getItemCount() {
38         return cbl == null ? 0 : cbl.size();
39     }
40     class MyViewHolder extends RecyclerView.ViewHolder {
41         TextView tv_title;
42         ImageView iv_img;
43         public MyViewHolder(View view) {
44             super(view);
45             iv_img = view.findViewById(R.id.iv_img);
46             tv_title = view.findViewById(R.id.tv_title);
47         }
48     }
49 }
```

上述代码中，第13~19行代码重写了onCreateViewHolder()方法用于创建列表条目视图，在该方法中首先调用inflate()方法加载课程列表条目的布局文件course_list_item.xml，然后创建MyViewHolder类的对象holder，最后返回对象holder。

第40~48行代码创建了MyViewHolder类，在该类中通过调用findViewById()方法获取课程列表条目界面上的控件。

【任务7-9】实现课程界面功能

【任务分析】

课程界面主要用于展示水平滑动的广告栏与课程列表信息，广告栏与课程列表信息的数据存放在Tomcat服务器中，我们需要在程序中使用OkHttpClient类向服务器请求数据，获取到数据后通过gson库解析这些数据并显示到课程界面上。由于广告栏中的广告图片每隔5秒会自动切换到下一张图片，所以需要在程序中创建AdAutoSlidThread线程来实现。

【任务实施】

（1）添加广告栏和课程信息的请求地址

当程序从服务器上获取广告数据和课程数据时，需要使用请求地址来获取这些数据，所以我们需要在Constant类中添加获取广告栏数据与课程数据的部分请求地址，具体代码如下所示。

```
// 获取广告栏数据的部分请求地址
public static final String REQUEST_BANNER_URL = "/banner_list_data.json";
// 获取课程数据的部分请求地址
public static final String REQUEST_COURSE_URL = "/course_list_data.json";
```

（2）初始化界面控件

在com.boxuegu.view包中创建CourseView类，在该类中创建initView()方法用于初始化界面控件。在initView()方法中获取课程界面的控件并完成数据的初始化操作，具体代码如文件7-15所示。

【文件7-15】CourseView.java

```
1  package com.boxuegu.view;
2  ......
3  public class CourseView {
4      private RecyclerView rv_list;
5      private CourseAdapter adapter;
6      private FragmentActivity mContext;
7      private LayoutInflater mInflater;
8      private View mCurrentView;
9      private ViewPager adPager;            // 广告
10     private View adBannerLay;             // 广告条容器
11     private AdBannerAdapter ada;          // 适配器
12     private ViewPagerIndicator vpi;       // 小圆点
13     public CourseView(FragmentActivity context) {
14         mContext = context;
15         mInflater = LayoutInflater.from(mContext);
16     }
17     private void initView() {
18         mCurrentView = mInflater.inflate(R.layout.main_view_course, null);
19         rv_list = mCurrentView.findViewById(R.id.rv_list);
20         adapter = new CourseAdapter(mContext);
21         rv_list.setLayoutManager(new GridLayoutManager(mContext,2));
22         rv_list.setAdapter(adapter);
23         adPager =  mCurrentView.findViewById(R.id.vp_advertBanner);
24         adPager.setLongClickable(false); //设置ViewPager控件的长按点击事件失效
25         ada = new AdBannerAdapter(mContext.getSupportFragmentManager());
26         adPager.setAdapter(ada);      //给ViewPager控件设置适配器
           //获取广告上的小圆点
27         vpi = mCurrentView.findViewById(R.id.vpi_advert_indicator);
28         vpi.setCount(ada.getSize()); //设置小圆点的个数
29         adBannerLay = mCurrentView.findViewById(R.id.rl_adBanner);
30     }
31 }
```

上述代码中，第18行代码调用inflate()方法加载课程界面的布局文件main_view_course.xml。

第21行代码调用setLayoutManager()方法设置课程列表的布局样式，该方法中传递的参数new GridLayoutManager(mContext,2)表示将列表的布局样式设置为表格样式，其中GridLayoutManager()方法中传递了2个参数，第1个参数mContext表示上下文，第2个参数2表示表格的一行中显示2列数据信息，也就是课程列表条目中，每个条目会显示2列课程信息。

（3）设置广告栏的宽度与高度

Android设备的分辨率有多种，为了让广告栏的高度与宽度的比例为1/2，我们需要在程序的

CourseView类中创建getScreenWidth()方法与resetSize()方法，这2个方法分别用于获取Android设备屏幕宽度与设置广告栏布局的宽度与高度，具体代码如下所示。

```
package com.boxuegu.view;
......
public class CourseView {
    ......
    private void initView() {
        ......
        resetSize();
    }
    /**
     * 设置广告栏布局的宽度与高度
     */
    private void resetSize() {
        int sw = getScreenWidth(mContext); //获取屏幕宽度
        int adLheight = sw / 2;             // 广告栏高度设置为宽度的 1/2
        ViewGroup.LayoutParams adlp = adBannerLay.getLayoutParams();
        adlp.width = sw;
        adlp.height = adLheight;
        adBannerLay.setLayoutParams(adlp); //设置广告栏布局的宽度和高度
    }
    /**
     * 获取屏幕宽度
     */
    private int getScreenWidth(Activity context) {
        DisplayMetrics metrics = new DisplayMetrics();
        Display display = context.getWindowManager().getDefaultDisplay();
        display.getMetrics(metrics); //将获取的屏幕的宽度与高度存放在对象 metrics 中
        return metrics.widthPixels;       //返回屏幕的宽度
    }
}
```

（4）解析广告数据与课程数据

由于从Tomcat服务器上获取的广告数据与课程数据是JSON类型的，不能直接显示到界面上，所以需要在程序的JsonParse类中创建getBannerList()方法与getCourseList()方法，这2个方法分别用于解析广告数据和课程数据，具体代码如下所示。

```
public List<BannerBean> getBannerList(String json) {
    Gson gson = new Gson();
    // 创建一个 TypeToken 的匿名子类对象，并调用该对象的 getType() 方法
    Type listType = new TypeToken<List<BannerBean>>() {}.getType();
    // 把获取到的数据存放在集合 bannerList 中
    List<BannerBean> bannerList = gson.fromJson(json, listType);
    return bannerList;
}
public List<CourseBean> getCourseList(String json) {
    Gson gson = new Gson();
```

```java
    // 创建一个 TypeToken 的匿名子类对象，并调用该对象的 getType() 方法
    Type listType = new TypeToken<List<CourseBean>>() {}.getType();
    // 把获取到的数据存放在集合 courseList 中
    List<CourseBean> courseList = gson.fromJson(json, listType);
    return courseList;
}
```

（5）获取课程界面数据

由于课程界面中的广告数据与课程数据需要从服务器上获取，所以我们需要在CourseView类中创建getData()方法，在该方法中通过异步线程访问网络，请求服务器上的广告数据和课程数据，其中课程数据中还包含了课程详情界面的数据。获取到数据后，程序会在创建的MHandler类中调用对应的解析JSON数据的方法，将解析后的数据显示到课程界面上。具体代码如下所示。

```java
package com.boxuegu.view;
......
public class CourseView {
    ......
    public static final int MSG_BANNER_OK = 001;          // 广告数据
    public static final int MSG_COURSE_OK = 002;          // 课程数据
    private MHandler mHandler;                             // 事件捕获
    ......
    private void initView() {
        mHandler = new MHandler();
        getData(Constant.REQUEST_BANNER_URL,MSG_BANNER_OK); // 获取广告数据
        getData(Constant.REQUEST_COURSE_URL,MSG_COURSE_OK); // 获取课程数据
        ......
    }
    private void getData(String url, final int ok) {
        OkHttpClient okHttpClient = new OkHttpClient();
        Request request = new Request.Builder().url(Constant.WEB_SITE + url).build();
        Call call = okHttpClient.newCall(request);
        // 开启异步线程访问网络
        call.enqueue(new Callback() {
            @Override
            public void onResponse(Call call, Response response) throws IOException {
                String res = response.body().string(); // 获取数据
                Message msg = new Message();
                msg.what = ok;
                msg.obj = res;
                mHandler.sendMessage(msg);
            }
            @Override
            public void onFailure(Call call, IOException e) {
            }
```

```
32         });
33     }
34     class MHandler extends Handler {
35         @Override
36         public void dispatchMessage(Message msg) {
37             super.dispatchMessage(msg);
38             switch(msg.what) {
39                 case MSG_COURSE_OK:
40                     if(msg.obj != null) {
41                         String vlResult = (String) msg.obj;
42                         //解析获取的 JSON 数据
43                         List<CourseBean> cbl =
44                         JsonParse.getInstance().getCourseList(vlResult);
45                         adapter.setData(cbl); //设置课程数据到课程适配器中
46                     }
47                     break;
48                 case MSG_BANNER_OK:
49                     if(msg.obj != null) {
50                         String vlResult = (String) msg.obj;
51                         //解析获取的 JSON 数据
52                         List<BannerBean> bbl =
53                         JsonParse.getInstance().getBannerList(vlResult);
54                         ada.setData(bbl); //设置广告栏数据到广告栏适配器中
55                         vpi.setCount(bbl.size());       //设置小圆点的数量
56                         vpi.setCurrentPosition(0);//设置当前小圆点的位置为 0
57                     }
58                     break;
59             }
60         }
61     }
62 }
```

上述代码中，第15~33行代码定义了一个getData()方法，该方法用于获取服务器上的课程界面数据。getData()方法中传递了2个参数，分别是url和ok，这2个参数分别是数据的请求地址和标记数据的常量。其中，第20~32行代码首先调用enqueue()方法开启了一个异步线程来访问网络，然后在重写的onResponse()方法中接收从服务器上获取到的数据信息，将这些信息封装到Message类的对象msg中，最后调用sendMessage()方法将对象msg通过Handler消息机制传递到MHandler类中。

第34~61行代码定义了一个MHandler类，该类用于处理从服务器获取的JSON数据。其中，第38~59行代码通过switch语句来判断msg对象中封装的what值，通过该值可以明确传递过来的是什么数据。如果what的值为MSG_COURSE_OK，表示需要处理的是课程数据；如果what的值为MSG_BANNER_OK，表示需要处理的是广告栏数据，在处理这些数据的过程中需要分别调用getCourseList()方法与getBannerList()方法解析获取到的课程数据与广告栏数据，并将这些数据设置到对应的适配器中。

（6）实现广告栏自动滑动效果

由于课程界面上方的广告图片每隔5秒会自动切换到下一张广告图片，并且当前图片底部的小圆点颜色由蓝色变为灰色，所以我们需要在程序中创建一个线程AdAutoSlidThread实现广告图片每隔5秒自动切换的效果，底部小圆点颜色变化的效果可以通过ViewPager控件的addOnPageChangeListener()方法来实现。具体代码如下所示。

```
package com.boxuegu.view;
......
public class CourseView {
    ......
    public static final int MSG_AD_SLID = 003;     // 广告自动滑动
    ......
   /**
     * 实现广告栏每隔 5 秒自动滑动的功能
     */
    class AdAutoSlidThread extends Thread {
        @Override
        public void run() {
            super.run();
            while(true) {
                try {
                    sleep(5000);                    //线程睡眠 5 秒
                } catch (InterruptedException e) {
                    e.printStackTrace();
                }
                if(mHandler != null){
                    mHandler.sendEmptyMessage(MSG_AD_SLID);
                }
            }
        }
    }
    private void initView() {
        ......
        new AdAutoSlidThread().start();
        adPager.addOnPageChangeListener(new ViewPager.OnPageChangeListener() {
            @Override
            public void onPageScrolled(int position, float positionOffset,
                                               int positionOffsetPixels) {
            }
            @Override
            public void onPageSelected(int position) {
                if(ada.getSize() > 0) {
                    //用 position%ada.getSize() 来标记滑动到的当前位置
                    vpi.setCurrentPosition(position % ada.getSize());
                }
            }
            @Override
            public void onPageScrollStateChanged(int state) {
```

```
43              }
44          });
45          ......
46      }
47      ......
48      class MHandler extends Handler {
49          @Override
50          public void dispatchMessage(Message msg) {
51              super.dispatchMessage(msg);
52              switch(msg.what) {
53                  ......
54                  case MSG_AD_SLID:
55                      if(ada.getCount() > 0) {
56                          // 设置滑动到下一张广告图片
57                          adPager.setCurrentItem(adPager.getCurrentItem() + 1);
58                      }
59                      break;
60              }
61          }
62      }
63  }
```

上述代码中，第21行代码调用sendEmptyMessage()方法将每隔5秒切换广告图片的消息传递到MHandler类中。

第29~44行代码调用addOnPageChangeListener()方法监听ViewPager控件中图片的滑动情况，当广告图片滑动后，程序会触发onPageSelected()方法，在该方法中通过调用setCurrentPosition()方法设置小圆点的颜色，setCurrentPosition()方法中传递的参数position % ada.getSize()是当前广告图片的位置。

（7）获取与显示课程界面

由于程序需要获取并显示课程界面，所以我们需要在CourseView类中创建getView()方法与showView()方法，这2个方法分别用于获取课程界面与显示课程界面，具体代码如下所示。

```
public View getView() {
    if(mCurrentView == null) {
        initView();
    }
    return mCurrentView;
}
public void showView() {
    if(mCurrentView == null) {
        initView();
    }
    mCurrentView.setVisibility(View.VISIBLE); // 显示当前视图
}
```

（8）添加跳转到课程界面的逻辑代码

为了点击底部导航栏中的“课程”按钮时，程序会将课程界面显示在底部导航栏上方，我们需要在MainActivity中找到createView()方法，在该方法中将课程界面显示在底部导航栏上方。在createView()方法中的注释“//课程界面”下方添加显示课程界面的代码，具体代码如下所示。

```
public class MainActivity extends AppCompatActivity implements
View.OnClickListener {
    private CourseView mCourseView;
    ......
    private void createView(int viewIndex) {
        switch(viewIndex) {
            case 0:
                // 课程界面
                if(mCourseView == null) {
                    mCourseView = new CourseView(this);
                    // 加载课程界面
                    mBodyLayout.addView(mCourseView.getView());
                } else {
                    mCourseView.getView();                  // 获取课程界面
                }
                mCourseView.showView();                     // 显示课程界面
                break;
                ......
        }
    }
    ......
}
```

7.2　课程详情功能业务实现

任务综述

课程详情界面用于展示每章的课程简介与视频列表信息，其中课程简介与视频列表的数据是从课程界面传递过来的。当用户是登录状态时，课程详情界面播放过的视频信息都会保存到SQLite数据库中，便于后续显示用户的播放记录信息，本案例以播放Tomcat中的视频为例，此视频需要在播放前保存到Tomcat中。

【知识点】

- RecyclerView控件；
- JSON数据；
- SQLite数据库。

【技能点】

- 搭建与设计课程详情界面的布局；
- 通过解析JSON文件获取课程详情界面中的视频列表数据；
- 通过SQLite数据库实现视频信息的保存功能。

【任务7-10】搭建课程详情界面布局

【任务分析】

课程详情界面主要用于展示课程详情图片、“简介”选项卡、“视频”选项卡、章节简介内容和视频列表信息，以显示第1章的课程详情为例，课程详情界面效果如图7-5所示。

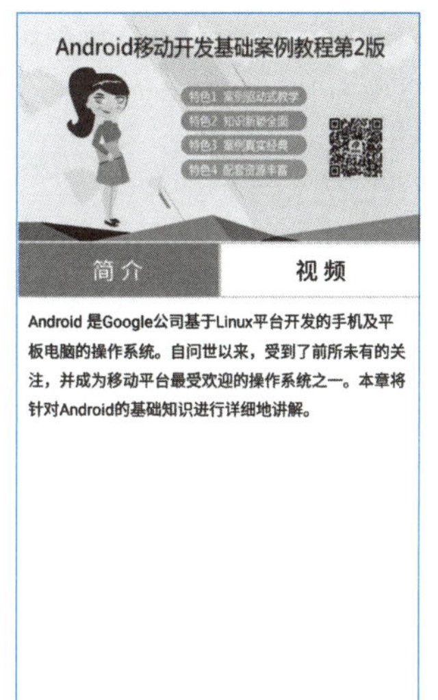

图7-5　课程详情界面

【任务实施】

（1）创建课程详情界面

在com.boxuegu.activity包中创建CourseDetailActivity，并将其布局文件名指定为activity_course_detail。

（2）导入界面图片

将课程详情界面所需要的图片default_video_list_icon.png、video_list_intro_blue.png、video_list_intro_white.png导入程序的drawable-hdpi文件夹中。

（3）创建“简介”选项卡与“视频”选项卡的样式

由于课程详情界面中通过2个TextView控件显示了“简介”选项卡与“视频”选项卡，这2个文本控件的宽度、高度、比重、在垂直方向的位置、内容的位置、文本的大小都是一致的，为了减少程序中代码的冗余，将这些样式代码抽取出来放在名为tvVideoIntroStyle的样式中。在程序的res/values/styles.xml文件中创建一个名为tvVideoIntroStyle的样式，具体代码如下所示。

```
<style name="tvVideoIntroStyle">
    <item name="android:layout_width">0dp</item>
    <item name="android:layout_height">match_parent</item>
    <item name="android:layout_weight">1</item>
    <item name="android:layout_centerVertical">true</item>
    <item name="android:gravity">center</item>
    <item name="android:textSize">20sp</item>
</style>
```

（4）添加界面控件

在布局文件activity_course_detail.xml中，添加4个TextView控件分别用于显示章节图片、“简介”选项卡、“视频”选项卡和章节简介内容，添加1个RecyclerView控件用于展示视频列表信息，具体代码如文件7-16所示。

【文件7-16】activity_course_detail.xml

```
<?xml version="1.0" encoding="utf-8"?>
```

```
<LinearLayout xmlns:android="http://schemas.android.com/apk/res/android"
    android:layout_width="match_parent"
    android:layout_height="match_parent"
    android:background="@android:color/white"
    android:orientation="vertical">
    <!-- 课程详情图片 -->
    <TextView
        android:layout_width="match_parent"
        android:layout_height="200dp"
        android:background="@drawable/default_video_list_icon" />
    <LinearLayout
        android:layout_width="match_parent"
        android:layout_height="50dp"
        android:gravity="center"
        android:orientation="horizontal">
        <!--"简介"选项卡 -->
        <TextView
            android:id="@+id/tv_intro"
            style="@style/tvVideoIntroStyle"
            android:background="@drawable/video_list_intro_blue"
            android:text="简 介"
            android:textColor="#FFFFFF" />
        <View
            android:layout_width="1dp"
            android:layout_height="48dp"
            android:background="#C3C3C3" />
        <!--"视频"选项卡 -->
        <TextView
            android:id="@+id/tv_video"
            style="@style/tvVideoIntroStyle"
            android:background="@drawable/video_list_intro_white"
            android:text="视 频"
            android:textColor="#000000" />
    </LinearLayout>
    <RelativeLayout
        android:layout_width="match_parent"
        android:layout_height="match_parent">
        <!-- 视频列表 -->
        <android.support.v7.widget.RecyclerView
            android:id="@+id/rv_list"
            android:layout_width="match_parent"
            android:layout_height="match_parent"
            android:layout_marginLeft="15dp"
            android:layout_marginRight="15dp"
            android:visibility="gone" />
        <ScrollView
            android:id="@+id/sv_chapter_intro"
```

```
                android:layout_width="match_parent"
                android:layout_height="match_parent">
                <LinearLayout
                    android:layout_width="match_parent"
                    android:layout_height="match_parent"
                    android:orientation="horizontal">
                    <!-- 章节简介 -->
                    <TextView
                        android:id="@+id/tv_chapter_intro"
                        android:layout_width="match_parent"
                        android:layout_height="match_parent"
                        android:lineSpacingMultiplier="1.5"
                        android:padding="10dp"
                        android:textColor="@android:color/black"
                        android:textSize="14sp" />
                </LinearLayout>
            </ScrollView>
        </RelativeLayout>
    </LinearLayout>
```

【任务7-11】搭建课程详情列表条目界面布局

【任务分析】

由于课程详情界面使用了RecyclerView控件展示视频名称列表信息，并且列表是由若干个条目组成的，所以需要为RecyclerView控件搭建一个条目界面，在该条目界面中需要展示条目图片和视频名称，以课程详情界面列表的4个条目为例，界面效果如图7-6所示。

图7-6　课程详情列表条目界面

【任务实施】

（1）创建课程详情列表条目界面的布局文件

在res/layout文件夹中，创建一个布局文件course_detail_list_item.xml。

（2）导入界面图片

将课程详情列表条目界面所需要的图片course_detail_list_icon.png导入到程序中的drawable-hdpi文件夹中。

（3）添加界面控件

在布局文件course_detail_list_item.xml中，添加1个ImageView控件用于显示条目图片；添加1个TextView控件用于显示视频名称；添加1个View控件用于显示一条灰色分割线，具体代码如文件7-17所示。

【文件7-17】course_detail_list_item.xml

```
<?xml version="1.0" encoding="utf-8"?>
<LinearLayout xmlns:android="http://schemas.android.com/apk/res/android"
    android:layout_width="match_parent"
    android:layout_height="wrap_content"
    android:orientation="vertical">
    <LinearLayout
        android:layout_width="match_parent"
        android:layout_height="wrap_content"
        android:background="@android:color/white"
        android:gravity="center_vertical"
        android:orientation="horizontal"
        android:paddingTop="15dp"
        android:paddingBottom="15dp">
        <!-- 条目图片 -->
        <ImageView
            android:id="@+id/iv_left_icon"
            android:layout_width="25dp"
            android:layout_height="25dp"
            android:src="@drawable/course_detail_list_icon" />
        <!-- 视频名称 -->
        <TextView
            android:id="@+id/tv_video_name"
            android:layout_width="match_parent"
            android:layout_height="match_parent"
            android:layout_marginLeft="10dp"
            android:gravity="center_vertical"
            android:textColor="#333333"
            android:textSize="14sp" />
    </LinearLayout>
    <View style="@style/vMyinfoStyle" />
</LinearLayout>
```

【任务7-12】编写课程详情界面的适配器

【任务分析】

由于课程详情界面中的视频列表是用RecyclerView控件展示的，所以需要在程序中创建一个数据适配器CourseDetailAdapter对RecyclerView控件进行数据适配。

【任务实施】

（1）创建适配器CourseDetailAdapter

在com.boxuegu.adapter包中创建适配器CourseDetailAdapter，在该适配器中重写onCreateViewHolder()、onBindViewHolder()、getItemCount()方法，这些方法分别用于创建列表条目视图、绑定数据到条目视图中和获取列表条目总数。具体代码如文件7-18所示。

【文件7-18】CourseDetailAdapter.java

```
package com.boxuegu.adapter;
```

```
......
public class CourseDetailAdapter extends RecyclerView.Adapter<
                                CourseDetailAdapter.MyViewHolder> {
    private Context mContext;
    private List<VideoBean> vbl;              //视频列表数据
    private int selectedPosition = -1;      //点击时选中的列表条目位置
    private OnSelectListener onSelectListener;
    public CourseDetailAdapter(Context context, OnSelectListener onSelectListener) {
        this.mContext = context;
        this.onSelectListener = onSelectListener;
    }
    public void setSelectedPosition(int position) {
        selectedPosition = position;
    }
    public void setData(List<VideoBean> vbl) {
        this.vbl = vbl;                       // 接收传递过来的视频列表数据
        notifyDataSetChanged();               // 刷新界面数据
    }
    @Override
    public MyViewHolder onCreateViewHolder(ViewGroup viewGroup, int i) {
        View itemView = LayoutInflater.from(mContext).inflate(
                          R.layout.course_detail_list_item,null);
        MyViewHolder holder = new MyViewHolder(itemView);
        return holder;
    }
    @Override
    public void onBindViewHolder(final MyViewHolder holder, final int position) {
        final VideoBean bean = vbl.get(position);
        holder.iv_icon.setImageResource(R.drawable.course_detail_list_icon);
        holder.tv_name.setTextColor(Color.parseColor("#333333"));
        if(bean != null) {
            holder.tv_name.setText(bean.getVideoName());
            // 设置条目被选中时的效果
            if(selectedPosition == position) {
                holder.iv_icon.setImageResource(R.drawable.course_intro_icon);
                holder.tv_name.setTextColor(Color.parseColor("#009958"));
            } else {
                holder.iv_icon.setImageResource(R.drawable.course_detail
                _list_icon);
                holder.tv_name.setTextColor(Color.parseColor("#333333"));
            }
        }
        holder.itemView.setOnClickListener(new View.OnClickListener() {
            @Override
            public void onClick(View v) {
                if(bean == null)return;
                onSelectListener.onSelect(position, holder.iv_icon);
```

```
48                 }
49             });
50         }
51         @Override
52         public int getItemCount() {
53             return vbl == null ? 0 : vbl.size();
54         }
55         class MyViewHolder extends RecyclerView.ViewHolder {
56             TextView tv_name;
57             ImageView iv_icon;
58             public MyViewHolder(View view) {
59                 super(view);
60                 tv_name = view.findViewById(R.id.tv_video_name);
61                 iv_icon = view.findViewById(R.id.iv_left_icon);
62             }
63         }
64         public interface OnSelectListener {
65             void onSelect(int position, ImageView iv);
66         }
67 }
```

上述代码中，第35~41行代码通过if条件语句判断当前条目的位置position的值是否与变量selectedPosition的值相同，如果相同，则说明当前的条目是被选中的状态，此时程序需要先后调用setImageResource()方法与setTextColor()方法来设置条目左侧的图标为course_intro_icon与设置视频名称的文本颜色为绿色（#009958）；如果不相同，则说明当前的条目处于未被选中的状态，此时程序需要先后调用setImageResource()方法与setTextColor()方法来设置条目左侧的图标为course_detail_list_icon，设置视频名称文本的颜色为灰色（#333333）。

第43~49行代码调用setOnClickListener()方法实现视频列表条目的点击事件。点击视频列表条目，程序会调用onClick()方法实现列表条目的点击事件，在onClick()方法中，程序调用OnSelectListener 接口中的onSelect()方法，用于将onSelect()方法传递到CourseDetailActivity中进行实现。

第64~66行代码创建了接口OnSelectListener，该接口的作用是将当前条目的位置position与图标控件iv传递到CourseDetailActivity中，便于在CourseDetailActivity中对条目位置与图标的设置。

扩展阅读

世界首台光量子计算机

【任务7-13】实现课程详情界面功能

【任务分析】

课程详情界面主要用于展示章节简介与视频列表，课程详情界面的数据是从课程界面传递过来的。当点击“简介”选项卡时，选项卡的背景颜色显示为蓝色，文本颜色显示为白色，选项卡下方显示课程简介内容，此时“视频”选项卡的背景颜色显示为白色，文本颜色显示为黑色，选项卡下方的内容设置为隐藏状态；当点击“视频”选项卡时，该选项卡的显示效果与“简介”选项卡被点击时的显示效果一致，此时“简介”选项卡的显示效果与“视频”选项卡未被点击时的显示效果一致。当用户处于登录状态时，点击视频列表条目，程序会将点击过的视频信息保存到本地的数据库中，便于后续在播放记录中进行显示。

【任务实施】

（1）初始化界面控件

在CourseDetailActivity中创建init ()方法用于初始化界面控件，在init ()方法中获取课程界面的控件、实现视频列表的点击事件，并完成数据的初始化操作，具体代码如文件7-19所示。

【文件7-19】CourseDetailActivity.java

```
package com.boxuegu.activity;
......
public class CourseDetailActivity extends AppCompatActivity {
    private TextView tv_intro, tv_video, tv_chapter_intro;
    private RecyclerView rv_list;
    private ScrollView sv_chapter_intro;
    private CourseDetailAdapter adapter;
    private List<VideoBean> videoList;
    private String chapterName,intro;
    private DBUtils db;
    private CourseBean bean;
    private int id;
    @Override
    protected void onCreate(Bundle savedInstanceState) {
        super.onCreate(savedInstanceState);
        setContentView(R.layout.activity_course_detail);
        //从课程界面传递过来的课程信息
        bean= (CourseBean) getIntent().getSerializableExtra("CourseBean");
        id = bean.getId();                            // 获取章节 Id
        chapterName = bean.getChapterName();          // 获取章节名称
        intro = bean.getChapterIntro();               // 获取章节简介
        videoList=bean.getVideoList();                // 获取视频列表信息
        //创建数据库工具类的对象
        db = DBUtils.getInstance(CourseDetailActivity.this);
        init();
    }
    private void init() {
        tv_intro = findViewById(R.id.tv_intro);
        tv_video = findViewById(R.id.tv_video);
        rv_list = findViewById(R.id.rv_list);
        tv_chapter_intro = findViewById(R.id.tv_chapter_intro);
        sv_chapter_intro= findViewById(R.id.sv_chapter_intro);
        adapter = new CourseDetailAdapter(this,
            new CourseDetailAdapter.OnSelectListener() {
            @Override
            public void onSelect(int position, ImageView iv) {
                adapter.setSelectedPosition(position); // 设置适配器的选中项
                VideoBean bean = videoList.get(position);
                String videoPath = bean.getVideoPath();
                adapter.notifyDataSetChanged();      // 更新列表界面数据
                if(TextUtils.isEmpty(videoPath)) {
```

```
41                     Toast.makeText(CourseDetailActivity.this,
42                    "本地没有此视频，暂无法播放", Toast.LENGTH_SHORT).show();
43                     return;
44                 }else{
45                     // 判断用户是否登录，若登录则把此视频添加到数据库中
46                     if(UtilsHelper.readLoginStatus(
                       CourseDetailActivity.this)){
47                         String userName= UtilsHelper.readLoginUserName(
48                                             CourseDetailActivity.this);
49                         db.saveVideoPlayList(id,chapterName,
50                                      videoList.get(position), userName);
51                     }
52                     // 跳转到视频播放界面
53                 }
54             }
55         });
56         //设置列表中内容的排列方向为垂直排列
57         rv_list.setLayoutManager(new LinearLayoutManager(this));
58         rv_list.setAdapter(adapter);
59         adapter.setData(videoList);
60         tv_chapter_intro.setText(intro);
61     }
62 }
```

上述代码中，第46~51行代码首先调用readLoginStatus()方法判断用户是否为登录状态，如果为登录状态，则程序会调用readLoginUserName()方法获取登录的用户名userName，然后调用saveVideoPlayList()方法（该方法在后续创建）将视频信息保存到本地数据库中；如果是未登录状态，则程序不做任何处理。

（2）实现“简介”与“视频”选项卡的点击事件

由于课程详情界面上的“简介”选项卡与“视频”选项卡都需要实现点击功能，所以需要将CourseDetailActivity实现OnClickListener接口，并重写onClick()方法，在该方法中实现选项卡的点击事件，具体代码如下所示。

```
package com.boxuegu.activity;
......
public class CourseDetailActivity extends AppCompatActivity implements
 View.OnClickListener {
    ......
    private void init() {
        ......
        tv_intro.setOnClickListener(this);
        tv_video.setOnClickListener(this);
    }
    @Override
    public void onClick(View v) {
        switch(v.getId()) {
            case R.id.tv_intro:// 简介
```

```
15                  rv_list.setVisibility(View.GONE);
16                  sv_chapter_intro.setVisibility(View.VISIBLE);
17                  tv_intro.setBackgroundResource(R.drawable.video_list_intro_blue);
18                  tv_video.setBackgroundResource(R.drawable.video_list_intro
                    _white);
19                  tv_intro.setTextColor(Color.parseColor("#FFFFFF"));
20                  tv_video.setTextColor(Color.parseColor("#000000"));
21                  break;
22              case R.id.tv_video:// 视频
23                  rv_list.setVisibility(View.VISIBLE);
24                  sv_chapter_intro.setVisibility(View.GONE);
25                  tv_intro.setBackgroundResource(R.drawable.video_list_intro
                    _white);
26                  tv_video.setBackgroundResource(R.drawable.video_list_intro
                    _blue);
27                  tv_intro.setTextColor(Color.parseColor("#000000"));
28                  tv_video.setTextColor(Color.parseColor("#FFFFFF"));
29                  break;
30              default:
31                  break;
32          }
33      }
34  }
```

上述代码中，第8~9行代码调用setOnClickListener()方法设置“简介”选项卡与“视频”选项卡的点击事件的监听器。

第11~33行代码重写了onClick()方法，在该方法中实现“简介”选项卡与“视频”选项卡的点击事件。其中第14~21行代码实现“简介”选项卡的点击事件，在该段代码中首先调用setVisibility()方法将视频列表控件设置为隐藏状态，章节简介布局设置为显示状态，然后调用setBackgroundResource()方法将“简介”选项卡的背景图片设置为蓝色图片（video_list_intro_blue），“视频”选项卡的背景图片设置为白色图片（video_list_intro_white），最后调用setTextColor()方法将“简介”与“视频”文本分别设置为白色和黑色。

（3）创建视频播放记录表

由于当用户处于登录状态时点击的视频会被保存到本地数据库中，并在播放记录界面进行显示，所以我们首先需要在数据库中创建一个存放视频播放记录信息表videoplaylist。在程序的SQLiteHelper类中找到public static final String U_USERINFO = "userinfo";语句，在该语句下方定义一个静态常量U_VIDEO_PLAY_LIST，用于存放播放记录信息表的名称，具体代码如下所示。

```
public static final String U_VIDEO_PLAY_LIST = "videoplaylist";//视频播放列表
```

然后在SQLiteHelper类的onCreate()方法中添加创建视频播放记录信息表的逻辑代码，具体代码如下所示。

```
sqLiteDatabase.execSQL("CREATE TABLE  IF NOT EXISTS " + U_VIDEO_PLAY_LIST
+ "( "+ "_id INTEGER PRIMARY KEY AUTOINCREMENT, "
+ "userName VARCHAR, "          //用户名
+ "chapterId INT, "             //章节 Id 号
```

```
    + "videoId INT, "              //视频Id号
    + "videoPath VARCHAR, "        //视频地址
    + "chapterName VARCHAR, "      //视频章节名称
    + "videoName VARCHAR, "        //视频名称
    + "videoIcon VARCHAR "         //视频图标
    + ")");
```

由于我们在更新数据库版本时，需要首先删除原来的数据库表，然后重新创建数据库表，所以我们需要在SQLiteHelper类的onUpgrade()方法中添加删除数据表videoplaylist的代码，在onUpgrade()方法中找到onCreate(sqLiteDatabase);语句，在该语句之前添加删除数据库表的代码，具体代码如下所示。

```
sqLiteDatabase.execSQL("DROP TABLE IF EXISTS " + U_VIDEO_PLAY_LIST);
```

（4）判断数据库中是否存在视频播放记录数据

由于课程详情界面需要保存视频的播放记录信息到数据库中，在保存数据之前程序需要首先判断数据库中是否已经保存过要保存的视频播放记录信息，所以我们需要在程序的DBUtils类中创建一个hasVideoPlay()方法，在该方法中判断数据库中是否存在当前要保存的数据信息，具体代码如下所示。

```
1  public boolean hasVideoPlay(int chapterId, int videoId,String userName) {
2      boolean hasVideo = false;
3      String sql = "SELECT * FROM " + SQLiteHelper.U_VIDEO_PLAY_LIST
4                  + " WHERE chapterId=? AND videoId=? AND userName=?";
5      Cursor cursor = db.rawQuery(sql, new String[] { chapterId + "",
6                                          videoId + "" ,userName});
7      if(cursor.moveToFirst()) {
8          hasVideo = true;
9      }
10     cursor.close();
11     return hasVideo;
12 }
```

上述代码中，第2行代码定义了一个布尔变量hasVideo，该变量用于记录数据库中是否存在当前要查询的视频播放记录数据，变量hasVideo的初始值设置为false，表示默认情况下数据库中不存在要查询的视频播放记录数据。

第3~4行代码定义了一个根据章节Id、视频Id和用户名来查询播放记录信息的sql语句。

第5~6行代码调用rawQuery()方法执行定义的sql语句并查询数据库中的数据，将查询到符合条件的数据存放在cursor对象中。

第7~9行代码通过调用moveToFirst()方法的返回值是否true来判断cursor对象中是否有数据，如果为true，则表示查询到了数据，此时将变量hasVideo值设置为true。

（5）删除数据库中的视频播放记录数据

在课程详情界面保存视频的播放记录信息到数据库中时，程序需要首先判断数据库中是否存在当前要保存的数据，如果存在，则需要删除这些数据，然后再保存当前要保存的视频播放记录信息，因此我们需要在DBUtils类中创建一个delVideoPlay()方法，在该方法中实现删除数据库中的视频播放记录数据的功能，具体代码如下所示。

```
1  public boolean delVideoPlay(int chapterId, int videoId,String userName) {
2      boolean delSuccess=false;
3      int row = db.delete(SQLiteHelper.U_VIDEO_PLAY_LIST,
4                  " chapterId=? AND videoId=? AND userName=?", new String[] {
5                                  chapterId+ "", videoId + "" ,userName});
6      if(row > 0) {
7          delSuccess=true;
8      }
9      return delSuccess;
10 }
```

上述代码中，第2行代码定义了一个布尔变量delSuccess，该变量用于记录数据库中的数据是否删除成功。变量delSuccess的初始值设置为false。

第3~5行代码调用delete()方法删除数据库中的视频播放记录数据信息，将删除的信息条数存放在变量row中。

第6~8行代码判断变量row的值是否大于0，如果大于0，则说明删除播放记录数据成功，此时将变量delSuccess的值设置为true。

（6）保存视频播放记录信息到数据库中

当用户处于登录状态时，点击课程详情界面中的视频列表条目，程序会将用户点击过的视频信息保存到数据库中，所以我们需要在程序的DBUtils类中创建一个saveVideoPlayList()方法，在该方法中实现保存视频播放记录信息到数据库中的功能。具体代码如下所示。

```
1  public void saveVideoPlayList(int id,String chapterName,VideoBean bean,
   String userName)
2  {
3      // 判断如果里面有此播放记录则需删除重新存放
4      if(hasVideoPlay(id, bean.getVideoId(),userName)) {
5          // 删除之前存入的播放记录
6          boolean isDelete=delVideoPlay(id, bean.getVideoId(),userName);
7          // 没有删除成功时，则需要调用 return 关键字跳出此方法不再执行下面的语句
8          if(!isDelete) return;
9      }
10     ContentValues cv = new ContentValues();
11     cv.put("userName", userName);
12     cv.put("chapterId", id);
13     cv.put("videoId", bean.getVideoId());
14     cv.put("videoPath", bean.getVideoPath());
15     cv.put("chapterName", chapterName);
16     cv.put("videoName", bean.getVideoName());
17     cv.put("videoIcon", bean.getVideoIcon());
18     db.insert(SQLiteHelper.U_VIDEO_PLAY_LIST, null, cv);
19 }
```

上述代码中，第10~17行代码首先通过new关键字创建ContentValues类的对象cv，然后将用户名、章节Id、视频Id、视频播放地址、章节名称、视频名称、视频图标封装到对象cv中。

第18行代码调用insert()方法将封装在对象cv中的数据保存到数据库表videoplaylist中。insert()方法中传递了3个参数，第1个参数SQLiteHelper.U_VIDEO_PLAY_LIST是数据库表的名

称，第2个参数null表示如果对象cv中封装的数据为空时，则指定插入到数据库中的列名为null，第3个参数cv表示要保存的数据。

（7）添加跳转到课程详情界面的逻辑代码

为了点击课程列表条目中的任意图片时，程序会跳转到课程详情界面，所以我们需要在程序中找到CourseAdapter中的onBindViewHolder()方法，在该方法中的注释“//跳转到课程详情界面”下方添加跳转到课程详情界面的逻辑代码，具体代码如下所示。

```
Intent intent = new Intent(mContext, CourseDetailActivity.class);
intent.putExtra("CourseBean", bean);
mContext.startActivity(intent);
```

7.3 视频播放功能业务实现

任务综述

视频播放界面主要是将视频详情界面或者播放记录界面的视频进行全屏播放，获取视频所在的本地路径并进行加载即可完成视频播放。

【知识点】

- VideoView控件。

【技能点】

- 搭建与设计视频播放界面的布局；
- 通过VideoView控件实现本地视频的播放功能。

【任务7-14】搭建视频播放界面布局

【任务分析】

由于视频播放界面主要用于展示视频的播放画面信息，以第1章的Android基础入门视频为例，视频播放界面的效果如图7-7所示。

图7-7 视频播放界面

【任务实施】

（1）创建视频播放界面

在com.boxuegu.activity包中创建VideoPlayActivity，并将其布局文件名指定为activity_video_play。

（2）添加界面控件

在布局文件activity_video_play.xml中，添加1个VideoView控件用于播放视频，具体代码如文件7-20所示。

【文件7-20】activity_video_play.xml

```
<?xml version="1.0" encoding="utf-8"?>
<RelativeLayout xmlns:android="http://schemas.android.com/apk/res/android"
    android:layout_width="match_parent"
    android:layout_height="match_parent" >
    <!-- 视频播放控件 -->
    <VideoView
        android:id="@+id/videoView"
        android:layout_width="match_parent"
        android:layout_height="match_parent" />
</RelativeLayout>
```

【任务7-15】实现视频播放界面功能

【任务分析】

视频播放界面主要用于播放Tomcat服务器上的视频，当程序进入视频播放界面时，首先会接收从课程详情界面或播放记录界面传递过来的视频地址，之后通过VideoView控件与视频地址来播放视频。

【任务实施】

（1）实现播放视频功能

由于需要实现服务器上视频的播放功能，所以我们需要在VideoPlayActivity中创建init()方法与play()方法，这2个方法分别用于初始化界面控件与播放视频，具体代码如文件7-21所示。

【文件7-21】VideoPlayActivity.java

```
package com.boxuegu.activity;
......
public class VideoPlayActivity extends AppCompatActivity {
    private VideoView videoView;
    private MediaController controller;
    private String videoPath;    // 视频地址
    @Override
    protected void onCreate(Bundle savedInstanceState) {
        super.onCreate(savedInstanceState);
        //设置界面全屏显示
        getWindow().setFlags(WindowManager.LayoutParams.FLAG_FULLSCREEN,
                             WindowManager.LayoutParams.FLAG_FULLSCREEN);
        setContentView(R.layout.activity_video_play);
        //设置界面为横屏
        setRequestedOrientation(ActivityInfo.SCREEN_ORIENTATION_LANDSCAPE);
        //获取从视频详情界面或播放记录界面传递过来的视频地址
        videoPath = getIntent().getStringExtra("videoPath");
        init();
    }
    private void init() {
```

```
        videoView = findViewById(R.id.videoView);
        controller = new MediaController(this);
        videoView.setMediaController(controller);
        play();
    }
    /**
     * 实现播放视频功能
     */
    private void play() {
        if(TextUtils.isEmpty(videoPath)) {
            Toast.makeText(this,"没有此视频，暂无法播放",Toast.LENGTH_SHORT).show();
            return;
        }
        videoView.setVideoPath(videoPath);          // 加载视频地址
        videoView.start();                          // 播放视频
    }
}
```

（2）添加跳转到视频播放界面的逻辑代码

为了点击课程详情界面中的视频列表条目或播放记录（播放记录界面暂未创建）列表条目时，程序会跳转到视频播放界面，所以我们需要在课程详情界面与播放记录界面的逻辑代码中添加跳转到视频播放界面的逻辑代码。由于播放记录界面目前暂未创建，所以我们首先在课程详情界面中添加界面之间的跳转代码。在CourseDetailActivity的init()方法中找到注释“//跳转到视频播放界面”，在该注释下方添加跳转到视频播放界面的逻辑代码，具体代码如下所示。

```
Intent intent=new Intent(CourseDetailActivity.this,
VideoPlayActivity.class);
intent.putExtra("videoPath", videoPath);
startActivityForResult(intent, 1);
```

（3）添加网络访问权限

由于通过VideoView控件播放Tomcat服务器上的视频需要网络访问权限，所以我们需要在清单文件（AndroidManifest.xml）的<manifest>标签中添加网络访问权限，具体代码如下所示。

```
<uses-permission android:name="android.permission.INTERNET" />
```

7.4　播放记录功能业务实现

任务综述

播放记录界面主要用于展示用户播放过的视频信息。由于在课程详情界面播放过的视频信息数据都保存在数据库中，所以当程序进入播放记录界面时，首先需要判断数据库中是否有视频信息的数据，如果有，则将这些数据显示到播放记录界面上，否则，播放记录界面上会显示“暂无播放记录”信息。当用户点击播放记录列表中的任意条目时，程序会跳转到视频播放界面播放被选中的视频。

【知识点】

- RecyclerView控件；

- SQLite数据库。

【技能点】

- 搭建与设计播放记录界面的布局；
- 实现查询SQLite数据库中已播放的视频数据功能。

【任务7-16】搭建播放记录界面布局

【任务分析】

播放记录界面主要用于展示一个视频列表，该列表中的视频信息都是当前用户之前播放过的信息，以播放过的第1~3章中的视频为例，播放记录界面效果如图7-8所示。

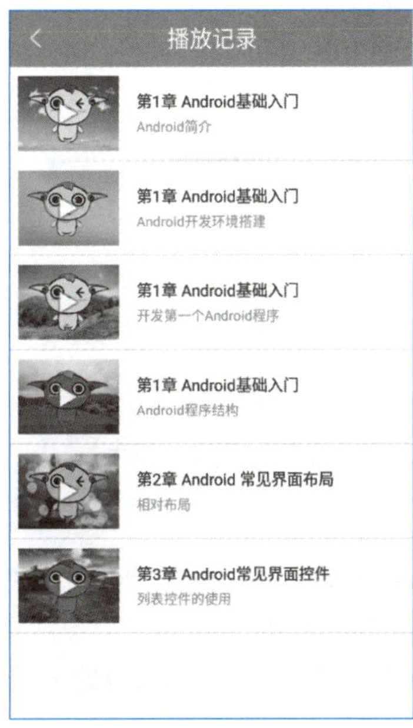

图7-8　播放记录界面

【任务实施】

（1）创建播放记录界面

在com.boxuegu.activity包中创建PlayHistoryActivity，并将其布局文件名指定为activity_play_history。

（2）添加界面控件

在布局文件activity_play_history.xml中，添加1个RecyclerView控件用于显示视频列表；添加1个TextView控件用于显示此界面无数据时的提示信息，具体代码如文件7-22所示。

【文件7-22】activity_play_history.xml

```
<?xml version="1.0" encoding="utf-8"?>
<LinearLayout xmlns:android="http://schemas.android.com/apk/res/android"
    android:layout_width="match_parent"
    android:layout_height="match_parent"
    android:background="@android:color/white"
    android:orientation="vertical" >
```

```
    <include layout="@layout/main_title_bar" />
    <RelativeLayout
        android:layout_width="match_parent"
        android:layout_height="match_parent" >
        <!-- 播放记录列表 -->
        <android.support.v7.widget.RecyclerView
            android:id="@+id/rv_list"
            android:layout_width="match_parent"
            android:layout_height="match_parent" />
        <!-- 暂无播放记录文本 -->
        <TextView
            android:id="@+id/tv_none"
            android:layout_width="match_parent"
            android:layout_height="match_parent"
            android:gravity="center"
            android:text=" 暂无播放记录 "
            android:textColor="@android:color/darker_gray"
            android:textSize="16sp"
            android:visibility="gone" />
    </RelativeLayout>
</LinearLayout>
```

【任务7-17】搭建播放记录列表条目界面布局

【任务分析】

由于播放记录界面使用了RecyclerView控件展示播放过的视频列表信息，并且列表是由若干个条目组成，所以我们需要为RecyclerView控件搭建一个条目界面，在该条目界面中需要展示视频图片、视频播放图标、章节名称和视频名称，以第1章的Android简介视频为例，播放记录列表条目界面的效果如图7-9所示。

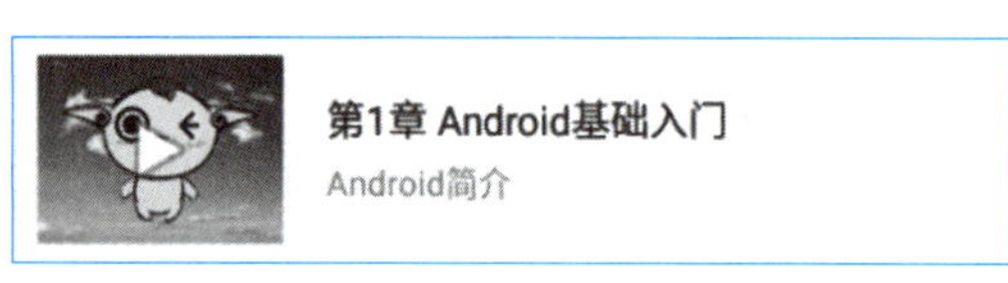

图7-9 播放记录列表条目界面

【任务实施】

（1）创建播放记录列表条目界面的布局文件

在res/layout文件夹中，创建一个布局文件play_history_list_item.xml。

（2）创建播放记录列表条目中的文本样式

播放记录列表条目界面中通过2个TextView控件显示了章节名称与视频名称，这2个文本控件的宽度、高度、在垂直方向的位置都是一致的，为了减少程序中代码的冗余，我们将这些样式代码抽取出来放在名为tvPlayHistoryStyle的样式中。在程序的res/values/styles.xml文件中创建一个名为tvPlayHistoryStyle的样式，具体代码如下所示。

```
<style name="tvPlayHistoryStyle">
```

```
    <item name="android:layout_width">wrap_content</item>
    <item name="android:layout_height">match_parent</item>
    <item name="android:gravity">center_vertical</item>
</style>
```

（3）添加界面控件

在布局文件play_history_list_item.xml中，添加2个ImageView控件分别用于显示视频图片和视频播放图标；添加2个TextView控件分别用于显示章节名称和视频名称；添加1个View控件用于显示一条灰色分割线，具体代码如文件7-23所示。

【文件7-23】play_history_list_item.xml

```
<?xml version="1.0" encoding="utf-8"?>
<LinearLayout xmlns:android="http://schemas.android.com/apk/res/android"
    android:layout_width="match_parent"
    android:layout_height="wrap_content"
    android:orientation="vertical">
    <LinearLayout
        android:layout_width="match_parent"
        android:layout_height="wrap_content"
        android:background="@android:color/white"
        android:gravity="center_vertical"
        android:orientation="horizontal"
        android:padding="10dp">
        <RelativeLayout
            android:layout_width="wrap_content"
            android:layout_height="wrap_content">
            <!-- 视频图片 -->
            <ImageView
                android:id="@+id/iv_video_icon"
                android:layout_width="100dp"
                android:layout_height="75dp" />
            <!-- 视频播放图标 -->
            <ImageView
                android:layout_width="30dp"
                android:layout_height="30dp"
                android:layout_centerInParent="true"
                android:src="@android:drawable/ic_media_play" />
        </RelativeLayout>
        <LinearLayout
            android:layout_width="match_parent"
            android:layout_height="wrap_content"
            android:layout_gravity="center_vertical"
            android:layout_marginLeft="15dp"
            android:orientation="vertical">
            <!-- 章节名称 -->
            <TextView
                android:id="@+id/tv_chapter_name"
                style="@style/tvPlayHistoryStyle"
```

```
                    android:textColor="#333333"
                    android:textSize="16sp" />
                <!-- 视频名称 -->
                <TextView
                    android:id="@+id/tv_video_name"
                    style="@style/tvPlayHistoryStyle"
                    android:layout_marginTop="4dp"
                    android:textColor="#a3a3a3"
                    android:textSize="12sp" />
            </LinearLayout>
        </LinearLayout>
        <View style="@style/vMyinfoStyle" />
</LinearLayout>
```

【任务7-18】编写播放记录界面的适配器

【任务分析】

由于播放记录界面中的视频列表是用RecyclerView控件展示的，所以需要在程序中创建一个数据适配器PlayHistoryAdapter对RecyclerView控件进行数据适配。

【任务实施】

在com.boxuegu.adapter包中创建数据适配器PlayHistoryAdapter，在该适配器中重写onCreateViewHolder()、onBindViewHolder()、getItemCount()方法，这些方法分别用于创建列表条目视图、绑定数据到条目视图中和获取列表条目总数。具体代码如文件7-24所示。

【文件7-24】PlayHistoryAdapter.java

```
package com.boxuegu.adapter;
......
public class PlayHistoryAdapter extends RecyclerView.Adapter<PlayHistory
Adapter.MyViewHolder> {
    private Context mContext;
    private List<VideoBean> vbl;
    public PlayHistoryAdapter(Context context) {
        this.mContext = context;
    }
    public void setData(List<VideoBean> vbl) {
        this.vbl = vbl;                 //接收传递过来的视频集合数据
        notifyDataSetChanged();         //刷新界面数据
    }
    @Override
    public MyViewHolder onCreateViewHolder(ViewGroup viewGroup, int i) {
        View itemView = LayoutInflater.from(mContext).inflate(
                                    R.layout.play_history_list_item,null);
        MyViewHolder holder = new MyViewHolder(itemView);
        return holder;
    }
    @Override
    public void onBindViewHolder(MyViewHolder holder, int position) {
```

```
        final VideoBean bean = vbl.get(position);          //获取条目数据
        holder.tv_chapter_name.setText(bean.getChapterName()); //设置章节名称
        holder.tv_video_name.setText(bean.getVideoName()); //设置视频名称
        //设置视频图标
        Glide
                .with(mContext)
                .load(bean.getVideoIcon())
                .error(R.mipmap.ic_launcher)
                .into(holder.iv_icon);
        holder.itemView.setOnClickListener(new View.OnClickListener() {
            @Override
            public void onClick(View v) {
                // 跳转到播放视频界面
                Intent intent=new Intent(mContext,VideoPlayActivity.class);
                intent.putExtra("videoPath", bean.getVideoPath());
                mContext.startActivity(intent);
            }
        });
    }
    @Override
    public int getItemCount() {
        return vbl == null ? 0 : vbl.size();
    }
    class MyViewHolder extends RecyclerView.ViewHolder {
        TextView tv_chapter_name, tv_video_name;
        ImageView iv_icon;
        public MyViewHolder(View view) {
            super(view);
            iv_icon = view.findViewById(R.id.iv_video_icon);
            tv_chapter_name = view.findViewById(R.id.tv_chapter_name);
            tv_video_name = view.findViewById(R.id.tv_video_name);
        }
    }
}
```

【任务7-19】实现播放记录界面功能

【任务分析】

当程序进入播放记录界面时，首先需要从数据库中获取播放过的视频信息，如果没有获取到任何信息，则程序会调用setVisibility()方法将显示“暂无播放记录”信息的控件tv_none设置为显示状态，否则，程序会将获取到的信息显示到RecyclerView控件上。

【任务实施】

（1）初始化界面控件

在PlayHistoryActivity中创建界面控件的初始化方法init()，用于获取播放记录界面所要用到的控件，具体代码如文件7-25所示。

【文件7-25】PlayHistoryActivity.java

```
package com.boxuegu.activity;
......
public class PlayHistoryActivity extends AppCompatActivity {
    private TextView tv_main_title, tv_back,tv_none;
    private RelativeLayout rl_title_bar;
    private RecyclerView rv_list;
    private PlayHistoryAdapter adapter;
    private List<VideoBean> vbl;
    private DBUtils db;
    @Override
    protected void onCreate(Bundle savedInstanceState) {
        super.onCreate(savedInstanceState);
        setContentView(R.layout.activity_play_history);
        db= DBUtils.getInstance(this);
        vbl=new ArrayList<>();
        //从数据库中获取播放记录信息
        vbl=db.getVideoHistory(UtilsHelper.readLoginUserName(this));
        init();
    }
    private void init() {
        tv_main_title = findViewById(R.id.tv_main_title);
        tv_main_title.setText("播放记录");
        rl_title_bar = findViewById(R.id.title_bar);
        rl_title_bar.setBackgroundColor(Color.parseColor("#30B4FF"));
        tv_back = findViewById(R.id.tv_back);
        rv_list= findViewById(R.id.rv_list);
        tv_none= findViewById(R.id.tv_none);
        if(vbl.size()==0){
            tv_none.setVisibility(View.VISIBLE);
        }
        rv_list.setLayoutManager(new LinearLayoutManager(this));
        adapter=new PlayHistoryAdapter(this);
        adapter.setData(vbl);
        rv_list.setAdapter(adapter);
        // "返回"按钮的点击事件
        tv_back.setOnClickListener(new View.OnClickListener() {
            @Override
            public void onClick(View v) {
                PlayHistoryActivity.this.finish();
            }
        });
    }
}
```

（2）从数据库中获取视频播放记录的数据

由于播放记录界面的数据是从数据库中获取的，所以我们需要在程序中创建getVideoHistory()

方法从数据库中获取视频播放记录的数据。由于程序中的DBUtils工具类用于存放处理数据库的方法，所以我们将getVideoHistory()方法创建在DBUtils类中，具体代码如下所示。

```
public List<VideoBean> getVideoHistory(String userName) {
    String sql = "SELECT * FROM " + SQLiteHelper.U_VIDEO_PLAY_LIST+" WHERE userName=?";
    Cursor cursor = db.rawQuery(sql, new String[]{userName});
    List<VideoBean> vbl = new ArrayList<>();
    VideoBean bean = null;
    while(cursor.moveToNext()) {
        bean = new VideoBean();
        bean.setVideoId(cursor.getInt(cursor.getColumnIndex("videoId")));
        bean.setVideoPath(cursor.getString(cursor.getColumnIndex("videoPath")));
        bean.setChapterName(cursor.getString(cursor.getColumnIndex("chapterName")));
        bean.setVideoName(cursor.getString(cursor.getColumnIndex("videoName")));
        bean.setVideoIcon(cursor.getString(cursor.getColumnIndex("videoIcon")));
        vbl.add(bean);
    }
    cursor.close();
    return vbl;
}
```

（3）添加跳转到播放记录界面的逻辑代码

为了点击“我”的界面中的播放记录条目时，程序会跳转到播放记录界面，所以我们需要在程序中找到MyInfoView类中的onClick()方法，在该方法的注释“//跳转到播放记录界面”下方添加跳转到播放记录界面的逻辑代码，具体代码如下所示。

```
Intent intent=new Intent(mContext,PlayHistoryActivity.class);
mContext.startActivity(intent);
```

本 章 小 结

本章主要讲解了课程模块，该模块主要包含课程功能业务实现、课程详情功能业务实现、视频播放功能业务实现和播放记录功能业务实现。通过学习本章的内容，读者需要掌握如何实现广告栏的滑动功能、如何保存与读取数据库中的数据信息、如何实现播放视频的功能和各个界面之间跳转的逻辑关系。

习　　题

1. 请阐述实现广告栏水平滑动功能的步骤。
2. 请阐述实现播放记录界面功能的步骤。

第8章 项目上线

学习目标

◎ 掌握项目打包流程，能够完成博学谷项目的打包

◎ 掌握第三方加密软件的使用，能够通过第三方软件对博学谷项目进行加密

◎ 掌握应用程序上传市场的流程，能够实现将博学谷项目上传至应用市场

当开发完应用程序后，需要将程序放在应用市场供用户下载使用。在上传到应用市场之前需要对程序的代码进行混淆、打包、加固等操作，以提高程序的安全性。本章将针对博学谷项目的代码混淆、打包、加固和发布进行详细讲解。

扩展阅读

图灵奖获得者——姚期智

8.1 代码混淆

为了防止自己开发的程序被别人反编译，保护自己的劳动成果，一般情况下开发人员会对程序进行代码混淆。所谓代码混淆（亦称花指令）就是保持程序功能不变，将程序代码转换成一种难以阅读和理解的形式。代码混淆为应用程序增加了一层保护措施，但是并不能完全防止程序被反编译。接下来将对程序的代码混淆进行详细地讲解。

8.1.1 开启程序的混淆设置

由于在对程序中的代码混淆之前需要首先开启程序的混淆设置，所以需要找到程序中的build.gradle文件，在该文件的buildTypes中添加开启程序混淆设置的属性，具体代码如下所示。

```
buildTypes {
    release {
        minifyEnabled true
        shrinkResources true
        proguardFiles getDefaultProguardFile('proguard-android.txt'),
                'proguard-rules.pro'
    }
}
```

上述代码中，属性minifyEnabled用于设置是否开启混淆，默认情况下该属性的值为false，需要开启混淆时，该属性的值设置为true。属性shrinkResources的值为true，可以去除程序中无用的

resource文件。proguardFiles getDefaultProguardFile用于加载混淆的配置文件，在配置文件中包含了混淆的相关规则。

8.1.2　编写proguard-rules.pro文件

在进行代码混淆时需要指定混淆规则，如指定代码压缩级别，混淆时采用的算法，排除混淆的类等，这些混淆规则是在程序的proguard-rules.pro文件中编写，具体代码如文件8-1所示。

【文件8-1】proguard-rules.pro

```
-ignorewarnings                                             # 忽略警告
-keep class com.boxuegu.bean.** { *; }                      # 保持实体类不被混淆
-optimizationpasses 5                                       # 指定代码的压缩级别
-dontusemixedcaseclassnames                                 # 是否使用大小写混合
-dontpreverify                                              # 混淆时是否做预校验
-verbose                                                    # 混淆时是否记录日志
 # 指定混淆时采用的算法
 -optimizations !code/simplification/arithmetic,!field/*,!class/merging/*
 # 对于继承Android的四大组件等系统类，保持不被混淆
-keep public class * extends android.app.Activity
-keep public class * extends android.app.Application
-keep public class * extends android.app.Service
-keep public class * extends android.content.BroadcastReceiver
-keep public class * extends android.content.ContentProvider
-keep public class * extends android.app.backup.BackupAgentHelper
-keep public class * extends android.preference.Preference
-keep public class * extends android.view.View
-keep public class com.android.vending.licensing.ILicensingService
-keep class android.support.** {*;}
-keepclasseswithmembernames class * { # 保持 native方法不被混淆
    native <methods>;
}
# 保持自定义控件类不被混淆
-keepclassmembers class * extends android.app.Activity {
    public void *(android.view.View);
}
# 保持枚举类enum不被混淆
-keepclassmembers enum * {
    public static **[] values();
    public static ** valueOf(java.lang.String);
}
# 保持Parcelable的类不被混淆
-keep class * implements android.os.Parcelable {
    public static final android.os.Parcelable$Creator *;
}
# 保持继承自View对象中的set/get方法以及初始化方法的方法名不被混淆
-keep public class * extends android.view.View{
    *** get*();
    void set*(***);
```

```
    public <init>(android.content.Context);
    public <init>(android.content.Context, android.util.AttributeSet);
    public <init>(android.content.Context, android.util.AttributeSet, int);
}
# 对所有类的初始化方法的方法名不进行混淆
-keepclasseswithmembers class * {
    public <init>(android.content.Context, android.util.AttributeSet);
    public <init>(android.content.Context, android.util.AttributeSet, int);
}
# 保持 Serializable 序列化的类不被混淆
-keepclassmembers class * implements java.io.Serializable {
    static final long serialVersionUID;
    private static final java.io.ObjectStreamField[] serialPersistentFields;
    private void writeObject(java.io.ObjectOutputStream);
    private void readObject(java.io.ObjectInputStream);
    java.lang.Object writeReplace();
    java.lang.Object readResolve();
}
# 对于 R（资源）下的所有类及其方法，都不能被混淆
-keep class **.R$* {
 *;
}
# 对于带有回调函数 onXXEvent 的，不能被混淆
-keepclassmembers class * {
    void *(**On*Event);
}
```

从上述代码中可以看出，在proguard-rules.pro文件中需要指定混淆时的一些属性，如代码压缩级别、是否使用大小写混合、混淆时是否记录日志等。同时在proguard-rules.pro文件中还需要指定排除哪些类不被混淆，如Activity相关的类、Android的四大组件和自定义控件等，这些类若被混淆，程序将无法找到这些类，就无法正常运行，因此需要将这些内容设置为不被混淆的状态。

8.2 项目打包

项目开发完成之后，如果要发布到互联网上供用户使用，就需要将自己的程序打包成正式的Android安装包文件，简称APK，其扩展名为“.apk”。接下来将针对博学谷项目的打包过程进行详细讲解。

首先在Android Studio的菜单栏中单击Build→Generate Signed Bundle/APK选项，进入Generate Signed Bundle or APK窗口，如图8-1所示。

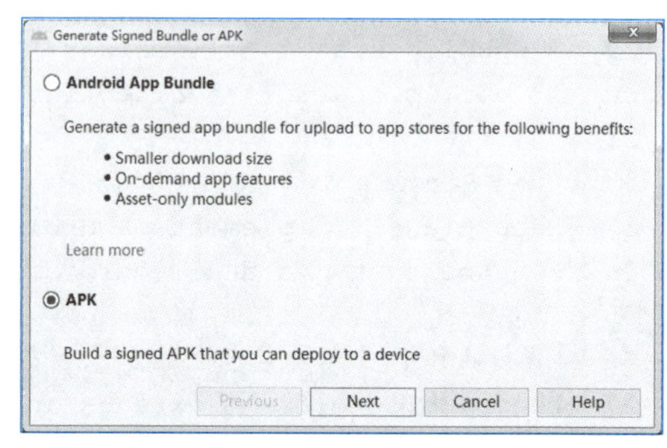

图8-1 Generate Signed Bundle or APK窗口

图8-1中有两个选项，分别是Android App Bundle与APK，其中选项Android App Bundle是Google 推出的一种模式，该模式可以使打包后

的APK容量大大缩小，选择该选项会生成扩展名为“.aab”的文件，该文件仅支持Android9.0（Pie：馅饼）及以上版本的手机安装。选择APK选项会生成扩展名为“.apk”的文件，该文件仅支持Android 9.0以下版本的手机安装。

在图8-1中，单击Next按钮，进入Generate Signed Bundle or APK对话框，在该对话框中单击Create new按钮，进入New Key Store对话框，创建一个新证书，如图8-2所示。

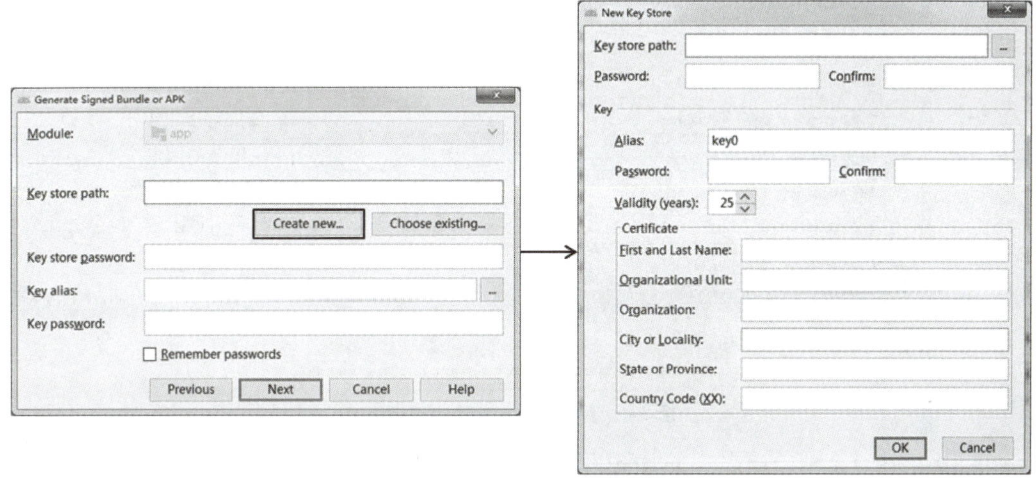

图8-2　创建新证书

图8-2中，单击Key store path：后的“...”按钮，进入Choose keystore file对话框，选择证书存放的路径，在该窗口的File name：文本框中填写证书名称，如图8-3所示。

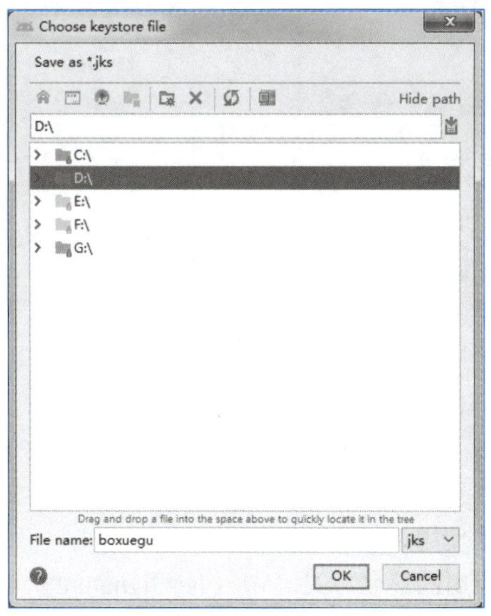

图8-3　Choose keystore file对话框

图8-3中，单击OK按钮。此时，会返回到New Key Store对话框，然后在该窗口中填写相关信息，如图8-4所示。

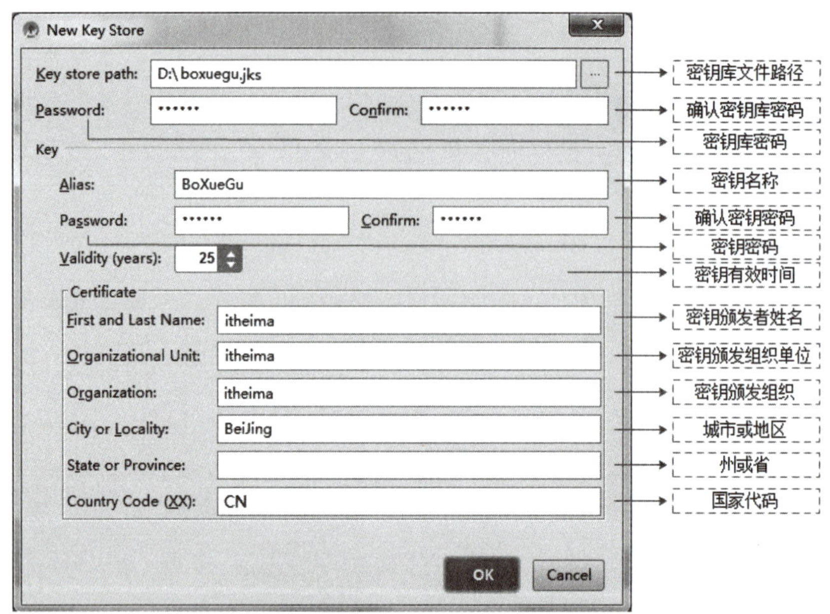

图8-4 New Key Store对话框

图8-4中的信息填写完毕后，单击OK按钮，返回到Generate Signed Bundle or APK对话框，然后在该对话框中单击Next按钮，进入Generate Signed Bundle or APK对话框，该对话框用于选择APK文件的路径与构建类型，如图8-5所示。

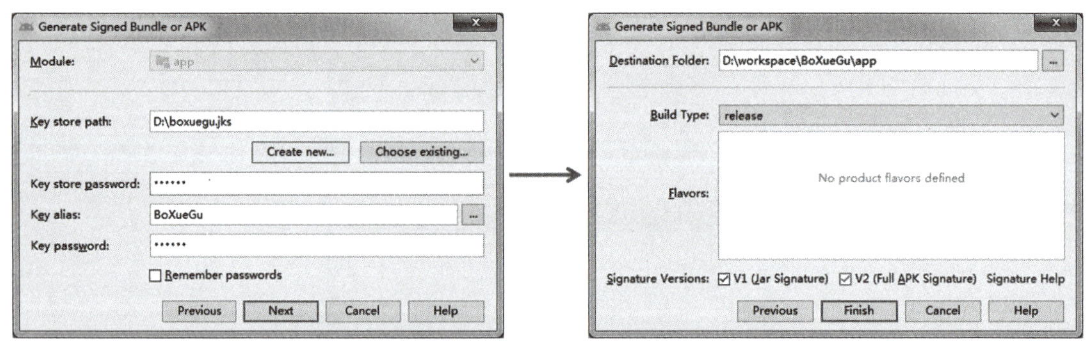

图8-5 Generate Signed Bundle or APK对话框

图8-5中，Destination Folder表示APK文件路径，Build Type表示构建类型，该选项支持两种类型，分别是Debug和Release。其中Debug 通常称为调试版本，它包含调试信息，并且不做任何优化，便于程序调试。Release称为发布版本，它使得程序的APK文件相对较小，程序的运行速度相对较高，以便用户很好地使用。

Signature Versions表示应用的签名方式，V1（Jar Signature）表示APK文件通过该方式签名后可进行多次修改，可以移动甚至重新压缩文件。V2（Full APK Signature）表示APK文件通过该方式签名后无法再更改，并且可缩短APK文件在设备上的验证时间，从而快速安装应用。只勾选V1（Jar Signature）会在Android 7.0系统上出现验证方式不安全的问题。只勾选V2（Full APK Signature）会影响Android 7.0系统以下的设备，安装完应用后会显示未安装信息。同时勾选两个选项，在任何版本系统上都没问题。

此处Build Type选项选择release，Signature Versions处需要勾选V1（Jar Signature）与V2（Full APK Signature），然后单击Finish按钮，Android Studio下方的Build面板中会显示打包的进度信息，如图8-6所示。

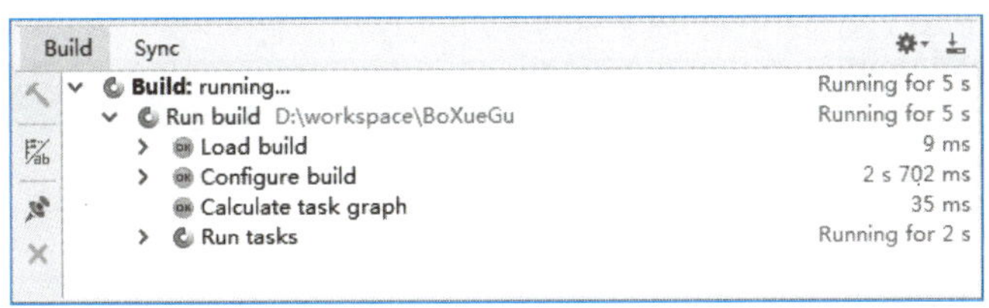

图8-6　Build面板

打包APK成功后，在Event Log面板中会显示打包成功的信息，如图8-7所示。

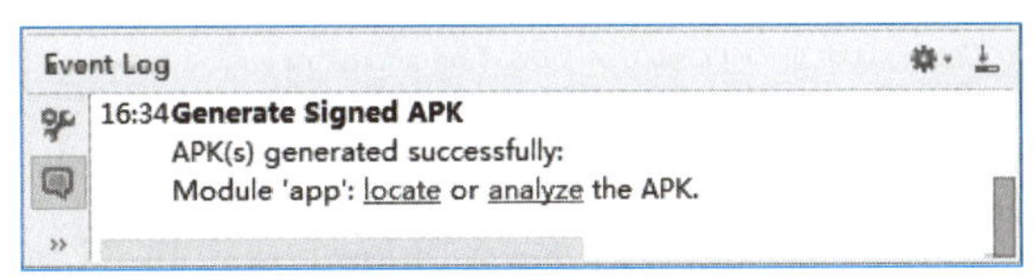

图8-7　Event Log面板

图8-7中，单击蓝色文本locate或analyze都可查看生成的APK文件。以单击locate为例，单击后会弹出项目的BoXueGu\app\release文件夹，在该文件夹中可查看生成的APK文件app-release.apk，如图8-8所示。

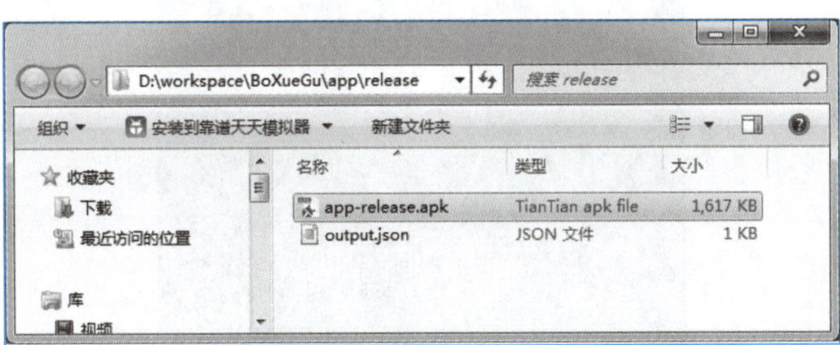

图8-8　生成的APK文件

至此，博学谷项目已成功完成打包，打包成功的项目能够在Android手机上安装运行，也能够放在市场中供用户下载使用。

注意：

在项目打包的过程中会将代码进行混淆，混淆结果可以在项目所在路径下的\app\build\outputs\mapping\release中的mapping.txt文件中查看。读者可以自行验证，打开该文件会发现项目的类名、方法名等已经被混淆成a，b，c，d等难以解读的内容。

8.3　项 目 加 固

在实际开发中，为了增强项目的安全性，增加代码的健硕程度，开发者会根据项目需求使用第三方的加固软件对程序进行加固（加密）。本节以第三方加固软件“360加固助手”为例，讲解如何加固博学谷程序。

1. 下载加固助手

首先进入360加固保的官网下载页面，如图8-9所示。

图8-9 360加固保的官网下载页面

图8-9中有3个按钮，分别是“Windows下载”“Mac下载”和“Linux下载”，这3个按钮分别用于下载Windows系统、Mac系统和Linux系统的360加固助手，用户可根据自己的计算机系统选择对应的下载按钮。本文以Windows系统为例，单击“Windows下载”按钮，下载360加固助手，下载完成后并对其进行解压，双击解压后的“360加固助手.exe”文件，会弹出360加固保的登录页面，如图8-10所示。

图8-10 360加固保的登录页面

如果未注册账号，可单击图8-10中的“注册”文本，跳转到注册页面，如图8-11所示。

在图8-11中填写完注册信息并注册账号成功后，在图8-10中输入账号与密码，同时勾选登录界面底部的“360加固保软件产品许可使用协议”复选框，单击“登录”按钮，进入账号信息填写页面，如图8-12所示。

图8-11　注册页面

在图8-12中填写完账号信息后，单击页面底部的“保存”按钮，页面上会弹出一个“系统提示”对话框，该对话框中显示用户信息保存成功，如图8-13所示。

图8-12　账号信息填写页面

图8-13　“系统提示”对话框

2. 配置信息

图8-13中，单击“确定”按钮，进入应用加固页面，如图8-14所示。

图8-14 应用加固页面

图8-14中，单击“+添加应用”按钮，会弹出一个“请选择apk文件”对话框，在该对话框中找到打包后的apk文件并选中，如图8-15所示。

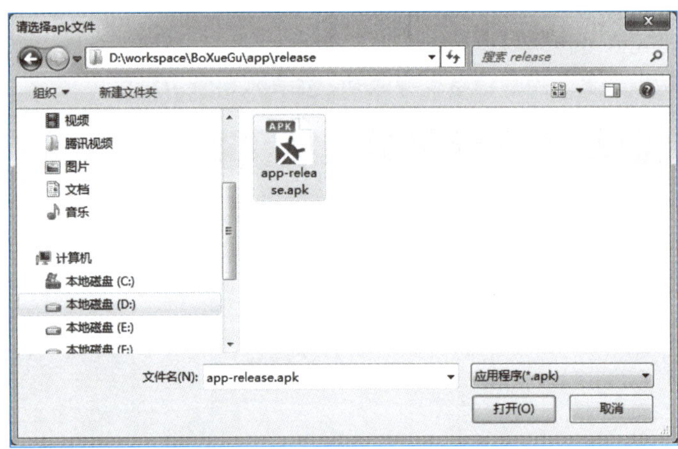

图8-15 “请选择apk文件”对话框

图8-15中，单击“打开(O)”按钮，页面上会弹出一个“系统提示”对话框，在该对话框中提示签名配置中未找到此APK使用的签名信息，如图8-16所示。

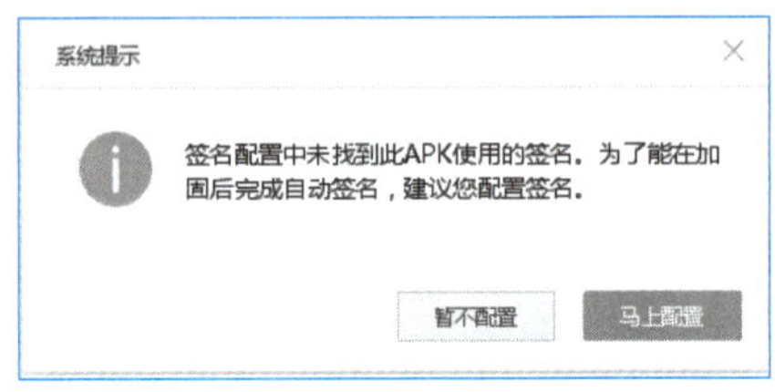

图8-16 “系统提示”对话框

为了在加固后完成自动签名，开发者需要在图8-16中单击“马上配置”按钮进入签名设置页面，在该页面中勾选“启用自动签名”前的复选框，即可添加本地的keystore签名文件，选择文件路径（D:\boxuegu.jks）并输入keystore密码，如图8-17所示。

图8-17　签名设置页面

在图8-17中填写完签名信息后，单击“添加”按钮即可完成签名信息的设置，此时页面上会弹出一个签名已保存的“系统提示”对话框，如图8-18所示。

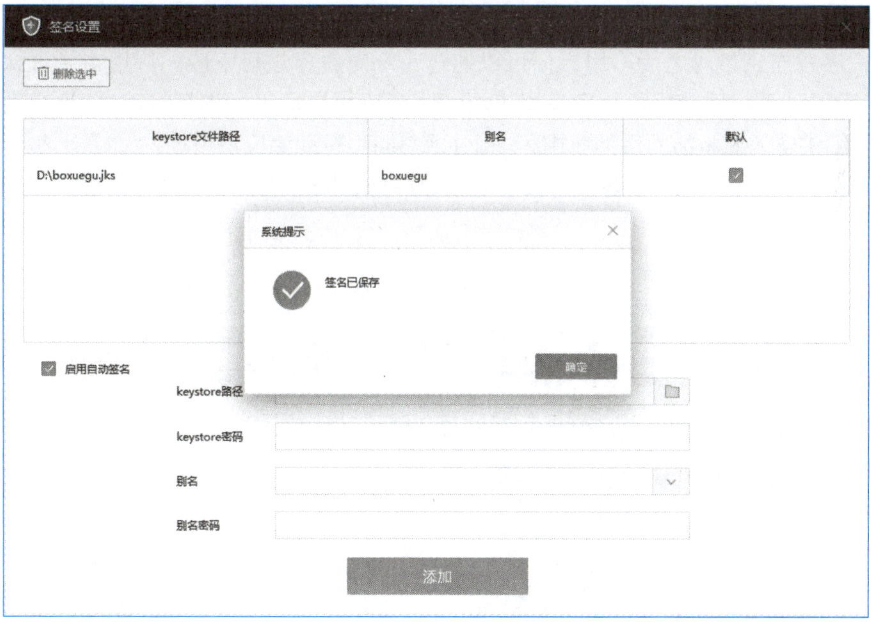

图8-18　完成签名信息的设置

3. 加固应用

首先单击图8-18中的“确定”按钮，程序会关闭“系统提示”对话框。接着关闭签名设置页面，返回到应用加固页面，此时发现应用正在加固中，当应用加固完成后，页面中的加固状态由“加固中...”变为“任务完成_已签名”，如图8-19所示。

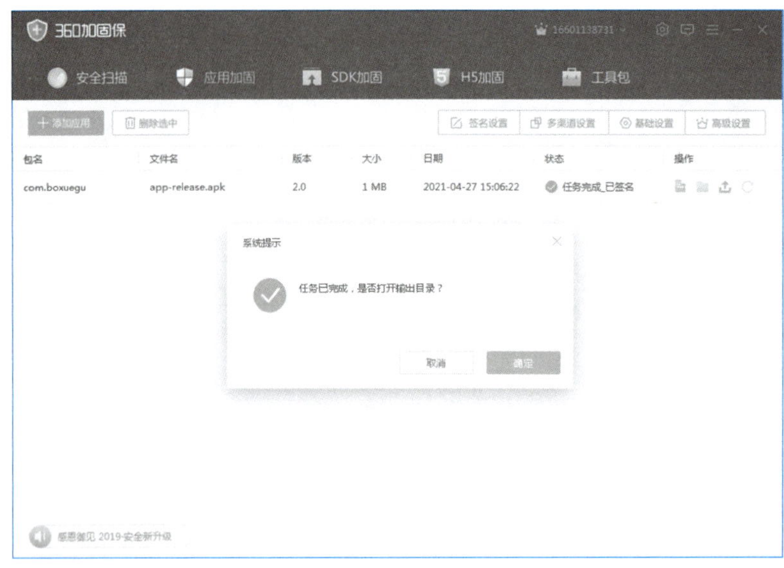

图8-19　加固完成

至此，使用360加固保加固应用程序已全部完成，完成加固后的应用程序安全性更高，接下来将应用程序发布到应用市场即可供用户使用。

8.4　项目发布

应用程序发布到市场之后，用户便可以通过市场对程序进行下载。应用市场选择也有很多种，如360手机助手应用市场、百度应用市场、小米应用市场等，本节将以360手机助手应用市场为例，详细讲解如何将加固后的应用程序上传到360手机助手应用市场。

首先访问360移动开放平台首页，接着通过已注册的账号进行登录操作，登录成功后的页面如图8-20所示。

图8-20　360移动平台首页页面

图8-20中，当第一次单击图中右上角或右下角的“管理中心”文字后，程序会进入请选择注册开发者类型的页面，如图8-21所示。

图8-21　请选择注册开发者类型页面

图8-21中，显示了“个人开发者”按钮和“企业开发者”按钮，根据按钮下方的解释，我们以“个人开发者”按钮为例进行介绍，单击该按钮，程序会进入注册个人开发者账号页面。由于注册个人开发者账号页面的内容较多，所以将该页面分为两部分进行显示，如图8-22和图8-23所示。

注册个人开发者账号　变更企业开发者

基本信息

注册账号：360U2948405327
用此账号进行登录。

开发者姓名：
请与身份证信息保持一致。

出品人：
填写网站或团队名称，会出现在应用介绍信息。

上传证件照：上传
请上传手持身份证照片，jpg、png、gif格式的图片（不超过1M）。查看示例

个人身份证件：护照
国内开发者请填写15位或18位大陆身份证号码，国外开发者请填写护照号码

图8-22　注册个人开发者账号页面（1）

| 联系方式

联系地址： 请选择省份 请选择城市

请填写详细联系地址。

电子邮箱：

用于接收合作邮件及审核通知等重要信息。

手机号码：

以便我们能将审核结果第一时间通知您，此号码不会对外公布。

座机号码(选填)：

座机号码填写格式：010-12345678

QQ：

开放平台专职客服将会通过QQ为您提供服务。

官网地址(选填)：

请填写公司的官网地址

我已阅读并同意《360移动开放平台服务条款》《360移动开放平台隐私协议》

同意并注册开发者

图8-23 注册个人开发者账号页面（2）

填写完注册个人开发者账号信息后，勾选页面中“我已阅读并同意《360移动开放平台服务条款》《360移动开放平台隐私协议》”前的复选框，单击“同意并注册开发者”按钮，程序会进入管理中心的首页页面，如图8-24所示。

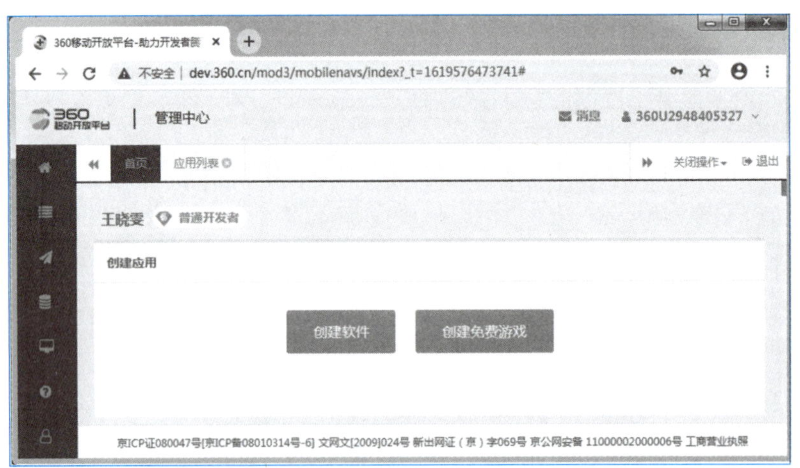

图8-24 管理中心的首页页面

图8-24中，单击“创建软件”按钮，进入创建软件页面，在该页面中单击“软件”按钮，进入填写应用信息的页面，该页面中的完善描述信息部分如图8-25所示。

图8-25中，单击页面中的“上传”按钮，找到已加固好的apk文件（默认存放在…\BoXueGu\app\release路径下），“分类：”后的选项选择“教育学习”和“学习”，“支持

语言：”后的选项选择“简体中文”，“资费类型：”后的选项选择“免费软件”，“应用简介：”后的文本框中输入应用的简介信息。填写当前版本介绍、隐私权限说明（此内容占据空间较大，请读者参考填写应用信息的网页内容）等信息，如图8-26所示。

图8-25　完善描述信息页面（1）

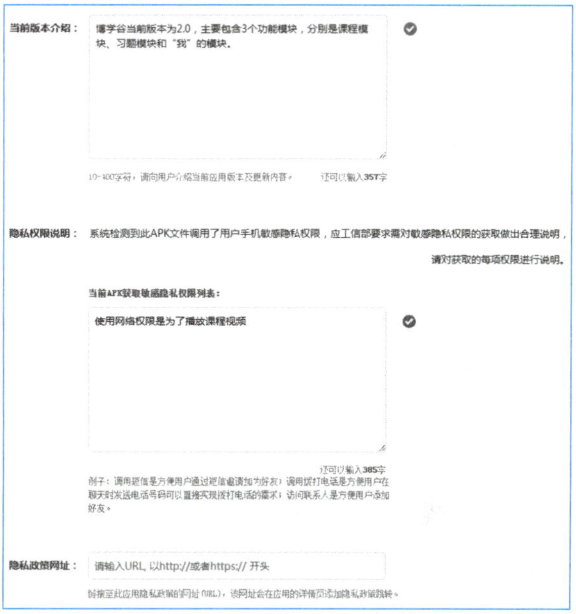

图8-26　完善描述信息页面（2）

填写完上述信息之后，向下滑动可以看到“上传图标和截图”页面。在该页面中上传应用的图标与应用中部分界面的截图（图片需按照要求上传），如图8-27所示。

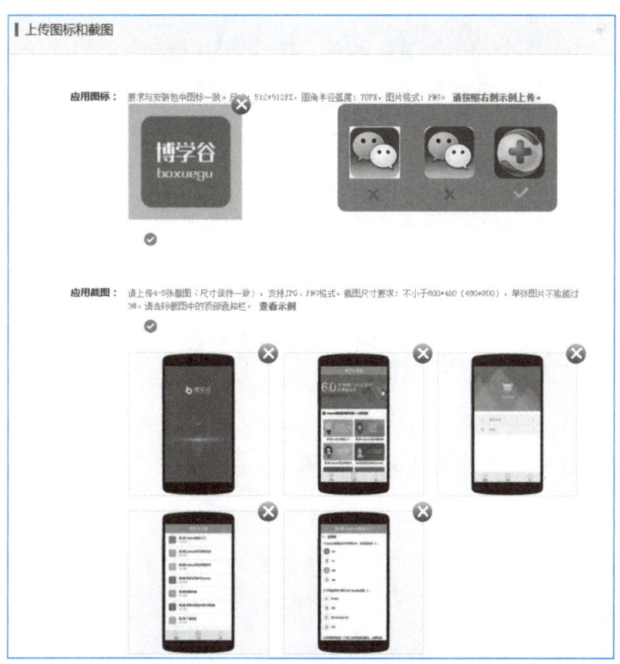

图8-27　上传图标和截图页面

上传完应用图标与界面截图信息之后，向下滑动可以看到审核与发布设置页面，在该页面中需要填写审核辅助说明（选填）、进行网络友好度测试、发布时间等信息，如图8-28所示。

图8-28　审核与发布设置页面

应用信息填写完成后，单击“提交审核”按钮，项目就进入了审核阶段，当审核通过后，即可在360手机助手上下载博学谷应用程序。

本章小结

本章主要讲解了项目从打包到上线的全部流程，首先讲解了代码的混淆，使用代码混淆可以提高代码的安全性。然后讲解了项目打包与项目加固，项目加固时使用了第三方的加密工具，提高了项目的稳固性。最后讲解了如何将应用程序发布到市场，读者需要掌握本章的内容，为以后的实际工作做好准备。

习　　题

1. 请阐述打包程序并生成签名文件的步骤。
2. 请阐述加固程序并将其发布到市场的步骤。